OS BOTÕES de
Napoleão

PENNY LE COUTEUR e JAY BURRESON

OS BOTÕES de NAPOLEÃO

• • • • •

AS 17 MOLÉCULAS QUE MUDARAM A HISTÓRIA

Tradução:
Maria Luiza X. de A. Borges

Revisão técnica:
Samira G.M. Portugal
Professora do Instituto de Biociências/Unirio

20ª reimpressão

Para nossas famílias

Copyright © 2003 by Micron Geological Ltd. e Jay Burreson

Tradução autorizada da primeira edição norte-americana publicada em 2003 por Jeremy P. Tarcher/Putnam, membro de Penguin Putnam Inc., de Nova York, EUA

Grafia atualizada segundo o Acordo Ortográfico da Língua Portuguesa de 1990, que entrou em vigor no Brasil em 2009.

Título original
Napoleon's Buttons: How 17 Molecules Changed History

Capa
Sérgio Campante

Projeto gráfico
Victoria Rabello

CIP-Brasil. Catalogação na publicação
Sindicato Nacional dos Editores de Livros, RJ

      Le Couteur, Penny, 1943-
L498b   Os botões de Napoleão: as 17 moléculas que mudaram a história / Penny Le Couteur, Jay Burreson; tradução Maria Luiza X. de A. Borges; revisão técnica Samira G.M. Portugal. — 1ª ed. — Rio de Janeiro: Zahar, 2006.
          il.
      Tradução de: Napoleon's Buttons: How 17 Molecules Changed History.
      Inclui bibliografia
      ISBN 978-85-7110-924-7

      1. Química – Obras populares. 2. Química – História. 3. Ciência – História. I. Título.

06-1750   CDD: 540
                                                          CDU: 54

Todos os direitos desta edição reservados à
EDITORA SCHWARCZ S.A.
Praça Floriano, 19, sala 3001 – Cinelândia
20031-050 – Rio de Janeiro – RJ
Telefone: (21) 3993-7510
www.companhiadasletras.com.br
www.blogdacompanhia.com.br
facebook.com/editorazahar
instagram.com/editorazahar
twitter.com/editorazahar

Sumário

Introdução 7

1. Pimenta, noz-moscada e cravo-da-índia 23
2. Ácido ascórbico 38
3. Glicose 54
4. Celulose 70
5. Compostos nitrados 84
6. Seda e nylon 99
7. Fenol 114
8. Isopreno 130
9. Corantes 149
10. Remédios milagrosos 167
11. A pílula 184
12. Moléculas de bruxaria 204
13. Morfina, nicotina e cafeína 225
14. Ácido oleico 247
15. Sal 266
16. Compostos clorocarbônicos 282
17. Moléculas *versus* malária 301

Epílogo 320

Agradecimentos 323

Créditos das imagens 324

Bibliografia selecionada 325

Índice remissivo 331

Introdução

> Por falta de um cravo, perdeu-se a ferradura.
> Por falta de uma ferradura, perdeu-se o cavalo.
> Por falta de um cavalo, perdeu-se o cavaleiro.
> Por falta de um cavaleiro, perdeu-se a batalha.
> Por falta de uma batalha, perdeu-se o reino.
> Tudo por causa de um prego para ferradura.
> *Antigo poema infantil inglês**

Em junho de 1812, o exército de Napoleão reunia 600 mil homens. No início de dezembro, contudo, a antes orgulhosa Grande Armada contava menos de dez mil. O que restava das forças do imperador, em andrajos, havia cruzado o rio Berezina, perto de Borisov no oeste da Rússia, na longa marcha que se seguiu à retirada de Moscou. Os soldados remanescentes enfrentaram fome, doença e um frio paralisante — os mesmos inimigos que, tanto quanto o exército russo, haviam derrubado seus camaradas. Outros mais morreriam, malvestidos e mal equipados para sobreviver ao frio acerbo de um inverno russo.

O fato de Napoleão ter batido em retirada de Moscou teve consequências de longo alcance sobre o mapa da Europa. Em 1812, 90% da população russa consistiam de servos, bens à mercê de proprietários de terras, que os podiam comprar, vender ou negociar a seu talante, em uma situação mais próxima da escravatura do que jamais fora a servidão na Europa Ocidental. Os princípios e ideais da Revolução Francesa de 1789-99 haviam acompanhado o exército conquistador de Napoleão, demolindo a ordem medieval da sociedade, alterando

---

* For the want of a nail the shoe was lost./ For the want of a shoe the horse was lost./ For the want of a horse the rider was lost./ For the want of a rider the battle was lost./ For the want of a battle the kingdom was lost./ And all for the want of a horse-shoe nail.

fronteiras políticas e fomentando a ideia de nacionalismo. Seu legado foi também prático. Administração civil geral e os códigos jurídicos substituíram os sistemas extremamente variados e confusos de leis, e introduziram-se regulamentos regionais, ao mesmo tempo que se introduziram novos conceitos de indivíduo, família e direitos de propriedade. O sistema decimal de pesos e medidas tornou-se a norma, em vez do caos de centenas de padrões de medidas.

Qual foi a causa da derrocada do maior exército que Napoleão comandou? Por que seus soldados, vitoriosos em batalhas anteriores, malograram na campanha russa? Uma das teorias mais estranhas já propostas a esse respeito pode ser sintetizada com a paráfrase de um antigo poema infantil: "Tudo por causa de um botão". Por mais surpreendente que pareça, a desintegração do exército napoleônico pode ser atribuída a algo tão pequeno quanto um botão — um botão de estanho, para sermos exatos, do tipo que fechava todas as roupas no exército, dos sobretudos dos oficiais às calças e paletós dos soldados de infantaria. Quando a temperatura cai, o reluzente estanho metálico começa a se tornar friável e a se esboroar num pó cinza e não metálico — continua sendo estanho, mas com forma estrutural diferente. Teria acontecido isso com os botões de estanho do exército francês? Em Borisov, um observador descreveu o exército como "uma multidão de fantasmas vestidos com roupa de mulher, retalhos de tapete ou sobretudos queimados e esburacados". Estavam os homens de Napoleão, quando os botões de seus uniformes se desintegraram, tão debilitados e gélidos que não tinham mais condições de atuar como soldados? Será que, à falta de botões, passaram a ter de usar as mãos para prender e segurar as roupas, e não mais para carregar as armas?

A determinação da veracidade dessa teoria envolve muitos problemas. A "doença do estanho", como se chamava o problema, era conhecida no norte da Europa havia séculos. Por que teria Napoleão permitido o uso desses botões nas roupas de seus soldados, cuja prontidão para a batalha considerava tão importante? Ademais, a desintegração do estanho é um processo razoavelmente lento, mesmo a temperaturas tão baixas quanto as do inverno russo de 1812. Mas a teoria rende uma boa história, e os químicos gostam de citá-la como uma razão científica para a derrota de Napoleão. E se houver alguma verdade na teoria do estanho, temos de nos perguntar: caso o estanho não tivesse se deteriorado com o frio, teriam os franceses conseguido levar adiante sua expansão rumo ao leste? Teria o povo russo se libertado do jugo da servidão um século antes? A diferença entre a Europa Oriental e a Ocidental, que corresponde aproximadamente à extensão do império de Napoleão — um atestado de sua influência duradoura —, teria continuado patente até hoje?

Ao longo da história os metais foram decisivos na configuração dos acontecimentos humanos. Afora seu papel possivelmente apócrifo no caso dos botões de Napoleão, o estanho das minas da Cornualha, no sul da Inglaterra, foi objeto de grande cobiça por parte dos romanos e uma das razões da extensão do Império Romano até a Grã-Bretanha. Estima-se que, por volta de 1650, os cofres da Espanha e de Portugal haviam sido enriquecidos com 16 mil toneladas de prata das minas do Novo Mundo, grande parte da qual seria usada no custeio de guerras na Europa. A procura do ouro e da prata teve imenso impacto na exploração e colonização de muitas regiões, bem como sobre o ambiente; por exemplo, as corridas do ouro que tiveram lugar, no século XIX, na Califórnia, Austrália, África do Sul, Nova Zelândia e no Klondike canadense contribuíram muito para o desbravamento dessas regiões. Assim também, nossa linguagem corrente contém muitas palavras e expressões que evocam esse metal — anos dourados, dourar a pílula, número áureo, padrão-ouro. Épocas inteiras foram denominadas em alusão aos metais que nelas tiveram importância. À Idade do Bronze, em que o bronze — uma liga ou mistura de estanho e cobre — foi usado na fabricação de armas e ferramentas, seguiu-se a Idade do Ferro, caracterizada pela fundição do ferro e o uso de implementos feitos com ele.

Mas será que somente metais como o estanho, o ouro e o ferro teriam moldado a história? Os metais são elementos, substâncias que não podem ser decompostas em materiais mais simples por reações químicas. Apenas cerca de 90 elementos ocorrem naturalmente, e pequenas quantidades de mais ou menos uns 19 outros foram feitas pelo homem. Mas há cerca de sete milhões de compostos, substâncias formadas a partir de dois ou mais elementos, *quimicamente* combinados em proporções fixas. Certamente deve haver compostos que também foram cruciais na história, sem os quais o desenvolvimento da civilização humana teria sido muito diferente, compostos que mudaram o curso dos eventos mundiais. Trata-se de uma ideia intrigante, e é ela que constitui o principal tema unificador subjacente a todos os capítulos deste livro.

Quando consideramos alguns compostos comuns e não tão comuns dessa perspectiva diferente, histórias fascinantes emergem. No Tratado de Breda, de 1667, os holandeses cederam sua única possessão na América do Norte em troca da pequena ilha de Run, um atol nas ilhas de Banda, minúsculo grupo nas Molucas (ou ilhas das Especiarias), a leste de Java, na Indonésia dos nossos dias. A outra nação signatária desse tratado, a Inglaterra, cedeu seu legítimo direito a Run — cuja única riqueza eram os arvoredos de noz-moscada — para ganhar direitos de posse sobre um outro pequeno pedaço de terra do outro lado do mundo, a ilha de Manhattan.

Os holandeses haviam se apropriado de Manhattan pouco depois que Henry Hudson visitara a área, em busca de uma passagem a noroeste para as Índias Orientais e as lendárias ilhas das Especiarias. Em 1664 o governador holandês de Nova Amsterdã, Peter Stuyvesant, foi forçado a entregar a colônia aos ingleses. Protestos dos holandeses contra essa tomada e outras reivindicações territoriais mantiveram as duas nações em guerra durante quase três anos. A soberania inglesa sobre Run enfurecera os holandeses, que precisavam apenas dessa ilha para completar seu monopólio do comércio da noz-moscada. Os holandeses, com longa história de colonização brutal, massacres e escravatura na região, não estavam dispostos a permitir aos ingleses manter um meio de penetrar nesse lucrativo comércio de especiarias. Após um cerco de quatro anos e muita luta sangrenta, os holandeses invadiram Run. Os ingleses retaliaram atacando os navios da Companhia Holandesa das Índias Orientais, com suas valiosas cargas.

Os holandeses quiseram uma compensação pela pirataria inglesa e a devolução de Nova Amsterdã; os ingleses exigiram pagamento pelas afrontas holandesas nas Índias Orientais e a devolução de Run. Como nenhum dos dois lados se dispunha a voltar atrás nem tinha condições de se proclamar vitorioso nas batalhas marítimas, o Tratado de Breda proporcionou a ambos uma saída digna do impasse. Os ingleses poderiam conservar Manhattan em troca da desistência de seus direitos sobre Run. Os holandeses conservariam Run e não mais reivindicariam Manhattan. Quando a bandeira inglesa foi hasteada sobre Nova Amsterdã (rebatizada Nova York), pareceu aos holandeses que eles haviam levado a melhor na negociação. Quase ninguém conseguia perceber a serventia de uma pequena colônia de cerca de mil almas no Novo Mundo quando comparada com o imenso valor do comércio da noz-moscada.

Por que a noz-moscada era tão valorizada? Da mesma maneira que outros condimentos, como o cravo-da-índia, a pimenta e a canela, era amplamente usada na Europa para temperar e preservar alimentos e também como remédio. Mas a noz-moscada tinha ainda um outro papel, mais valioso. Pensava-se que protegia contra a peste negra que, entre os séculos XIV e XV, assolava a Europa esporadicamente.

Hoje sabemos, é claro, que a peste negra era uma doença bacteriana transmitida por ratos infectados por picadas de pulgas. Portanto, o uso de um saquinho com noz-moscada pendurado no pescoço para afastar a peste pode parecer apenas mais uma superstição medieval — até que consideremos a química dessa semente. Seu cheiro característico deve-se ao *isoeugenol*. As plantas desenvolvem compostos como o isoeugenol como pesticidas naturais, para se defender de predadores herbívoros, insetos e fungos. É perfeitamente possível que o isoeugenol atuasse na noz-moscada como um pesticida natural para repelir pulgas. (Além do mais, quem era rico o bastante para comprar noz-moscada provavelmente vivia em ambientes menos populosos, menos infestados por ratos e pulgas, o que limitava a exposição à peste.)

Quer a noz-moscada fosse eficaz contra a peste, quer não, as moléculas voláteis e aromáticas que contém eram indubitavelmente responsáveis pelo apreço de que gozava e pelo valor que lhe era atribuído. A exploração de territórios e riquezas naturais que acompanharam o comércio de especiarias, o Tratado de Breda e o fato de a língua corrente em Manhattan hoje não ser o holandês podem ser atribuídos ao composto isoeugenol.

A história do isoeugenol levou-nos à contemplação de muitos outros compostos que mudaram o mundo, alguns bem conhecidos e até hoje de importância decisiva para a economia mundial ou a saúde humana, outros que mergulharam pouco a pouco na obscuridade. Todas essas substâncias químicas foram responsáveis por um evento-chave na história ou por uma série de eventos que transformou a sociedade.

Decidimos escrever este livro para contar os casos das fascinantes relações entre estruturas químicas e episódios históricos, para revelar como eventos aparentemente desvinculados dependeram de estruturas químicas semelhantes, e para compreender em que medida o desenvolvimento da sociedade dependeu da química de certos compostos. A ideia de que eventos de extrema importância podem ter dependido de algo tão pequeno quanto moléculas — um grupo de dois ou mais átomos mantidos juntos num arranjo definido — proporciona uma nova abordagem à compreensão do avanço da civilização humana. Uma mudança tão pequena quanto a da posição de uma ligação — o vínculo entre átomos numa molécula — pode levar a enormes diferenças nas propriedades de uma substância e, por sua vez, influenciar o curso da história. Este não é, portanto, um livro sobre a história da química; é antes um livro sobre a química na história.

A escolha dos compostos a serem incluídos no livro foi pessoal, e nossa seleção final está longe de ser exaustiva. Optamos por aqueles que nos pareceram mais interessantes tanto por suas histórias quanto por sua química. Pode-se discutir se as moléculas que selecionamos são de fato as mais importantes na história mundial; nossos colegas químicos acrescentariam sem dúvida outras à lista, ou removeriam algumas. Explicaremos por que acreditamos que certas moléculas forneceram o impulso para a exploração geográfica, enquanto outras tornaram possíveis as viagens de descoberta que dela resultaram. Descreveremos aquelas que foram decisivas para o desenvolvimento do tráfego marítimo e do comércio entre as nações, que foram responsáveis por migrações humanas e processos de colonização e que conduziram à escravatura e ao trabalho forçado. Discutiremos como a estrutura química de algumas moléculas mudou o que comemos, o que bebemos e o que vestimos. Trataremos das que estimularam avanços na medicina, no saneamento e na saúde pública. Consideraremos as que resultaram em grandes feitos da engenharia e as de guerra e paz — algumas responsáveis por milhões de mortes, outras pela salvação de milhões de vidas. Investigaremos quantas mudanças nos papéis de gênero, nas culturas humanas e na sociedade, no direito e no meio ambiente podem ser atribuídas às estruturas químicas de um pequeno número de moléculas cruciais. (As 17 que escolhemos abordar nestes capítulos — aquelas a que o título se refere — nem sempre são moléculas individuais. Muitas vezes serão grupos de moléculas com estruturas, propriedades e papéis na história muito parecidos.)

Os eventos discutidos neste livro não estão organizados em ordem cronológica. Preferimos basear nossos capítulos em conexões — os vínculos entre moléculas semelhantes, entre conjuntos de moléculas semelhantes e até entre moléculas que são quimicamente muito diferentes, mas têm propriedades semelhantes ou podem ser associadas a eventos semelhantes. Por exemplo, a Revolução Industrial pôde ser iniciada graças aos lucros obtidos na comercialização de um composto cultivado por escravos (o açúcar) em plantações nas Américas, mas foi um outro material (o algodão) que serviu de combustível para mudanças econômicas e sociais de vulto que tiveram lugar na Inglaterra — e, quimicamente, o segundo material é um irmão mais velho, ou talvez um primo, do primeiro. O crescimento da indústria química alemã no final do século XIX deveu-se em parte ao desenvolvimento de novos corantes provenientes do alcatrão da hulha, ou coltar (um refugo gerado na produção de gás a partir da hulha). Essas mesmas companhias químicas alemãs foram as primeiras a desenvolver antibióticos feitos pelo homem, compostos de moléculas com estruturas químicas semelhantes às dos novos corantes. O coltar forneceu também o primeiro antisséptico, o fenol, molécula que mais tarde foi usada no primeiro plástico artificial e é quimicamente relacionada com o isoeugenol, a molécula aromática da noz-moscada. Conexões químicas como essas são abundantes na história.

Outra coisa que nos intriga é o papel que se costuma atribuir ao acaso em numerosas descobertas químicas. A sorte foi muitas vezes citada como decisiva para muitas descobertas importantes, mas parece-nos que a capacidade dos descobridores de perceber que algo inusitado havia acontecido — e de indagar como acontecera e que utilidade poderia ter — é da maior importância. Em muitos casos, no curso de uma experimentação química, um resultado estranho mas potencialmente importante foi desconsiderado e uma oportunidade perdida. A capacidade de reconhecer as possibilidades latentes em um resultado imprevisto deve ser louvada, não menosprezada como um golpe de sorte fortuito. Alguns dos inventores e descobridores dos compostos que discutiremos eram químicos, mas outros não tinham qualquer formação científica. Vários poderiam ser descritos como personalidades originais — excêntricos, maníacos ou compulsivos. Suas histórias são fascinantes.

Orgânico — isso não tem a ver com jardinagem?

Para ajudá-lo a compreender as conexões químicas expostas nas páginas que se seguem, vamos primeiro fornecer um breve apanhado de termos químicos. Muitos compostos discutidos neste livro são classificados como compostos *orgânicos*. Nos últimos 20 ou 30 anos a palavra orgânico adquiriu um sentido muito diferente de sua definição original. Hoje o termo *orgânico*, usado em geral com referência a jardinagem ou alimentos, é entendido como produto de uma agricultura conduzida sem uso de pesticidas ou herbicidas artificiais nem de fertilizantes sintéticos. Mas *orgânico* foi originalmente um termo químico que remonta a cerca de 200 anos, quando, em 1807, Jöns Jakob Berzelius, um químico sueco, o aplicou a compostos derivados de organismos vivos. Em contraposição, ele usou o termo *inorgânico* para designar compostos que não provêm de coisas vivas.

A ideia de que compostos químicos obtidos da natureza tinham algo de especial, continham uma essência de vida, mesmo que esta não pudesse ser detectada ou medida, está no ar desde o século XVIII. Essa essência especial era conhecida como *energia vital*. A crença de que compostos derivados de plantas ou animais tinham algo de místico foi chamada *vitalismo*. Pensava-se que produzir um composto orgânico no laboratório era impossível por definição, mas, ironicamente, um dos discípulos do próprio Berzelius fez exatamente isso. Em 1828, Friedrich Wöhler, mais tarde professor de química na Universidade de Göttingen, na Alemanha, aqueceu o composto inorgânico amônia com ácido cianídrico para produzir cristais de ureia absolutamente idênticos ao composto orgânico ureia isolado da urina animal.

Embora os vitalistas alegassem que o ácido cianídrico era orgânico, por ser obtido de sangue seco, a teoria do vitalismo ficou abalada. Nas décadas seguintes foi completamente derrubada, quando outros químicos conseguiram produzir compostos orgânicos a partir de fontes totalmente inorgânicas. Embora alguns cientistas tenham relutado em acreditar no que parecia uma heresia, a morte do vitalismo acabou por obter reconhecimento geral. Tornou-se necessário procurar uma nova definição química para a palavra *orgânico*.

Atualmente os compostos orgânicos são definidos como aqueles que contêm o elemento carbono. A química orgânica é, portanto, o estudo dos compostos carbônicos. Esta não é, contudo, uma definição perfeita, pois há vários compostos que, embora contenham carbono, nunca foram considerados orgânicos pelos químicos. A razão disso é sobretudo tradicional. Muito antes do experimento definidor de Wöhler, sabia-se que os carbonatos, compostos com carbono e oxigênio, podiam provir de fontes minerais, e não necessariamente de seres vivos. Assim, mármore (ou carbonato de cálcio) e bicarbonato de sódio nunca foram rotulados de orgânicos. De maneira semelhante, o próprio elemento carbono, seja em forma de diamante ou grafite — ambos originalmente extraídos de depósitos no solo, embora hoje também possam ser feitos sinteticamente —, sempre foi considerado inorgânico. O dióxido de carbono, que contém um átomo de carbono unido a dois átomos de oxigênio, é conhecido há séculos, mas nunca foi classificado como um composto orgânico. Assim, a definição de orgânico não é de todo coerente. Em geral, porém, um composto orgânico é um composto que contém cadeias carbônicas, e um composto inorgânico é um que consiste de outros elementos que não sejam cadeias carbônicas.

Mais que qualquer outro elemento, o carbono exibe fabulosa variabilidade nos modos como forma ligações e também no número de outros elementos com que é capaz de se ligar. Assim, há um número muito, muito maior de compostos de carbono, tanto encontráveis na natureza quanto feitos pelo homem, do que de compostos de todos os demais elementos combinados. Isso pode explicar o fato de tratarmos de um número muito maior de moléculas orgânicas do que inorgânicas neste livro; é também possível que isso se deva ao fato de sermos ambos, os dois autores, químicos orgânicos.

Estruturas químicas: é mesmo preciso falar disso?

Ao escrever este livro, nosso maior problema foi determinar quanta química incluir em suas páginas. Algumas pessoas nos aconselharam a minimizar a química, a deixá-la de fora e apenas a contar as histórias. Sobretudo, disseram-nos, "não representem nenhuma estrutura química". Mas é a relação entre estruturas químicas e o que elas fazem, entre como e por que um composto tem as propriedades que tem, e como e por que isso afetou certos eventos na história, que nos parece o mais fascinante. Embora se possa certamente ler este livro sem olhar para as estruturas químicas, pensamos que a compreensão delas dá vida à trama de relações que une a química à história.

Os compostos orgânicos são constituídos principalmente por apenas um pequeno número de átomos: carbono (cujo símbolo químico é C), hidrogênio (H), oxigênio (O) e nitrogênio (N). Outros elementos podem também estar presentes neles, por exemplo, bromo (Br), cloro (Cl), flúor (F), iodo (I), fósforo (P) e enxofre (S). Neste livro, as estruturas são geralmente representadas no intuito de ilustrar diferenças ou semelhanças entre compostos; quase sempre, só é necessário olhar para o desenho. A variação estará muitas vezes indicada por uma seta, destacada por um círculo ou realçada de alguma outra maneira. Por exemplo, a única diferença entre as duas estruturas mostradas a seguir está na posição em que OH se liga a C; nos dois casos, ela está indicada por uma seta. Para a primeira molécula o OH está no segundo C a partir da esquerda; para a segunda, está ligado ao primeiro C a partir da esquerda.

$$CH_3-\underset{|}{\overset{OH}{C}H}-CH_2-CH_2-CH_2-CH_2-CH_2-CH=CH-COOH$$

Molécula produzida pela abelha rainha

$$\overset{\overset{\displaystyle OH}{|}}{CH_2}\text{-}CH_2\text{-}CH_2\text{-}CH_2\text{-}CH_2\text{-}CH_2\text{-}CH_2\text{-}CH=CH-COOH$$

Molécula produzida pela abelha operária

É uma diferença muito pequena, mas seria de extrema importância caso você fosse uma abelha-doméstica. Entre as abelhas, só as rainhas produzem a primeira molécula. As abelhas são capazes de reconhecer a diferença entre ela e a segunda molécula, que é produzida pelas operárias. Nós podemos distinguir entre abelhas operárias e rainhas por sua aparência, mas, entre si, elas usam uma sinalização química para perceber a diferença. Poderíamos dizer que veem por meio da química.

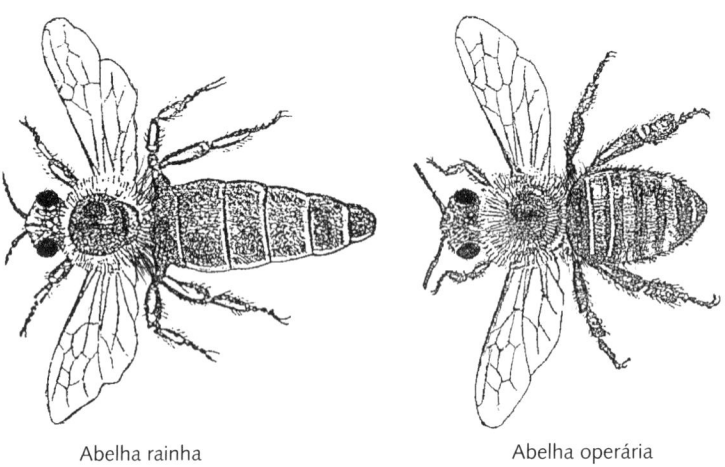

Abelha rainha   Abelha operária

Os químicos desenham estruturas como essas para representar a maneira como os átomos se unem uns aos outros por ligações químicas. Os símbolos químicos representam átomos, e as ligações são representadas como linhas retas. Por vezes há mais de uma ligação entre os mesmos dois átomos; quando há duas, trata-se de uma ligação dupla, representada como =. Quando há três ligações químicas entre os mesmos dois átomos, trata-se de uma ligação tripla, representada como ≡.

Em uma das moléculas orgânicas mais simples, o metano, o carbono é cercado por quatro ligações simples, uma para cada um de quatro átomos de hidrogênio. A fórmula química é CH_4, e a estrutura é representada como:

```
                        H
                        |
     Ligação única   H—C—H
                        |
                        H     Metano
```

O composto orgânico mais simples com uma ligação dupla é o etileno, que tem a fórmula C_2H_4 e a estrutura:

```
   Ligação dupla

         H           H
          \         /
           C === C
          /         \
         H           H       Etileno
```

Neste caso o carbono tem ainda quatro ligações — a ligação dupla conta como duas. Apesar de ser um composto simples, o etileno é muito importante. É um hormônio vegetal responsável pela promoção do amadurecimento da fruta. Se as maçãs, por exemplo, forem armazenadas sem ventilação apropriada, o gás etileno que produzem se acumulará e fará com que fiquem passadas. É por isso que se pode apressar o amadurecimento de um abacate ou de um kiwi não maduros pondo-os num saco com uma maçã já madura. O etileno produzido pela maçã madura apressará o amadurecimento da outra fruta.

O composto orgânico metanol, também conhecido como álcool metílico, tem a fórmula CH_4O. Essa molécula contém um átomo de oxigênio e sua estrutura é representada como:

```
          H
          |
       H—C—O—H
          |
          H        Metanol
```

Neste caso o átomo de oxigênio, O, tem duas ligações simples, uma conectada ao átomo de carbono e a outra ao átomo de hidrogênio. Como sempre, o carbono tem um total de quatro ligações.

Em compostos em que há uma ligação dupla entre um átomo de carbono e um de oxigênio, como no ácido acético (o ácido do vinagre), a fórmula, escrita como $C_2H_4O_2$, não indica diretamente onde a ligação dupla se situa. É por isso que desenhamos as estruturas químicas — para mostrar exatamente qual átomo está ligado a qual outro e onde as ligações duplas ou triplas estão.

$$H-\underset{\underset{H}{|}}{\overset{\overset{H}{|}}{C}}-\underset{\underset{O}{\diagdown}_H}{\overset{\overset{O}{\diagup\!\diagup}}{C}} \quad \text{Ácido acético}$$

Podemos desenhar essas estruturas de uma forma abreviada ou mais condensada. O ácido acético poderia ser representado também como:

$$CH_3-\underset{\diagdown OH}{\overset{\diagup\!\diagup O}{C}} \quad \text{ou mesmo} \quad CH_3-COOH$$

em que nem todas as ligações são mostradas. Elas continuam lá, é claro, mas essas formas abreviadas podem ser desenhadas mais rapidamente e mostram com igual clareza as relações entre os átomos.

O sistema de representação de estruturas funciona bem para exemplos pequenos, mas quando as moléculas ficam maiores, ele passa a demandar tempo demais e é de difícil execução. Por exemplo, se retornarmos à molécula de reconhecimento da abelha rainha:

$$CH_3\text{-}\underset{|}{\overset{OH}{C}}H\text{-}CH_2\text{-}CH_2\text{-}CH_2\text{-}CH_2\text{-}CH_2\text{-}CH=CH-COOH$$

e a compararmos com uma representação completa, que mostre todas as ligações, a estrutura teria o seguinte aspecto:

$$H-C-C-C-C-C-C-C-C=C-C-O-H$$

Estrutura da molécula da abelha rainha representada por completo

É trabalhoso desenhar esta estrutura completa, e ela parece muito confusa. Por essa razão, frequentemente desenhamos compostos usando alguns atalhos, o mais comum consiste em omitir muitos dos átomos de H. Isso não significa que não estão presentes; simplesmente não os mostramos. Um átomo de carbono sempre tem quatro ligações, portanto, mesmo que não pareça que C tem quatro ligações, fique certo de que tem — as que não são mostradas ligam-no a átomos de hidrogênio.

$$C-\underset{\underset{OH}{|}}{C}-C-C-C-C-C-C=C-COOH$$

Molécula de reconhecimento da abelha rainha

Da mesma maneira, átomos de carbono são muitas vezes mostrados unidos em um ângulo, em vez de numa linha reta; isso é mais indicativo da verdadeira forma da molécula. Nesse formato, a molécula da abelha rainha tem este aspecto:

Uma versão ainda mais simplificada omite a maior parte dos átomos de carbono:

Aqui, o fim de uma linha e todas as interseções representam um átomo de carbono. Todos os outros átomos (exceto a maior parte dos carbonos e hidrogênios) continuam explicitados. Com essa simplificação, torna-se mais fácil ver a diferença entre a molécula da rainha e a molécula da operária.

Molécula da rainha   Molécula da operária

Fica também mais fácil comparar esses compostos com os emitidos por outros insetos. Por exemplo, o *bombicol*, o feromônio ou molécula com função de atração sexual produzido pela mariposa do bicho-da-seda tem 16 átomos de carbono (em contraste com os dez átomos na molécula da abelha rainha, também um feromônio), tem duas ligações duplas em vez de uma e não tem o arranjo COOH.

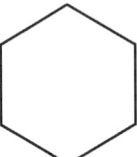

Molécula da abelha rainha   Molécula do bombicol

É particularmente útil omitir grande parte dos átomos de carbono e hidrogênio quando se está lidando com os chamados compostos cíclicos — uma estrutura bastante comum em que os átomos de carbono formam um anel. A estrutura que se segue representa a molécula do cicloexano, C_6H_{12}:

Versão abreviada ou condensada da estrutura química do cicloexano. Cada interseção representa um átomo de carbono; os átomos de hidrogênio não são mostrados.

Se desenhada de maneira não abreviada, o cicloexano apareceria como:

Representação completa da estrutura química do cicloexano, mostrando todos os átomos e todas as ligações

Como se vê, quando incluímos todas as ligações e inserimos todos os átomos, o diagrama resultante pode ser confuso. Quando passamos a estruturas mais complicadas, como a do remédio antidepressivo Prozac, a versão por extenso (a seguir) torna realmente difícil ver a estrutura.

Representação completa da estrutura do Prozac

Já a versão simplificada é muito mais clara:

Prozac

Outro termo frequentemente usado para descrever aspectos de uma estrutura química é *aromático*. O dicionário diz que *aromático* significa "dotado de um cheiro fragrante, picante, acre ou capitoso, implicando um odor agradável". Quimicamente falando, um composto aromático muitas vezes realmente tem um cheiro, embora não necessariamente agradável. A palavra *aromático*, quando aplicada a uma substância química, geralmente significa que o composto contém a estrutura em anel do benzeno (mostrada abaixo), que é em geral desenhada como uma estrutura condensada.

Estrutura do benzeno   Estrutura condensada do benzeno

Olhando o desenho do Prozac, pode-se ver que ele contém dois desses anéis aromáticos. O Prozac é portanto definido como um composto aromático.

Anel aromático

F₃C

Anel aromático

Os dois anéis aromáticos no Prozac

    Embora esta seja apenas uma breve introdução a estruturas químicas orgânicas, ela é de fato tudo que se precisa saber para compreender o que descrevemos neste livro. Vamos comparar estruturas para ver como diferem e como se igualam, e mostraremos como mudanças extremamente pequenas em uma molécula produzem às vezes efeitos profundos. Acompanhando as relações entre as formas particulares e as propriedades relacionadas de várias moléculas compreenderemos a influência de estruturas químicas no desenvolvimento da civilização.

1
· · · · ·

Pimenta, noz-moscada e cravo-da-índia

Christos e espiciarias! — por Cristo e especiarias — foi o grito jubiloso dos marinheiros de Vasco da Gama quando, em maio de 1498, eles se aproximaram da Índia e da meta de ganhar uma fortuna incalculável com condimentos que durante séculos haviam sido monopólio dos mercadores de Veneza. Na Europa medieval um condimento, a pimenta, era tão valioso que uma libra dessa baga seca era suficiente para comprar a liberdade de um servo ligado à propriedade de um nobre. Embora a pimenta figure hoje nas mesas de jantar do mundo inteiro, a sua demanda e a das fragrantes moléculas da canela, do cravo-da-índia, da noz-moscada e do gengibre estimularam uma procura global que deu início à Era dos Descobrimentos.

Breve história da pimenta

A pimenta-do-reino, da parreira tropical *Piper nigrum*, originária da Índia, é até agora a mais comumente usada de todas as especiarias. Hoje seus principais produtores são as regiões equatoriais da Índia, do Brasil, da Indonésia e da Malásia. A parreira é uma trepadeira forte, arbustiva, que pode crescer até seis metros ou mais. As plantas começam a dar um fruto globular vermelho dentro de dois a cinco anos e, sob as condições adequadas, continuam produzindo durante 40 anos. Uma árvore pode produzir dez quilos do condimento por estação.

Cerca de três quartos de toda a pimenta são vendidos na forma de pimenta-negra, produzida por uma fermentação fúngica de bagas não maduras. A pimenta branca, obtida da fruta madura e seca após a remoção da pele e da polpa da baga, constitui a maior parte do restante. Uma porcentagem muito pequena de pimenta é vendida como pimenta verde; as bagas verdes, colhidas quando mal começam a amadurecer, são conservadas em salmoura. Pimenta em grão seca de outras cores, como as encontradas às vezes em lojas especializadas, são artificialmente coloridas ou, na realidade, bagas de outros tipos.

Supõe-se que foram os mercadores árabes que introduziram a pimenta na Europa, inicialmente pelas antigas rotas das especiarias, que passavam por Damasco e cruzavam o mar Vermelho. A pimenta era conhecida na Grécia por volta do século V a.C. Naquela época, era usada mais para fins medicinais que culinários, frequentemente como antídoto para veneno. Já os romanos faziam amplo uso de pimenta e outros temperos em sua comida.

No século I d.C., mais da metade das importações que seguiam para o Mediterrâneo a partir da Ásia e da costa leste da África era de especiarias, e a pimenta proveniente da Índia constituía boa parte delas. Usavam-se condimentos na comida por duas razões: como conservante e para realçar o sabor. A cidade de Roma era grande, o transporte lento, a refrigeração ainda não fora inventada, e devia ser um enorme problema obter comida fresca e conservá-la. Os consumidores contavam apenas com seus narizes para ajudá-los a detectar a comida estragada; a data de validade nos rótulos ainda demoraria séculos para aparecer. A pimenta e outros temperos disfarçavam o gosto da comida podre ou rançosa e provavelmente ajudavam a desacelerar o avanço da deterioração. Alimentos secos, defumados ou salgados podiam também se tornar mais palatáveis com o uso intenso desses temperos.

Nos tempos medievais, grande parte do comércio com o Oriente era realizado através de Bagdá (no Iraque atual), seguindo depois para Constantinopla (hoje Istambul) e passando pela costa sul do mar Negro. De Constantinopla as especiarias eram expedidas para a cidade portuária de Veneza, que exerceu um controle quase completo sobre esse comércio durante os últimos quatro séculos da Idade Média.

Veneza conhecera um crescimento substancial desde o século VI d.C. vendendo o sal produzido a partir de suas lagunas. Prosperara ao longo dos séculos graças a sagazes decisões políticas que permitiram à cidade manter sua independência enquanto comerciava com todas as nações. Quase dois séculos de Cruzadas, a partir do final do século XI, permitiram aos negociantes de Veneza consolidar sua posição como soberanos mundiais das especiarias. O fornecimento de transporte, navios de guerra, armas e dinheiro aos cruzados da Europa Ocidental foi um investimento lucrativo que beneficiou diretamente a República de Veneza. Ao retornar dos países de clima tépido do Oriente Médio para seus países de origem no norte da Europa, mais frios, os cruzados gostavam de levar consigo as espécies exóticas que haviam passado a apreciar em suas viagens. A pimenta pode ter sido de início uma novidade, um luxo que poucos podiam comprar, mas seu poder de disfarçar o ranço, de dar sabor a uma comida seca e insossa, e, ao que parece, de reduzir o gosto da comida conservada em sal logo a tornou indispensável. Os negociantes de Veneza haviam ganho um vasto mercado novo, e comerciantes de toda a Europa afluíam à cidade para comprar especiarias, sobretudo pimenta.

No século XV, o monopólio veneziano do comércio de especiarias era tão completo e as margens de lucro tão grandes que outras nações começaram a considerar seriamente a possibilidade de encontrar rotas alternativas para a Índia — em particular uma via marítima, contornando a África. Henrique, o Navegador, filho do rei João I de Portugal, criou um programa abrangente para a construção de navios que produziu uma frota de embarcações mercantes robustas, capazes de enfrentar as condições meteorológicas extremas encontradas em mar aberto. A Era dos Descobrimentos estava prestes a começar, impulsionada em grande parte pela demanda de pimenta-do-reino.

Na metade do século XV, exploradores portugueses aventuraram-se ao sul até Cabo Verde, na costa noroeste da África. Em 1483 o navegador português Diogo Cão havia avançado mais ao sul, chegando à foz do rio Congo. Somente quatro anos depois, outro homem do mar português, Bartolomeu Dias, contornou o cabo da Boa Esperança, estabelecendo uma rota viável para seu compatriota Vasco da Gama chegar à Índia em 1498.

Os governantes indianos em Calicut, um principado na costa sudoeste da Índia, quiseram ouro em troca da pimenta seca, o que não se encaixava muito bem nos planos que tinham os portugueses para assumir o controle mundial do comércio da especiaria. Assim, cinco anos depois, Vasco da Gama retornou com armas de fogo e soldados, conquistou Calicut e impôs o controle português ao comércio da pimenta. Essa foi a origem do império português que finalmente se expandiu a leste, a partir da África até a Índia e a Indonésia e a oeste até o Brasil.

A Espanha também cobiçava o comércio das especiarias, em especial a pimenta. Em 1492 Cristóvão Colombo, um navegador genovês, convencido de que uma rota alternativa e mais curta para a borda leste da Índia poderia ser encontrada navegando-se para oeste, persuadiu o rei Fernando V e a rainha Isabel da Espanha a financiar uma viagem de descoberta. Colombo estava certo em algumas de suas convicções, mas não em todas. É possível chegar à Índia rumando a oeste a partir da Europa, mas esse não é o caminho mais curto. Os continentes então desconhecidos da América do Norte e do Sul, bem como o vasto oceano Pacífico, constituem obstáculos consideráveis.

O que há na pimenta-do-reino, que construiu a magnífica cidade de Veneza, que inaugurou a Era dos Descobrimentos e que fez Colombo partir e encontrar o Novo Mundo? O ingrediente ativo tanto da pimenta preta quanto da branca é a *piperina*, um composto com a fórmula química $C_{17}H_{19}O_3N$ e a seguinte estrutura:

Piperina

A sensação picante que experimentamos quando ingerimos a piperina não é realmente um sabor, mas uma resposta de nossos receptores nervosos de dor a um estímulo químico. Ainda não se sabe exatamente como isso funciona, mas pensa-se que é uma decorrência da forma da molécula da piperina, que é capaz de se encaixar em uma proteína situada nas terminações nervosas para a dor em nossas bocas e em outras partes do corpo. Isso faz a proteína mudar de forma e envia um sinal ao longo do nervo até o cérebro, dizendo algo como "Ai, isto arde".

A história da molécula picante da piperina e de Colombo não termina com o fracasso de sua tentativa de encontrar uma rota comercial a oeste para a Índia. Em outubro de 1492, quando avistou terra, Colombo supôs — ou desejou — ter chegado a uma parte da Índia. Apesar da ausência de cidades grandiosas e reinos opulentos que esperara encontrar nas Índias, chamou a terra que descobriu de Índias Ocidentais e o povo que ali vivia de índios. Em sua segunda viagem às Índias Ocidentais, Colombo encontrou, no Haiti, um outro tempero picante. Era completamente diferente da pimenta que conhecia, mas ele levou o chile consigo para a Espanha.

O novo tempero viajou para oeste com os portugueses, contornou a África e chegou à Índia e mais além. Dentro de 50 anos o chile havia se espalhado pelo mundo todo, tendo sido incorporado rapidamente às culinárias locais, em especial às da África e do leste e sul da Ásia. Para os muitos milhões de nós que apreciamos sua ardência, a pimenta chile é sem sombra de dúvida um dos benefícios mais importantes e duradouros das viagens de Colombo.

Química picante

Diferentemente da pimenta-do-reino, com uma espécie única, há várias espécies de pimenta do gênero *Capsicum*. Nativas da América tropical e provavelmente originárias do México, elas vêm sendo usadas pelo homem há pelo menos nove mil anos. Em qualquer das espécies de chile há enorme variação. *Capsicum annuum*, por exemplo, é uma espécie anual que inclui os pimentões amarelo e vermelho, pimenta-da-jamaica, páprica, pimentas-de-caiena e muitas outras. A pimenta-malagueta é o fruto de um arbusto perene, *Capsicum frutescens*.

São muitas as cores, os tamanhos e as formas da pimenta chile, mas em todas o composto químico responsável pelo sabor pungente e a ardência muitas vezes intensa é a *capsaicina*, que tem a fórmula química $C_{18}H_{27}O_3N$ e uma estrutura que apresenta semelhanças com a da piperina:

Capsaicina   Piperina

Ambas as estruturas têm um átomo de nitrogênio (N) vizinho a um átomo de carbono (C) duplamente ligado a oxigênio (O), e ambas têm um único anel aromático com uma cadeia de átomos de carbono. Talvez não seja de surpreender que as duas sejam "picantes" se essa sensação resultar da forma da molécula.

Uma terceira molécula "picante" que também se adapta a essa teoria da forma molecular é a *zingerona* ($C_{11}H_{14}O_3$), encontrada no rizoma do gengibre, *Zinziber officinalis*. Embora menor que a piperina e que a capsaicina (e, diriam muitos, não tão picante), a zingerona também tem um anel aromático com os mesmos grupos HO e H_3C-O, ligados como na capsaicina, mas sem nenhum átomo de nitrogênio.

Capsaicina   Zingerona   Piperina

Por que comemos essas moléculas que provocam ardor? Talvez por boas razões químicas. A capsaicina, a piperina e a zingerona aumentam a secreção de saliva em nossa boca, facilitando a digestão. Pensa-se que, além disso, estimulam a passagem da comida pelos intestinos. Ao contrário das papilas gustativas que nos mamíferos situam-se sobretudo na língua, as terminações nervosas para a dor, capazes de detectar as mensagens químicas dessas moléculas, ocorrem em outras partes do corpo humano. Você algum dia já esfregou os olhos, inadvertidamente, quando estava cortando pimenta? Os lavradores que colhem chile precisam usar luvas de borracha e uma proteção nos olhos contra o óleo da pimenta com suas moléculas de capsaicina.

A ardência que a pimenta-do-reino nos faz sentir parece ser diretamente proporcional à quantidade em que está presente na comida. Por outro lado, a ardência do chile é enganosa — pode ser afetada pela cor, o tamanho e a região de origem da pimenta. Mas nenhum desses guias é confiável; embora pimentas pequenas costumem estar associadas a maior ardência, as grandes nem sempre são as mais brandas. A geografia não fornece necessariamente uma pista, embora se diga que os chiles mais picantes do mundo são os que crescem em partes da África Oriental. A ardência geralmente aumenta quando o fruto do chile é ressecado.

Muitas vezes temos uma sensação de prazer ou contentamento após ingerir uma comida picante, e essa sensação talvez se deva a endorfinas, componentes com as características dos opiatos que são produzidos no cérebro como resposta natural do corpo à dor. Esse fenômeno talvez explique por que algumas pessoas gostam tanto de comida apimentada. Quanto mais forte a pimenta, maior a dor, e, em consequência, maiores os traços de endorfina produzidos e maior o prazer final.

Afora a páprica, que se tornou bem estabelecida em comidas húngaras como o gulach, o chile não invadiu a comida da Europa tão intensamente quanto penetrou na culinária africana e asiática. Entre os europeus, a piperina da pimenta-do-reino continuou sendo a molécula picante preferida. O domínio português de Calicut, e portanto o controle do comércio da pimenta, perdurou por cerca de 150 anos, mas no início do século XVII os holandeses e os ingleses passaram a assumir esse controle. Amsterdã e Londres tornaram-se os maiores portos comerciais de pimenta na Europa.

A Companhia das Índias Orientais — ou, para citar o nome oficial com que foi fundada em 1600, a Governor and Company of Merchants of London Trading into the East Indies — foi formada para assegurar um papel mais ativo para a Inglaterra no comércio das especiarias das Índias Orientais. Como os riscos associados ao financiamento do envio à Índia de um navio que voltaria carregado de pimenta eram altos, de início os negociantes compravam "cotas" de uma viagem, limitando assim o tamanho do prejuízo potencial para um único indivíduo. Essa prática acabou dando lugar à compra de ações da própria companhia, podendo portanto ser considerada responsável pelo início do capitalismo. Não seria muito exagero dizer que a piperina, que sem dúvida deve ser considerada hoje um composto químico relativamente insignificante, foi responsável pelo início da complexa estrutura econômica das atuais bolsas de valores.

O fascínio das especiarias

Historicamente, a pimenta não foi a única especiaria de grande valor. A noz-moscada e o cravo-da-índia eram igualmente preciosos e muito mais raros que a pimenta. Ambos eram originários das lendárias "ilhas das Especiarias", ou Molucas — atualmente, a província indonésia de Maluku. A árvore da noz-moscada, *Myristica fragrans*, só crescia nas ilhas de Banda, um grupo isolado de sete ilhas no mar de Banda, cerca de 2.570km a leste de Jacarta. São ilhas minúsculas — a maior tem menos de 10km de comprimento e a menor mal possui alguns quilômetros. Vizinhas das Molucas, ao norte, situam-se as igualmente pequenas ilhas de Ternate e Tidore, os únicos lugares no mundo em que crescia a *Eugenia aromatica*, o cravo-da-índia.

Durante séculos a população desses dois arquipélagos colheu o fragrante produto de suas árvores e o vendeu a negociantes árabes, malaios e chineses que visitavam as ilhas e enviavam as especiarias para a Ásia e a Europa. As rotas comerciais eram bem estabelecidas, e quer fossem transportadas via Índia, Arábia, Pérsia ou Egito, as especiarias passavam por pelo menos uma dúzia de mãos antes de chegar aos consumidores na Europa Ocidental. Como cada transação podia dobrar o preço do produto, não espanta que o governador da Índia portuguesa, Afonso de Albuquerque, tenha almejado ampliar seu poder, primeiro desembarcando no Ceilão e mais tarde tomando Málaca, na península malaia, na época o centro do comércio de especiarias das Índias Orientais. Em 1512 ele chegou às fontes da noz-moscada e do cravo-da-índia, estabeleceu um monopólio português negociando diretamente com as Molucas e não demorou a superar os negociantes venezianos.

Também a Espanha cobiçou o comércio de especiarias. O navegador português Fernão de Magalhães, cujos planos para uma expedição haviam sido rejeitados por seu próprio país, convenceu a coroa espanhola de que não só seria possível chegar às ilhas das Especiarias viajando para oeste como de que essa rota seria mais curta. A Espanha tinha boas razões para custear uma expedição como essa. Uma nova rota para as Índias Orientais permitiria aos espanhóis evitar o uso de portos e navios portugueses na passagem oriental pela África e pela Índia. Além disso, um decreto anterior do papa Alexandre VI havia concedido a Portugal todas as terras pagãs a leste de uma linha imaginária que corria de norte a sul, cem léguas (cerca de 600km) a oeste das ilhas de Cabo Verde. Todas as terras pagãs a oeste dessa linha pertenceriam à Espanha. O fato de o mundo ser redondo — já admitido por muitos estudiosos e navegadores na época — foi desconsiderado ou era ignorado pelo Vaticano. Portanto, caso se aproximassem das ilhas das Especiarias viajando na direção oeste, os espanhóis teriam pleno direito a elas.

Magalhães não só convenceu a coroa espanhola de que conhecia uma passagem através do continente americano, como começou ele mesmo a acreditar nisso. Partiu da Espanha em setembro de 1519, navegando a sudoeste para cruzar o Atlântico e depois desceu pelo litoral hoje pertencente ao Brasil, Uruguai e Argentina. Quando o estuário de 225km de largura do rio da Prata, que leva à atual cidade de Buenos Aires, provou ser simplesmente isso — um estuário —, sua incredulidade e decepção devem ter sido enormes. Mas continuou a navegar para o sul, confiante de que a qualquer momento, após o promontório seguinte, encontraria a passagem do oceano Atlântico para o Pacífico. A viagem só ficaria pior para seus cinco pequenos navios tripulados por 265 homens. Quanto mais Magalhães avançava para o sul, mais curtos os dias se tornavam e mais constantes os vendavais. Um litoral de contorno perigoso, com elevações bruscas da maré, tempo cada vez pior, ondas imensas, granizo constante, neve acompanhada de chuva e gelo, sem contar a ameaça muito real de um escorregão de cordames congelados, contribuíam para o tormento da viagem. A 50º sul, sem nenhuma passagem óbvia à vista e já tendo reprimido um motim, Magalhães decidiu esperar durante o resto do inverno do hemisfério sul antes de prosseguir viagem e finalmente descobrir e transpor as águas traiçoeiras que hoje têm seu nome.

Em outubro de 1520, quatro de seus navios haviam atravessado o estreito de Magalhães. Com as provisões no fim, os oficiais de Magalhães insistiram em que deveriam voltar. Mas o fascínio do cravo-da-índia e da noz-moscada, a glória e a fortuna que obteriam se arrancassem dos portugueses o comércio de especiarias das Índias Orientais levaram Magalhães a continuar navegando para oeste com três navios. A viagem de quase 21.000km através do Pacífico, um oceano muito mais vasto do que se imaginara, sem mapas, apenas instrumentos rudimentares de navegação, pouca comida, e reservas de água doce praticamente esgotadas, foi pior que a passagem pela ponta inferior da América do Sul. A aproximação de Guam, nas Marianas, em 6 de março de 1521, salvou a tripulação da morte certa por inanição ou escorbuto.

Dez dias depois Magalhães pisou em terra firme pela última vez, na pequena ilha filipina de Mactan. Morto numa briga com os nativos, nunca chegou às Molucas, embora seus navios e o que restava da tripulação tenham navegado até Ternate, a terra do cravo-da-índia. Três anos após ter zarpado da Espanha, uma tripulação reduzida a 18 sobreviventes navegou rio acima até Sevilha com 26 toneladas de especiarias no castigado casco do *Victoria*, o único navio que restava da pequena esquadra de Magalhães.

As moléculas aromáticas do cravo-da-índia e da noz-moscada

Embora o cravo-da-índia e a noz-moscada provenham de famílias diferentes de plantas e de arquipélagos separados por centenas de quilômetros, sobretudo de mar aberto, seus odores marcadamente diferentes se devem a moléculas extremamente semelhantes. O principal componente do óleo do cravo-da-índia é eugenol; o composto fragrante presente no óleo da noz-moscada é o isoeugenol. A única diferença entre essas duas moléculas aromáticas — aromáticas tanto pela estrutura química quanto pelo cheiro — está na posição de uma ligação dupla:

Eugenol (do cravo-da-índia)   Isoeugenol (da noz-moscada)

A única diferença entre esses dois compostos —
a posição da ligação dupla — é indicada pela seta.

As semelhanças entre as estruturas desses dois componentes e a da zingerona (do gengibre) são igualmente óbvias. Também o cheiro do gengibre é claramente distinto dos aromas do cravo-da-índia ou da noz-moscada.

Zingerona

Não é para nosso benefício que as plantas produzem essas perfumadíssimas moléculas. Não podendo fugir de animais herbívoros, de insetos que chupam sua seiva ou comem suas folhas, ou de infestações fúngicas, as plantas se protegem com armas químicas que envolvem moléculas como o eugenol e o isoeugenol, bem como a piperina, a capsaicina e a zingerona. Todos eles são pesticidas naturais — moléculas muito potentes. O homem pode consumir esses compostos em pequenas quantidades porque o processo de desintoxicação que ocorre em nosso fígado é muito eficiente. Embora uma grande dose de um composto particular possa teoricamente sobrecarregar uma das muitas vias metabólicas do fígado, é tranquilizador saber que seria bastante difícil ingerir pimenta ou cravo-da-índia em quantidade suficiente para produzir esse efeito.

O delicioso cheiro de um craveiro-da-índia pode ser sentido mesmo a distância. O composto está presente não só nos botões secos da flor da árvore, que conhecemos bem, mas em muitas partes da planta. Em data tão remota quanto 200 a.C., na época da dinastia Han, cortesãos da corte imperial chinesa usavam o cravo-da-índia para perfumar o hálito. O óleo do cravo-da-índia era apreciado como um poderoso antisséptico e como remédio para a dor de dente. Até hoje ele é usado às vezes como anestésico tópico na odontologia.

A noz-moscada é um dos dois condimentos produzidos por uma mesma árvore; o outro é o macis. A noz-moscada é feita com a semente — ou amêndoa — marrom e reluzente da fruta, que se parece com o abricó, ao passo que o macis vem da camada avermelhada, ou arilo, que envolve a amêndoa. Há muito a noz-moscada é usada na China para fins medicinais, no tratamento de reumatismo e dores de estômago, e no sudeste da Ásia para disenteria ou cólica. Na Europa, além de ser considerada afrodisíaca e soporífera, a noz-moscada era usada num saquinho pendurado no pescoço como proteção contra a peste

Cravos-da-índia secando na rua, no norte da ilha Celebes, na Indonésia.

negra que devastou o continente em intervalos regulares desde sua primeira ocorrência registrada em 1347. Embora epidemias de outras doenças (tifo, varíola) assolassem periodicamente partes da Europa, a peste era a mais temida. Ela ocorria de três formas. A *bubônica* se manifestava como bubões — gânglios linfáticos intumescidos — na virilha e nas axilas; hemorragias internas e deterioração neurológica eram fatais em 50 a 60% dos casos. Menos frequente, porém mais virulenta, era a forma *pneumônica*. A peste septicêmica, em que quantidades esmagadoras de bacilos invadem o sangue, é sempre fatal, matando muitas vezes em menos de um dia.

É perfeitamente possível que as moléculas de isoeugenol presentes na noz-moscada fresca atuassem realmente como um repelente para as pulgas, que transmitem as bactérias da peste bubônica. É também possível que outras moléculas nela contidas tenham igualmente propriedades inseticidas. Grandes quantidades de duas outras moléculas fragrantes, miristicina e elemicina, ocorrem tanto na noz-moscada quanto no macis. As estruturas desses dois compostos se parecem muito entre si e com as daquelas moléculas que já encontramos na noz-moscada, no cravo-da-índia e nas pimentas.

Miristicina

Elemicina

Além de um talismã contra a peste, a noz-moscada era considerada a "especiaria da loucura". Suas propriedades alucinógenas — provavelmente decorrentes das moléculas miristicina e elemicina — são conhecidas há séculos. Um relato de 1576 contava que uma "senhora inglesa grávida, tendo comido dez ou 12 nozes-moscadas, ficou delirantemente embriagada". A veracidade dessa história é duvidosa, especialmente quanto ao número de nozes-moscadas consumidas, pois relatos atuais sobre a ingestão de apenas uma descrevem náusea e suores profusos somados a *dias* de alucinações. Isto é um pouco mais que embriaguez delirante; há relatos de morte após o consumo de muito menos que 12 nozes-moscadas. Em grandes quantidades, a miristicina pode causar também lesão do fígado.

Além da noz-moscada e do macis, cenoura, aipo, endro, salsa e pimenta-do-reino contêm traços de miristicina e elemicina. Em geral não consumimos as enormes quantidades dessas substâncias que seriam necessárias para que seus efeitos psicodélicos se fizessem notar. E não há provas de que a miristicina e a elemicina sejam em si mesmas psicoativas. É possível que elas sejam convertidas, por alguma via metabólica ainda desconhecida em nosso corpo, a quantidades mínimas de compostos que seriam análogos às anfetaminas.

A base química dessa possibilidade deve-se ao fato de que uma outra molécula, o safrol, cuja estrutura difere da estrutura da miristicina unicamente pela falta de um OCH_3, é o material usado na fabricação ilícita do composto que, com o nome químico completo de 3,4-metilenedioxi-N-metilanfetamina, abreviado como MDMA, é mais conhecido como *ecstasy*.

Miristicina

Safrol. A posição do OCH_3 ausente é indicada pela seta.

A transformação do safrol em *ecstasy* pode ser mostrada da seguinte maneira:

Safrol → via reações químicas → 3,4-metilenedioxi-N-metilanfetamina, ou MDMA (*ecstasy*).

O safrol vem da árvore sassafrás. Quantidades mínimas da substância podem também ser encontradas no cacau, na pimenta-do-reino, no macis, na noz-moscada e no gengibre silvestre. O óleo de sassafrás, extraído da raiz da árvore, constituído em 85% de safrol, foi usado outrora como o principal agente aromatizante na *root beer*.* Hoje o safrol é considerado carcinogênico, e seu uso como aditivo alimentar está proibido, assim como o óleo de sassafrás.

Noz-moscada e Nova York

O comércio do cravo-da-índia foi dominado pelos portugueses durante a maior parte do século XVI, mas eles nunca chegaram a estabelecer um monopólio completo. Conseguiram fazer acordos referentes ao comércio e à construção de fortes com os sultões das ilhas de Ternate e Tidore, mas essas alianças provaram-se efêmeras. Os molucanos continuaram a vender cravo-da-índia para seus tradicionais parceiros comerciais, os javaneses e os malaios.

No século seguinte, os holandeses, que tinham mais navios, mais homens, melhores armas e uma política de colonização muito mais dura, tornaram-se os senhores do comércio de especiarias, sobretudo por meio dos auspícios da todo-poderosa Companhia das Índias Orientais — a Vereenidge Oostindische Compagnie, ou VOC —, fundada em 1602. Não foi fácil estabelecer nem sustentar o monopólio. Só em 1667 a VOC conseguiu implantar um controle completo sobre as Molucas, expulsando os espanhóis e portugueses das poucas bases avançadas que ainda lhes restavam e esmagando impiedosamente a oposição da população local.

Para consolidar plenamente sua posição, os holandeses precisaram dominar o comércio de noz-moscada nas ilhas de Banda. Supostamente, um tratado de

---

* Bebida não alcoólica feita com extratos de certas raízes e ervas. (N.T.)

1602 havia conferido à VOC direitos exclusivos de comprar toda a noz-moscada produzida nas ilhas. No entanto, embora o documento tivesse sido assinado pelos chefes de aldeia, talvez o conceito de exclusividade não fosse aceito, ou sequer compreendido pelos bandaneses: o fato é que eles continuaram vendendo sua noz-moscada para outros negociantes pelo mais alto preço oferecido — conceito que compreendiam muito bem.

A reação dos holandeses foi implacável. Uma frota, centenas de homens e o primeiro de vários fortes de grandes dimensões apareceram nas ilhas de Banda com o objetivo de controlar o comércio de noz-moscada. Após uma série de ataques, contra-ataques, massacres, novos contratos e novas violações de tratados, os holandeses passaram a agir ainda mais energicamente. Todos os arvoredos de noz-moscada foram destruídos, com exceção dos que se situavam em torno dos fortes que eles haviam construído. Aldeias bandanesas foram arrasadas pelo fogo, seus chefes executados e a população remanescente escravizada por colonos holandeses levados para as ilhas para supervisionar a produção de noz-moscada.

Depois disso, a única ameaça que ainda pairava sobre o completo monopólio da VOC era a permanência, em Run, a mais remota das ilhas de Banda, de ingleses que, anos antes, haviam assinado um tratado comercial com os chefes locais. Esse pequeno atol, onde as árvores de noz-moscada eram tão profusas que se penduravam nos penhascos, tornou-se o cenário de muitas lutas sangrentas. Em 1667, após um cerco brutal, uma invasão holandesa e mais destruição de arvoredos de noz-moscada, os ingleses assinaram o Tratado de Breda, pelo qual abriram mão de todas as suas reivindicações sobre a ilha de Run em troca de uma declaração formal dos holandeses abdicando de seus direitos à ilha de Manhattan. Nova Amsterdã converteu-se em Nova York, e os holandeses ficaram com a noz-moscada.

Apesar de todos os seus esforços, o monopólio dos holandeses sobre o comércio da noz-moscada e do cravo-da-índia não durou. Em 1770 um diplomata francês contrabandeou mudas de cravo-da-índia das Molucas para a colônia francesa de Maurício. De lá a planta se espalhou por toda a costa leste da África e, em especial, chegou a Zanzibar, onde rapidamente se tornou o principal produto de exportação.

A noz-moscada, por outro lado, provou-se de cultivo extremamente difícil fora de sua terra de origem nas ilhas de Banda. A árvore requer solo rico, úmido, bem drenado, e clima quente e úmido, livre de sol e de ventos fortes. Apesar da dificuldade que os competidores experimentavam para cultivar a noz-moscada em outros lugares, os holandeses tomavam a precaução de mergulhar nozes-moscadas inteiras em cal (hidróxido de cálcio) antes de exportar as sementes, para evitar qualquer possibilidade de que elas brotassem. Mas os britânicos acabaram conseguindo introduzir árvores de noz-moscada em Cingapura e nas Índias Ocidentais. A ilha caribenha de Granada tornou-se conhecida como "a ilha da Noz-Moscada" e atualmente é o maior produtor do condimento.

Esse intenso comércio de especiarias em escala mundial teria sem dúvida continuado, não fosse o advento da refrigeração. Quando a pimenta, o cravo-da-índia e a noz-moscada deixaram de ser necessários como conservantes, a enorme demanda de piperina, eugenol, isoeugenol e das demais moléculas fragrantes dessas especiarias outrora exóticas desapareceu. Hoje a pimenta e outros condimentos ainda crescem na Índia, mas não são produtos de exportação importantes. As ilhas de Ternate e Tidore e o arquipélago de Banda, atualmente parte da Indonésia, estão mais distantes que nunca. Não mais frequentadas por grandes veleiros interessados em abarrotar seus cascos com cravo-da-índia e noz-moscada, essas ilhotas cochilam ao sol quente, visitadas apenas pelos turistas ocasionais que exploram fortes holandeses em escombros ou mergulham entre prístinos recifes de coral.

O fascínio exercido pelas especiarias é coisa do passado. Ainda as apreciamos pelo gosto saboroso, picante, que suas moléculas dão à nossa comida, mas raramente pensamos nas fortunas que construíram, nos conflitos que provocaram e nas assombrosas proezas que inspiraram.

2

· · · · ·

Ácido ascórbico

A Era dos Descobrimentos foi movida pelo comércio de moléculas contidas nas especiarias, mas foi a falta de uma molécula, bastante diferente, que quase a encerrou. Mais de 90% da tripulação de Magalhães não sobreviveram à sua circunavegação de 1519-1522 — em grande parte por causa do escorbuto, uma doença devastadora causada por uma deficiência da molécula do ácido ascórbico, a vitamina C.

Exaustão e fraqueza, inchaço dos braços e pernas, amolecimento das gengivas, equimoses, hemorragias nasais e bucais, hálito fétido, diarreia, dores musculares, perda dos dentes, afecções do pulmão e do fígado — a lista de sintomas do escorbuto é longa e horrível. A morte resulta em geral de uma infecção aguda, como pneumonia, alguma outra doença respiratória ou, mesmo em jovens, de paradas cardíacas. Um sintoma, a depressão, ocorre num estágio inicial, mas não se sabe ao certo se é um efeito da doença propriamente dita ou uma resposta aos outros sintomas. Afinal, se você se sentisse constantemente exausto, com feridas que não se curavam, gengivas doloridas e sangrando, hálito malcheiroso e diarreia, e soubesse que o pior ainda estava por vir, não se sentiria deprimido também?

O escorbuto é uma doença antiga. Alterações na estrutura óssea de restos mortais do Neolítico são consideradas compatíveis com a doença, e hieróglifos do antigo Egito foram interpretados como se referindo a ela. Diz-se que a palavra *escorbuto* é derivada do norreno, a língua dos guerreiros e navegadores *vikings* que, do século IX em diante, partiam da Escandinávia para atacar o litoral atlântico da Europa. Durante o inverno, a falta de frutas e verduras frescas ricas em vitamina devia ser comum a bordo dos navios e nas comunidades nórdicas. Supõe-se que os *vikings* usavam a cocleária, um tipo de agrião ártico, quando viajavam para a América passando pela Groenlândia. As primeiras descrições concretas do que era provavelmente o escorbuto datam das Cruzadas, no século XIII.

O escorbuto no mar

Nos séculos XIV e XV, quando o desenvolvimento de jogos de velas mais eficientes e de navios bem equipados tornou possíveis as viagens mais longas, o escorbuto passou a ser comum no mar. As galés propelidas a remo, como as usadas por gregos e romanos, e os pequenos barcos a vela dos negociantes árabes sempre haviam permanecido bastante perto da costa. Essas embarcações não eram suficientemente bem construídas para resistir às águas bravias e aos vagalhões do mar aberto. Em consequência, raramente se aventuravam longe do litoral e podiam se reabastecer de provisões a intervalos de dias ou semanas. O acesso regular a alimentos frescos significava que o escorbuto raramente se tornava um problema de vulto. No século XV, porém, as longas viagens oceânicas em grandes navios a vela introduziram não só a Era dos Descobrimentos mas também a dependência de alimentos em conserva.

Embarcações maiores tinham de levar, além de carga e armas, uma tripulação maior para lidar com os cordames e jogos de velas mais complicados, comida e água para meses no mar. O aumento do número de tombadilhos, de homens e da quantidade de mantimentos traduzia-se inevitavelmente em condições de vida precárias para a tripulação, que era obrigada a dormir e viver amontoada, com ventilação deficiente, e no subsequente aumento de doenças infecciosas e respiratórias. A "consumpção" (tuberculose) e a disenteria eram comuns, assim como, sem dúvida, os piolhos no cabelo e no corpo, a sarna e outras doenças contagiosas da pele.

A comida habitual dos marinheiros não favorecia em nada sua saúde. A dieta nas viagens marítimas era ditada por dois fatores principais. Em primeiro lugar, a bordo de navios de madeira era extremamente difícil conservar o que quer que fosse seco e livre de bolor. A madeira dos cascos absorvia água, pois o único material impermeabilizante conhecido era o piche, uma resina pegajosa obtida como subproduto na fabricação de carvão, que era aplicado no exterior do casco. O interior dos cascos, em particular onde havia pouca ventilação, devia ser extremamente úmido. Muitos relatos de viagens em embarcações a vela descrevem como o mofo crescia nas roupas, nas botas e cintos de couro, na roupa de cama e nos livros. A comida usual do marinheiro era carne de vaca ou de porco salgada e uma espécie de bolacha — feita de água, farinha e sem sal, assada até ficar dura como pedra — usada como substituto do pão. Essas bolachas tinham a preciosa característica de ser relativamente imunes ao mofo.

Seu grau de dureza era tal que elas se mantinham consumíveis por décadas; em contrapartida, era extremamente difícil mordê-las, em especial para quem tinha as gengivas inflamadas pelo início do escorbuto. Frequentemente as bolachas de bordo eram infestadas por brocas, circunstância que os marinheiros viam na verdade com satisfação, pois os buracos cravados pelo inseto aumentavam a porosidade do alimento, tornando mais fácil mordê-lo e mastigá-lo.

O segundo fator que governava a dieta nos navios era o temor do fogo. A madeira usada na construção das embarcações e o uso do piche, altamente inflamável, significavam a necessidade de uma constante diligência para evitar incêndios no mar. Por essa razão, o único fogo permitido a bordo era o da cozinha, e mesmo assim só quando o tempo estava relativamente bom. Ao primeiro sinal de mau tempo, o fogo da cozinha era apagado e assim ficava até que a tempestade passasse. Muitas vezes não se podia cozinhar durante vários dias seguidos. Com isso, não era possível dessalgar devidamente a carne, fervendo-a em água pelo número de horas necessário; os marinheiros ficavam também impedidos de tornar as bolachas de bordo pelo menos um pouco mais palatáveis mergulhando-as num ensopado ou num caldo quente.

No início de uma viagem, embarcavam-se mantimentos: manteiga, queijo, vinagre, pão, ervilhas secas, cerveja e rum. Em pouco tempo, a manteiga estava rançosa, o pão embolorado, as ervilhas secas infestadas por brocas, o queijo duro e a cerveja azeda. Como nenhum desses alimentos continha vitamina C, com frequência sinais de escorbuto eram visíveis meras seis semanas depois que o navio deixava o porto. Diante desse quadro, não espanta que as marinhas da Europa tivessem de recorrer à coação para tripular seus navios.

Os diários de bordo das primeiras grandes viagens registram os efeitos do escorbuto na vida e na saúde de marinheiros. Quando o explorador português Vasco da Gama contornou a ponta da África em 1497, uma centena de sua tripulação de 160 homens havia morrido de escorbuto. Há relatos que falam de navios encontrados à deriva no mar, com as tripulações inteiras dizimadas pela doença. Estima-se que, durante séculos, o escorbuto foi responsável por mais mortes no mar do que todas as outras causas; mais que o total combinado de batalhas navais, pirataria, naufrágios e outras doenças.

Espantosamente, já existiam remédios para o escorbuto nessa época — mas em geral eram desconsiderados. Desde o século V, os chineses cultivavam gengibre em vasos a bordo de seus navios. Outros países do sudeste da Ásia que tinham contato com as embarcações mercantes dos chineses tiveram sem dúvida acesso à ideia de que frutas e hortaliças frescas podiam aliviar os sintomas do escorbuto. Essa ideia deve ter sido transmitida aos holandeses e retransmitida por estes aos demais povos europeus, pois se sabe que, em 1601, a primeira frota da Companhia Inglesa das Índias Orientais colheu laranjas e limões em Madagascar em seu caminho para o Oriente. Essa pequena esquadra de quatro navios estava sob o comando do capitão James Lancaster, que levou consigo no *Dragon*, a nau capitânia, suco de limão em garrafas. Todos os homens que apresentavam sintomas de escorbuto recebiam três colheres de chá de suco de limão a cada manhã. Na chegada ao cabo da Boa Esperança, não havia ninguém a bordo do *Dragon* acometido pela doença, mas nos outros três navios ela fizera uma devastação significativa. Assim, apesar do exemplo de Lancaster, quase um quarto do total de marinheiros que participou dessa expedição morreu de escorbuto — e nenhuma dessas mortes ocorreu em sua nau capitânia.

Cerca de 65 anos antes, os membros da tripulação da segunda expedição promovida pelo explorador francês Jacques Cartier a Newfoundland e ao Quebec haviam sido severamente afetados pelo escorbuto, e muitos morreram. Um remédio sugerido pelos índios — uma infusão de agulhas de uma conífera — foi tentado, e os resultados pareceram miraculosos. Consta que os sintomas se aplacaram quase da noite para o dia e a doença desapareceu rapidamente. Em 1593, sir Richard Hawkins, um almirante da marinha britânica, afirmou, com base em sua própria experiência, que pelo menos dez mil homens haviam morrido de escorbuto no mar, mas que suco de limão teria sido um remédio de eficácia imediata.

Relatos de tratamentos bem-sucedidos chegaram mesmo a ser publicados. Em 1617, na obra *The Surgeon's Mate*, John Woodall relatou a prescrição de suco de limão tanto para o tratamento quanto para a prevenção do escorbuto. Oitenta anos mais tarde, o dr. William Cockburn recomendou frutas e verduras frescas em seu livro *Sea Diseases, or the Treatise of their Nature*. Outros remédios sugeridos, como vinagre, salmoura, canela e soro de leite, eram absolutamente ineficazes e é possível que tenham obscurecido a ação correta.

Somente na metade do século seguinte os primeiros estudos clínicos controlados do escorbuto provaram a eficácia do suco de frutas cítricas. Embora os números envolvidos fossem muito pequenos, a conclusão era óbvia. Em 1747, James Lind, um cirurgião naval escocês embarcado no *Salisbury*, escolheu, entre os marinheiros acometidos de escorbuto, 12 que apresentavam sintomas tão parecidos quanto possível para um experimento. Submeteu-os todos à mesma dieta: não a usual, de carne salgada e bolacha dura, que esses doentes teriam achado muito difícil de mastigar, mas mingau adoçado, caldo de carne de carneiro, biscoitos afervendados, cevada, sagu, arroz, uvas, groselhas e vinho. A essa dieta baseada em carboidratos, Lind acrescentou vários suplementos a serem ingeridos diariamente. Dois dos 12 marinheiros receberam cerca de um litro de cidra; dois receberam doses de vinagre; dois pobres coitados tiveram de tomar um elixir de vitriólico (isto é, ácido sulfúrico); dois receberam meio quartilho de água do mar e dois tiveram de engolir uma mistura de noz-moscada, alho, sementes de mostarda, resina de mirra, cremor de tártaro* e água de cevada. Aos afortunados dois últimos eram dadas duas laranjas e um limão para cada um.

Os resultados, imediatos e óbvios, foram os que esperaríamos hoje, com o conhecimento de que dispomos. Passados seis dias os homens que comiam as frutas cítricas estavam em plena forma. Felizmente os outros dez foram dispensados a tempo de suas dietas de água do mar, noz-moscada ou ácido sulfúrico e passaram a receber limões e laranjas também. Os resultados de Lind foram publicados em *A Treatise of Scurvy*, mas transcorreram mais de 40 anos antes que a marinha britânica iniciasse a distribuição obrigatória de suco de limão a bordo de seus navios.

Se um tratamento eficaz do escorbuto era conhecido, por que não era seguido na rotina? Lamentavelmente, apesar dessa comprovação, parece que o remédio para o escorbuto não era reconhecido ou não merecia crédito. Uma teoria muito em voga atribuía a doença a uma dieta com excesso de carne salgada ou sem quantidade suficiente de carne fresca, não à falta de frutas e hortaliças. Além disso, havia um problema logístico: era difícil conservar frutas cítricas ou sucos frescos por semanas a fio. Foram feitas tentativas de concentrar e preservar suco de limão, mas esses procedimentos demandavam muito tempo, eram caros e talvez não fossem eficientes, pois hoje sabemos que a vitamina C é rapidamente destruída pelo calor e pela luz, e que sua quantidade em frutas e verduras é reduzida quando estas ficam muito tempo armazenadas.

Por causa das despesas e dos inconvenientes, os oficiais e médicos navais, o almirantado britânico e os armadores não conseguiam encontrar meios de cultivar verduras ou frutas cítricas em quantidade suficiente em navios com grandes tripulações. Para isso, seria preciso subtrair um espaço precioso à carga.

---

* Bitartarato de potássio. (N.T.)

Frutas cítricas frescas ou em conserva eram caras, sobretudo se tivessem de ser distribuídas diariamente, como medida preventiva. A economia e a margem de lucro ditavam as regras — embora, a nossos olhos, essa pareça ter sido uma falsa economia. Era preciso embarcar nos navios uma tripulação que excedia à sua capacidade, contando com uma taxa de mortalidade de 30, 40 ou até 50%, provocada pelo escorbuto. Mesmo que as mortes não fossem muitas, a eficiência de uma tripulação acometida de escorbuto era notavelmente baixa. Sem contar o fator humano — raramente considerado naqueles séculos.

Outro elemento era a intransigência das tripulações em geral. Os marinheiros estavam habituados à dieta de bordo costumeira, e embora se queixassem da monotonia das refeições de carne salgada e bolacha que lhes eram impostas no mar, o que desejavam comer num porto era muita carne fresca, pão fresco, queijo e manteiga regados por uma boa cerveja. Mesmo quando havia frutas e hortaliças frescas à disposição, a maioria deles não tinha interesse em verduras tenras e crocantes. Queriam carne e mais carne — cozida, ensopada ou assada. Os oficiais, que em geral provinham de uma classe social mais alta, em que uma dieta mais rica e variada era comum, consideravam normal e provavelmente interessante comer frutas e verduras num porto. Não raro gostavam de experimentar os alimentos desconhecidos e exóticos que podiam ser encontrados nos lugares em que aportavam. Tamarindos, limas e outras frutas ricas em vitamina C eram usadas na culinária local e eles, ao contrário dos marinheiros, tendiam a prová-la. Por isso o escorbuto costumava ser um problema menor entre os oficiais dos navios.

Cook: O escorbuto derrotado

James Cook, da Real Marinha Britânica, foi o primeiro capitão de navio a assegurar que suas tripulações ficassem livres do escorbuto. Por vezes o associam à descoberta de antiescorbúticos, como são chamados os alimentos que curam o escorbuto, mas na verdade seu feito residiu em insistir na manutenção de níveis elevados de dieta e higiene a bordo de todas as suas embarcações. O resultado de seus padrões meticulosos foi um nível de saúde extraordinariamente bom e baixa taxa de mortalidade em suas tripulações. Cook ingressou na marinha relativamente tarde, aos 27 anos, mas seus nove anos anteriores de experiência navegando como oficial de barcos mercantes no mar do Norte e no Báltico, sua inteligência e habilidade inata como navegador se combinaram para lhe assegurar rápida promoção na hierarquia naval. Cook entrou em contato com o escorbuto em 1758, a bordo do *Pembroke*, em sua primeira viagem através do Atlântico rumo ao Canadá para contestar o controle do rio São Lourenço pelos franceses. Ele se sentiu alarmado diante da devastação causada por essa doença comum e consternado ao ver que a morte de tantos marinheiros, a perigosa redução da capacidade de trabalho das tripulações e até a perda real de navios costumavam ser aceitas como inevitáveis.

Seu trabalho de exploração e mapeamento das regiões em torno da Nova Escócia, o golfo do São Lourenço e Newfoundland, e as observações precisas que fez do eclipse do Sol causaram grande impressão na Royal Society, entidade fundada em 1645 com o objetivo de "fomentar o conhecimento natural". Foi-lhe confiado o comando do navio *Endeavour* e a missão de explorar e mapear os mares do sul, investigar novas plantas e animais e fazer observações astronômicas do trânsito dos planetas pelo Sol.

Razões menos conhecidas mas ainda assim imperativas dessa viagem de Cook e de outras subsequentes eram de natureza política. Tomar posse de terras já descobertas em nome da Grã-Bretanha; reivindicar novas terras ainda por descobrir, entre elas a Terra Australis Incognita, o grande continente meridional, e esperanças de encontrar uma Passagem Noroeste — tudo isso estava na mente do almirantado. Se Cook foi capaz de levar a cabo tantos entre esses objetivos, isso se deveu em grande medida ao ácido ascórbico.

Considere o cenário em 10 de junho de 1770, quando o *Endeavour* encalhou num banco de coral do Great Barrier Reef, pouco ao sul da atual Cooktown, no norte de Queensland, na Austrália. Foi quase uma rematada catástrofe. A colisão se dera na maré cheia; o buraco que se abriu no casco exigia medidas drásticas. Para deixar o navio mais leve, a tripulação inteira arremessou borda fora, com grande esforço, tudo de que podia prescindir. Durante 23 horas consecutivas os homens acionaram as bombas enquanto a água do mar penetrava inexoravelmente no porão, puxando desesperadamente cabos e âncora numa tentativa de vedar o buraco com um método provisório que consistia em arrastar uma vela pesada para debaixo do casco. O incrível esforço, a absoluta mestria na arte da navegação e a boa sorte preponderaram. Finalmente o navio se desprendeu do recife e foi levado à praia para reparos. O *Endeavour* escapara por pouco, graças ao esforço de que uma tripulação exausta, acometida de escorbuto, não teria sido capaz.

Uma tripulação saudável, eficiente, foi essencial para as realizações de Cook em suas viagens. Esse fato foi reconhecido pela Royal Society quando ela lhe conferiu sua mais elevada honraria, a medalha de ouro Copley, não por suas proezas como navegador, mas por ter demonstrado que o escorbuto não era um companheiro inevitável nas viagens oceânicas de longo curso. Os métodos de Cook eram simples. Ele fazia questão de que todo o navio fosse mantido limpo, em especial os desvãos apertados onde se alojavam os marinheiros. Todos eles eram obrigados a lavar suas vestes regularmente, arejar e secar sua roupa de cama quando o tempo o permitia, a fumigar entre os tombadilhos e, de maneira geral, a fazer jus ao termo inglês *shipshape*.* Quando não era possível obter as frutas e as verduras frescas que ele considerava necessárias a uma dieta equilibrada, Cook exigia que seus homens comessem o chucrute que incluíra nas provisões do navio. Sempre que havia oportunidade, o capitão aterrava para se reabastecer e colher ervas locais (valisnéria, cocleária) ou plantas com que se podiam fazer tisanas.

Essa dieta não era muito apreciada pela tripulação que, acostumada à comida usual dos marinheiros, relutava em experimentar qualquer novidade. Mas Cook era inflexível. Ele e seus oficiais também aderiam à dieta, e era graças a seu exemplo, autoridade e determinação que se seguia o regime. Não há registro de que Cook tenha mandado alguma vez açoitar um homem por se recusar a comer chucrute ou valisnéria, mas a tripulação sabia que o capitão não hesitaria em prescrever o chicote para quem se opusesse às suas regras. Cook fazia uso também de uma abordagem mais sutil. Ele registrou que um chucrute preparado com plantas locais foi servido primeiramente apenas para os oficiais; em menos de uma semana os escalões inferiores estavam reclamando sua parte.

Não há dúvida de que o sucesso ajudou a convencer a tripulação de Cook de que a estranha obsessão de seu capitão pelo que eles comiam valia a pena. Ele nunca perdeu um só homem para o escorbuto. Em sua primeira viagem, que durou quase três anos, um terço dos marinheiros morreu após contrair malária ou disenteria na Batávia (hoje Jacarta), nas Índias Orientais Holandesas (hoje Indonésia). Em sua segunda viagem, de 1772 a 1775, perdeu um membro da tripulação para a doença — mas não para o escorbuto. Na mesma viagem, no entanto, a tripulação de um outro navio que o acompanhava foi gravemente

---

* Forma reduzida da palavra inglesa obsoleta *shipshapen*: bem-arrumado como um navio. (N.T.)

afetada pelo problema. O comandante Tobias Furneaux foi severamente repreendido e mais de uma vez instruído por Cook sobre a necessidade do preparo e administração de antiescorbúticos. Graças à vitamina C, a molécula do ácido ascórbico, Cook foi capaz de levar a cabo uma impressionante série de façanhas: a descoberta das ilhas Havaí e da Grande Barreira de Recifes, a primeira circunavegação da Nova Zelândia, o primeiro mapeamento da costa noroeste do Pacífico, e o primeiro cruzamento do Círculo Atlântico.

Uma pequena molécula num grande papel

Que pequeno componente é esse que teve tão grande efeito no mapa do mundo? A palavra *vitamina* vem da contração de duas palavras, *vital* (necessário) e *amina* (um composto orgânico nitrogenado — originalmente, pensava-se que todas as vitaminas continham pelo menos um átomo de nitrogênio). O C de vitamina C indica que ela foi a terceira vitamina a ser identificada.

Estrutura do ácido ascórbico (ou vitamina C)

Esse sistema de denominação tem inúmeras deficiências. As vitaminas B e a vitamina H são as únicas que realmente contêm nitrogênio. A vitamina B original, conforme se descobriu mais tarde, consiste em mais de um componente, daí vitamina B_1, vitamina B_2 etc. Além disso, descobriu-se que várias vitaminas supostamente diferentes eram de fato o mesmo composto, e é por isso que não há nenhuma vitamina F nem G.

Entre os mamíferos, somente os primatas, os ratos de cobaia e o morcego-da-fruta indiano requerem vitamina C em sua dieta. Em todos os demais vertebrados — o cachorro ou o gato da família, por exemplo — o ácido ascórbico é fabricado no fígado a partir da simples glicose do açúcar por meio de uma série de quatro reações, cada uma catalisada por uma enzima. Por isso o ácido ascórbico não é uma necessidade dietética para esses animais. Presumivelmente, em algum ponto ao longo do percurso evolucionário, os seres humanos perderam a capacidade de sintetizar ácido ascórbico a partir de glicose, o que pode ter decorrido da perda do material genético que nos permitia fazer *gulonolactona oxidase*, a enzima necessária para o passo final dessa sequência.

Uma série semelhante de reações, numa ordem um pouco diferente, é a base do método sintético moderno (também a partir da glicose) para a preparação industrial do ácido ascórbico. O primeiro passo é uma reação de oxidação, que significa acréscimo de oxigênio a uma molécula, ou remoção de hidrogênio, ou possivelmente ambas as coisas. No processo inverso, conhecido como redução, há remoção de oxigênio de uma molécula, ou acréscimo de hidrogênio, ou, mais uma vez, possivelmente ambas as coisas.

O segundo passo envolve redução na extremidade da molécula de glicose oposta à da primeira reação, formando um composto conhecido como *ácido gulônico*. A etapa seguinte da sequência, o terceiro passo, envolve a formação pelo ácido gulônico de uma molécula cíclica ou em anel na forma de uma *lactona*. O passo final na oxidação produz a ligação dupla da molécula de ácido ascórbico. É a enzima para esse quarto e último passo que falta ao homem.

As tentativas iniciais de isolar e identificar a estrutura química da vitamina C fracassaram. Um dos maiores problemas é que, embora o ácido ascórbico esteja presente em quantidades razoáveis nos sucos dos cítricos, é muito difícil separá-lo dos muitos outros açúcares e substâncias semelhantes ao açúcar também presentes nesses sucos. Não surpreende, portanto, que o isolamento da primeira amostra pura de ácido ascórbico tenha sido feito não a partir de plantas, mas de uma fonte animal.

Em 1928, Albert Szent-Györgyi, um médico e bioquímico húngaro que trabalhava na Universidade de Cambridge, na Inglaterra, extraiu menos de um grama de material cristalino de um córtex adrenal bovino, a parte interna adiposa de um par de glândulas endócrinas situado perto dos rins da vaca. Presente em apenas cerca de 0,03% por peso em sua fonte, a princípio o composto não foi reconhecido como vitamina C. Szent-Györgyi pensou que havia isolado um novo hormônio semelhante ao açúcar e sugeriu para ele o nome *ignose*, *ose* sendo a terminação usada para nomes de açúcares (como em glicose e frutose), e *ig* significando que ele ignorava a estrutura da substância. Quando o segundo nome sugerido por Szent-Györgyi, *Godnose*, também foi rejeitado pelo editor do *Biochemical Journal* (que obviamente não partilhava de seu senso de humor), ele se contentou com uma designação mais sóbria: *ácido hexurônico*. A amostra obtida pelo bioquímico húngaro tinha pureza suficiente para permitir a realização de uma análise química meticulosa, que mostrou seis átomos de carbono na fórmula, $C_6H_8O_6$, por isso o *hex* de ácido hexurônico. Quatro anos mais tarde, foi demonstrado que ácido hexurônico e vitamina C eram, como Szent-Györgyi passara a suspeitar, a mesma coisa.

O passo seguinte na compreensão do ácido ascórbico foi determinar sua estrutura, trabalho que a tecnologia atual poderia fazer com relativa facilidade, usando quantidades muito pequenas, mas que, na década de 1930, era quase impossível na falta de grandes quantidades. Mais uma vez a sorte sorriu para Szent-Györgyi. Ele descobriu que a páprica húngara era particularmente rica em vitamina C, e, mais importante, era desprovida de outros açúcares que haviam tornado tão problemático o isolamento do componente em sucos de fruta. Após uma semana de trabalho ele havia separado mais de um quilo de cristais de vitamina C pura, mais que o suficiente para que seu colaborador, Norman Haworth, professor de química na Universidade de Birmingham, desse início à bem-sucedida determinação da estrutura do que agora Szent-Györgyi e Haworth haviam passado a chamar de *ácido ascórbico*. Em 1937 a importância dessa molécula foi reconhecida pela comunidade científica. Szent-Györgyi recebeu o Prêmio Nobel de Medicina por seu trabalho sobre a vitamina C, e Haworth, o Prêmio Nobel de Química.

Embora o ácido ascórbico tenha continuado a ser investigado por mais 60 anos, ainda não temos plena certeza de todos os papéis que ele desempenha no corpo. É vital para a produção de colágeno, a proteína mais abundante no reino animal, encontrada em tecidos conectivos que ligam e sustentam outros tecidos. A falta de colágeno explica, é claro, alguns dos primeiros sintomas do escorbuto: o amolecimento das gengivas e a perda dos dentes. Diz-se que dez miligramas de ácido ascórbico por dia já são suficientes para prevenir o aparecimento dos sintomas do escorbuto, embora nesse nível provavelmente exista um escorbuto subclínico (deficiência de vitamina C no nível celular, mas sem sintomas flagrantes). A pesquisa em áreas tão variadas quanto a imunologia, a oncologia, a neurologia, a endocrinologia e a nutrição continua descobrindo o envolvimento do ácido ascórbico em diversas vias bioquímicas.

Há muito que essa pequena molécula está envolta em controvérsia e mistério. A marinha britânica adiou a implementação das recomendações de John Lind por escandalosos 42 anos. Ao que parece, a Companhia das Índias Orientais negava alimentos antiescorbúticos a seus marinheiros no intuito de mantê-los fracos e controláveis. Hoje, está em discussão se megadoses de vitamina C podem ter algum papel no tratamento de uma variedade de doenças. Em 1954 Linus Pauling ganhou o Prêmio Nobel de Química em reconhecimento por seu trabalho sobre a ligação química, e em 1962 foi novamente contemplado com o Prêmio Nobel da Paz por suas atividades contra o teste de armas nucleares. Em 1970 esse detentor de dois prêmios Nobel lançou a primeira de uma série de publicações sobre o papel da vitamina C na medicina, recomendando doses altas de ácido ascórbico para a prevenção e o tratamento de resfriados, gripes e câncer. Apesar da eminência de Pauling como cientista, o *establishment* médico em geral não aceitou suas ideias.

A dose diária recomendada de vitamina C para um adulto é geralmente estabelecida em 60 miligramas, mais ou menos a que está presente numa laranja pequena. Essa dose variou ao longo do tempo e em diferentes países, o que talvez indique que não compreendemos o papel fisiológico completo dessa molécula nem tão simples. Concorda-se em geral que uma dose diária mais elevada é necessária durante a gravidez e a amamentação. A dose diária mais alta é a recomendada para os idosos, porque na velhice frequentemente a ingestão de vitamina C é reduzida em consequência de uma dieta pobre ou por falta de interesse em cozinhar e comer. Registram-se casos de escorbuto entre idosos em nossos dias.

Uma dose diária de 150 miligramas de ácido ascórbico corresponde em geral a um nível de saturação, e uma ingestão maior pouco contribui para aumentar o conteúdo da substância no plasma sanguíneo. Como o excesso de vitamina C é eliminado pelos rins, afirmou-se que o único benefício das megadoses consiste em aumentar os lucros das companhias farmacêuticas. Parece, no entanto, que em circunstâncias como infecções, febre, recuperação de ferimentos, diarreia e uma longa lista de enfermidades crônicas, doses mais elevadas podem de fato ser necessárias.

Continua-se a pesquisar o papel da vitamina C em mais de 40 afecções: bursite, gota, doença de Crohn, esclerose múltipla, úlceras gástricas, obesidade, osteoartrite, infecções por *Herpes simplex*, mal de Parkinson, anemia, doença cardíaca coronária, doenças autoimunes, abortos espontâneos, febre reumática, cataratas, diabetes, alcoolismo, esquizofrenia, depressão, mal de Alzheimer, infertilidade, resfriado, gripe e câncer, para citar apenas algumas. A lista mostra bem por que essa molécula foi por vezes qualificada de "a juventude num frasco", embora os resultados das pesquisas ainda não confirmem todos os milagres já propalados.

Fabricam-se anualmente mais de 50 mil toneladas de ácido ascórbico. Produzida industrialmente a partir da glicose, a vitamina C sintética é absolutamente idêntica, em todos os aspectos, à natural. Não havendo nenhuma diferença física ou química entre o ácido ascórbico natural e o sintético, não há razão para comprar uma versão cara, comercializada como "vitamina C natural, suavemente extraída dos puros frutos da roseira da rara *Rosa macrophylla*, cultivada nas encostas prístinas do baixo Himalaia". Mesmo que o produto realmente proviesse dessa fonte, se é vitamina C, é exatamente igual àquela fabricada às toneladas a partir de glicose.

Isso não quer dizer que pílulas de vitamina industrializada possam substituir a vitamina natural presente nos alimentos. Os 70mg de ácido ascórbico contidos numa pílula que se engole talvez não produzam os mesmos benefícios que os 70mg que ingerimos ao comer uma laranja de tamanho médio. É possível que outras substâncias encontradas nas frutas e nos vegetais, como as que são responsáveis por suas cores brilhantes, auxiliem a absorção da vitamina C ou acentuem seu efeito de alguma maneira ainda desconhecida.

O principal uso comercial da vitamina C atualmente é como conservante de alimentos, caso em que ela atua como antioxidante e agente antimicrobiano. Nos últimos anos, passou-se a ver os conservantes com maus olhos. "Não contém conservantes", apregoam as embalagens de muitos alimentos. A verdade, porém, é que sem conservantes muitos dos produtos que comemos teriam mau gosto, mau cheiro, seriam intragáveis ou até nos matariam. Se os conservantes químicos desaparecessem, o desastre para nossos estoques de alimento seria tão grande quanto se não houvesse mais refrigeração ou congelamento.

As conservas de frutas são seguras se forem enlatadas a 100°C, porque em geral são ácidas o bastante para impedir o crescimento do micróbio letal *Clostridium botulinum*. Vegetais que contenham menos acidez e carnes devem ser processados a temperaturas mais elevadas, que matem esse micro-organismo comum. Quando se faz conserva em casa, usa-se frequentemente o ácido ascórbico como antioxidante, para evitar o escurecimento. Além disso, ele aumenta a acidez e protege contra o botulismo, nome dado ao envenenamento alimentar causado pela toxina produzida pelo micróbio. O *Clostridium botulinum* não sobrevive dentro do corpo humano. A toxina que ele produz na comida inadequadamente conservada é que é perigosa, embora somente se for ingerida. Quantidades muito pequenas da toxina purificada injetadas sob a pele interrompem pulsos nervosos e induzem paralisia muscular. O resultado é um apagamento temporário das rugas — daí o cada vez mais popular tratamento com Botox.

Embora os químicos tenham sintetizado muitas substâncias químicas tóxicas, foi a natureza que criou as mais mortais. A toxina botulínica A, produzida por *Clostridium botulinum*, é o mais letal veneno conhecido, um milhão de vezes mais mortífero que a dioxina, o veneno mais letal produzido pelo homem. Para a toxina botulínica A, a dose letal que matará 50% de uma população de teste (a LD_{50}) é 3×10^{-8} mg por quilo. Meros 0,00000003mg da substância por quilo de peso corporal. Estimou-se que 28g de toxina botulínica A poderia matar cem milhões de pessoas. Esses números certamente deveriam nos fazer repensar nossas atitudes em relação aos males produzidos pelos conservantes.

Escorbuto no gelo

Mesmo no início do século XX alguns exploradores ainda defendiam teorias segundo as quais à putrefação de alimentos em conserva, a intoxicação ácida do sangue e infecções bacterianas eram a causa do escorbuto. Apesar do fato de que a distribuição compulsória de suco de limão havia praticamente eliminado o escorbuto da marinha britânica no início do século XIX, apesar de observações de que esquimós das regiões polares que comiam carne fresca, rica em vitamina C, miolos, coração e fígado de focas, nunca sofriam de escorbuto, e apesar da experiência de numerosos exploradores cujas precauções contra o escorbuto incluíam tanta comida fresca quanto possível na dieta, o comandante naval inglês Robert Falcon Scott persistia em sua crença de que a doença era causada por carne contaminada. O explorador norueguês Roald Amundsen, por outro lado, levava a ameaça do escorbuto a sério e baseou a dieta de sua bem-sucedida expedição ao Polo Sul em carne fresca de foca e cachorro. Sua viagem de volta, após chegar ao Polo Sul, em janeiro de 1911, foi retardada pelo que hoje se considera ter sido um dos piores tempos na Antártica em anos. É possível que sintomas de escorbuto, ocasionados por vários meses de uma dieta desprovida de alimentos frescos e vitamina C, tenham tolhido enormemente os esforços de sua equipe. Quando estavam a menos de 18km de um depósito de alimentos e combustível, eles se viram exaustos demais para continuar. Para o comandante Scott e seus companheiros, apenas alguns gramas de ácido ascórbico poderiam ter transformado suas vidas.

Se o valor do ácido ascórbico tivesse sido reconhecido mais cedo, o mundo seria hoje um lugar bem diferente. Com uma tripulação saudável, Magalhães talvez não tivesse se dado ao trabalho de parar nas Filipinas. Poderia ter prosseguido e açambarcado o mercado do cravo-da-índia das ilhas das Especiarias para a Espanha, navegado triunfantemente rio acima até Sevilha e desfrutado as honrarias devidas ao primeiro circunavegador do globo. Um monopólio espanhol do cravo-da-índia e da noz-moscada poderia ter impedido o estabelecimento de uma Companhia das Índias Orientais — e transformado a Indonésia dos tempos modernos. Se os portugueses, os primeiros exploradores a se aventurar nessas longas distâncias, houvessem compreendido o segredo do ácido ascórbico, teriam podido explorar o oceano Pacífico séculos antes de James Cook. O português poderia ser agora a língua falada em Fiji e no Havaí, que poderiam ter-se juntado ao Brasil como colônias num vasto império português. Talvez o grande navegador holandês, Abel Janszoon Tasman, sabendo como prevenir o escorbuto em suas viagens de 1642 e 1644, tivesse aportado e reivindicado formalmente as terras conhecidas como Nova Holanda (Austrália) e Staten Land (Nova Zelândia). Os britânicos, ao chegar mais tarde ao Pacífico Sul, teriam ficado com um império muito menor e exercido muito menos influência sobre o mundo até os dias de hoje. Estas especulações nos levam a concluir que o ácido ascórbico merece um lugar de destaque na história — e na geografia — do mundo.

3

• • • • •

Glicose

Um verso de um poema infantil inglês, *"Sugar and spice and everything nice"*,* põe lado a lado especiarias e açúcar — um par culinário clássico que podemos apreciar em iguarias como torta de maçã e biscoitos de gengibre. Como as especiarias, o açúcar foi outrora um luxo só acessível aos ricos, usado como condimento em molhos para carne e peixe que hoje nos pareceriam mais salgados que doces. E, como as moléculas das especiarias, a molécula do açúcar afetou o destino de países e continentes à medida que levou à Revolução Industrial, transformando o comércio e as culturas no mundo inteiro.

A glicose é um importante componente da sacarose, a substância a que nos referimos quando falamos de açúcar. O açúcar tem nomes específicos segundo sua fonte, como açúcar de cana, açúcar de beterraba e açúcar de milho. Apresenta-se também em muitas variações: mascavo, branco, cristal, de confeiteiro, em rama, demerara. A molécula de glicose, presente em todos esses tipos de açúcar, é bastante pequena. Tem apenas seis átomos de carbono, seis de oxigênio e 12 de hidrogênio: no total, o mesmo número de átomos encontrados na molécula responsável pelos sabores da noz-moscada e do cravo-da-índia. Mas, exatamente como nessas moléculas de condimentos, é o arranjo espacial dos átomos da molécula de glicose (e de outros açúcares) que resulta no sabor — um doce sabor.

O açúcar pode ser extraído de muitas plantas; em regiões tropicais, é usualmente obtido da cana-de-açúcar, e em regiões temperadas, da beterraba. Segundo alguns, a cana-de-açúcar (*Saccharum officinarum*) é originária do Pacífico Sul; segundo outros, do sul da Índia. Seu cultivo espalhou-se pela Ásia e pelo Oriente Médio e acabou por chegar à África do Norte e à Espanha.

---

* "Açúcar, tempero e tudo o que é gostoso." (N.T.)

O açúcar cristalino extraído da cana chegou à Europa no século XIII, com a volta dos primeiros cruzados. Nos três séculos seguintes, continuou sendo um artigo exótico, tratado mais ou menos como as especiarias: o centro do comércio do açúcar desenvolveu-se de início em Veneza, com o florescente comércio de especiarias. O açúcar era usado na medicina para disfarçar o gosto muitas vezes nauseante de outros ingredientes, para atuar como agente de ligação em medicamentos e como remédio em si mesmo.

Por volta do século XV, o açúcar passou a ser mais facilmente obtido na Europa, mas continuava caro. Um aumento da demanda do produto e preços mais baixos coincidiram com uma redução na oferta de mel, que havia sido anteriormente o agente adoçante usado na Europa e em grande parte do restante do mundo. No século XVI, o açúcar estava se tornando rapidamente o adoçante preferido das massas. Nos séculos XVII e XVIII, tornou-se ainda mais apreciado com a descoberta de modos de preservar frutas com açúcar e de preparar geleias e gelatinas. Em 1700, o consumo anual *per capita* estimado de açúcar era de cerca de 1,8kg; em 1780, havia se elevado para cerca de 5,5kg, e na década de 1790, estava em 7,2kg, grande parte disso provavelmente consumida nas bebidas que haviam se popularizado então há pouco tempo: o chá, o café e o chocolate. O açúcar era usado também em guloseimas açucaradas: amêndoas e sementes confeitadas, marzipã, bolos e balas. De luxo, passara a gênero de primeira necessidade, e o consumo continuou a crescer ao longo do século XX.

Entre 1900 e 1964, a produção mundial de açúcar cresceu 700%, e muitos países desenvolvidos atingiram um consumo anual *per capita* de 45kg. Esse número reduziu-se um pouco nos últimos anos com o aumento do uso de adoçantes artificiais e a preocupação com dietas muito calóricas.

Escravidão e cultivo do açúcar

Não tivesse sido a demanda de açúcar, é provável que nosso mundo fosse muito diferente hoje. Afinal, foi o açúcar que estimulou o tráfico escravista, levando milhões de africanos negros para o Novo Mundo, e foram os lucros obtidos com ele que, no início do século XVIII, ajudaram a estimular o crescimento econômico na Europa. Os primeiros exploradores do Novo Mundo retornaram falando de terras tropicais que lhes haviam parecido ideais para o cultivo da cana-de-açúcar. Em muito pouco tempo, os europeus, ávidos por romper o monopólio do açúcar exercido pelo Oriente Médio, começaram a cultivar açúcar no Brasil e depois nas Índias Ocidentais. O cultivo da cana-de-açúcar exige muita mão de obra, e duas fontes possíveis de trabalhadores: populações nativas do Novo Mundo (já dizimadas por doenças recém-introduzidas como a varíola, o sarampo e a malária) e empregados europeus contratados — não poderiam fornecer nem uma fração da força de trabalho necessária. Diante disso, os colonizadores do Novo Mundo voltaram os olhos para a África.

Até aquela época, o tráfico de escravos provenientes da África ocidental estava basicamente limitado aos mercados domésticos de Portugal e Espanha, uma extensão do comércio transaariano da população moura em torno do Mediterrâneo. Mas a necessidade de braços no Novo Mundo fez aumentar drasticamente o que até então havia sido uma prática em pequena escala. A perspectiva da obtenção de grandes fortunas com o cultivo da cana-de-açúcar foi suficiente para levar a Inglaterra, a França, a Holanda, a Prússia, a Dinamarca e a Suécia (e finalmente o Brasil e os Estados Unidos) a se tornarem parte de um imenso sistema que arrancou milhões de africanos de sua terra natal. A cana não foi o único produto cujo cultivo se assentou no trabalho escravo, mas provavelmente foi o mais importante. Segundo algumas estimativas, cerca de dois terços dos escravos africanos no Novo Mundo trabalharam em plantações de cana-de-açúcar.

A primeira carga de açúcar cultivado por escravos nas Índias Ocidentais foi embarcada para a Europa em 1515, apenas 22 anos depois de Cristóvão Colombo ter introduzido, em sua segunda viagem, a cana-de-açúcar na ilha de Hispaniola. Em meados do século XVI, as colônias espanholas e portuguesas no Brasil, no México e em várias ilhas caribenhas estavam produzindo açúcar. Cerca de dez mil escravos por ano eram enviados da África para essas plantações. A partir do século XVII, as colônias inglesas, francesas e holandesas nas Índias Ocidentais passaram a produzir cana-de-açúcar também. A rápida expansão da demanda de açúcar, o caráter cada vez mais tecnológico do processamento do produto e o desenvolvimento de uma nova bebida alcoólica — o rum, a partir de subprodutos da refinação do açúcar — contribuíram para um aumento explosivo do número de pessoas levadas da África para trabalhar nos canaviais.

É impossível estabelecer os números exatos de escravos que foram embarcados em navios a vela na costa oeste da África e depois vendidos no Novo Mundo. Os registros são incompletos e possivelmente fraudulentos, refletindo tentativas de burlar as leis que tentavam, com atraso, melhorar as condições a bordo desses navios, regulando o número de escravos que podia ser transportado. Na década de 1820, mais de 500 seres humanos ainda eram apinhados em navios negreiros com destino ao Brasil, num espaço de cerca de 150m² por 90cm de altura. Alguns historiadores calculam que mais de 50 milhões de africanos foram enviados para as Américas ao longo dos três séculos e meio de tráfico escravista. Esse número não inclui os que devem ter sido mortos nas incursões de caça a escravos, os que pereceram na viagem do interior do continente até os litorais africanos e tampouco os que não sobreviveram aos horrores da viagem por mar, que veio a ser conhecida em inglês como *the middle passage* — a passagem do meio.

A expressão refere-se ao segundo lado do triângulo do tráfico, conhecido como o Grande Circuito. A primeira perna desse triângulo era a viagem da Europa à costa da África, sobretudo à costa oeste da Guiné, levando mercadorias industrializadas para trocar por escravos. A terceira perna era a passagem do Novo Mundo de volta à Europa. Nessa altura os navios negreiros já haviam trocado sua carga humana por minério e produtos das plantações, geralmente rum, algodão e tabaco. Cada perna do triângulo era imensamente lucrativa, em especial para os ingleses: no final do século XVIII, a Grã-Bretanha obtinha das Índias Ocidentais uma renda de valor muito maior que o resultante de seu comércio com todo o restante do mundo. O açúcar e seus produtos foram, de fato, a fonte do enorme aumento do capital e da rápida expansão econômica necessária para alimentar a Revolução Industrial britânica e mais tarde a francesa, no final do século XVIII e início do XIX.

Doce química

A glicose é o mais comum dos açúcares simples, por vezes chamados *monossacarídios*, da palavra latina para açúcar, *saccharum*. O prefixo *mono* refere-se a uma unidade, em contraposição aos *dissacarídios*, de duas unidades, ou os *polissacarídios*, de muitas. A estrutura da glicose pode ser representada como uma cadeia reta, ou na forma de uma pequena adaptação dessa cadeia, em que cada interseção de linhas verticais e horizontais representa um átomo de carbono. Um conjunto de convenções com que não precisamos nos preocupar confere números aos átomos de carbono, com o carbono número 1 sempre no alto. Isso é conhecido como fórmula de projeção de Fischer, em

```
      H     O
       \\ //
        C
        |
    H—C—OH
        |
   HO—C—H
        |
    H—C—OH
        |
    H—C—OH
        |
       CH₂OH
```
Glicose

homenagem a Emil Fischer, o químico alemão que, em 1891, determinou a estrutura real da glicose e de vários outros açúcares relacionados. Embora as ferramentas e técnicas científicas de que Fischer dispunha na época fossem muito rudimentares, os resultados que obteve figuram até hoje como um dos exemplos mais elegantes de lógica química, e lhe valeram o Prêmio Nobel de Química de 1902.

```
         1 CHO
            |
       H—2—OH
            |
      HO—3—H
            |
       H—4—OH
            |
       H—5—OH
            |
         6 CH₂OH
```
Fórmula de projeção de Fischer para a glicose, mostrando a numeração da cadeia de carbono.

Ainda podemos representar açúcares como a glicose na forma dessa cadeia reta, mas hoje sabemos que eles existem normalmente numa forma diferente — estruturas cíclicas (de anel). As representações dessas estruturas cíclicas são conhecidas como fórmulas de Haworth, assim chamadas por causa de Norman Haworth, o químico britânico que ganhou o Prêmio Nobel de 1937 em reconhecimento por trabalho sobre a vitamina C e as estruturas dos carboidratos (ver Capítulo 2). O anel de seis membros da glicose consiste em cinco átomos de carbono e um de oxigênio. A fórmula de Haworth para ele, mostrada a seguir, indica por um número como cada átomo de carbono corresponde ao átomo de carbono mostrado na fórmula de projeção de Fischer anterior.

Estrutura cíclica
Anel de 6 elementos

Fórmula da glicose de Haworth, mostrando todos os átomos de hidrogênio.

Fórmula da glicose de Haworth, sem todos os átomos H, mas mostrando os átomos de carbono numerados.

Na verdade, há duas versões de glicose na forma cíclica, segundo o OH no carbono número 1 esteja acima ou abaixo do anel. Isso poderia parecer uma diferença muito pequena, mas ela é digna de nota porque tem consequências muito importantes para as estruturas de moléculas mais complexas que contêm unidades de glicose, como carboidratos complexos. Se o OH no carbono número 1 estiver abaixo do anel, ele é conhecido com alfa (α)-glicose. Se estiver acima do anel, é beta (β)-glicose.

O -OH em C#1 está abaixo do anel

α-glicose

O -OH em C#1 está acima do anel

β-glicose

Quando usamos a palavra *açúcar*, estamos nos referindo à sacarose. A sacarose é um dissacarídio, assim chamado porque é composto de duas unidades simples de monossacarídios: uma é uma unidade de glicose e a outra uma unidade de frutose. A frutose, ou açúcar de fruta, tem a mesma fórmula que a glicose, $C_6H_{12}O_6$, e também o mesmo número e tipo de átomos (seis de carbono, 12 de hidrogênio e seis de oxigênio) encontrados na glicose. A frutose porém, tem uma estrutura diferente. Seus átomos estão arranjados numa ordem diferente. A definição química disso é que a frutose e a glicose são *isômeros*. Os isômeros são compostos que têm a mesma fórmula química (os mesmos átomos no mesmo número), mas em que os átomos estão em arranjos diferentes.

```
    1 CHO                           1 CH₂OH
  H—2—OH                            2 C=O
 HO—3—H                           HO—3—H
  H—4—OH                           H—4—OH
  H—5—OH                           H—5—OH
    6 CH₂OH                          6 CH₂OH
    Glicose                          Frutose
```

Fórmulas de projeção de Fischer dos isômeros glicose e frutose, mostrando a ordem diferente dos átomos de hidrogênio e oxigênio em C#1 e C#2. A frutose não tem nenhum átomo H em C#2.

A frutose existe sobretudo na forma cíclica, mas parece um pouco diferente da glicose porque, em vez de formar um anel de seis elementos, como a glicose, forma um de cinco elementos, mostrado adiante como uma fórmula de Haworth. Como no caso da glicose, há formas α e β de frutose, mas como é o carbono número 2 que se une ao oxigênio do anel, na frutose, é em torno desse átomo de carbono que designamos OH abaixo do anel como α e OH acima do anel como β.

Fórmula de Haworth para a β-glicose — O -OH em C#1 está acima do anel

Fórmula de Haworth para a β-frutose — O -OH em C#2 está acima do anel

A sacarose contém quantidades iguais de glicose e frutose, mas não como uma mistura de duas moléculas diferentes. Na molécula de sacarose, uma glicose e uma frutose são unidas através da remoção de uma molécula de água (H_2O) entre o OH no carbono número 1 da α-glicose e o OH no carbono número 2 de β-frutose.

A remoção de uma molécula de H_2O entre a glicose e a frutose forma sacarose. A molécula de frutose foi girada 180° e invertida nestes diagramas.

Estrutura da molécula de sacarose

A frutose é abundante nas frutas mas está presente também no mel, que é cerca de 38% frutose e 31% glicose, com mais 10% de outros açúcares, inclusive sacarose. O restante é sobretudo água. Como a frutose é mais doce que a sacarose e a glicose, o mel, em razão de seu componente de frutose, é mais doce que o açúcar. O xarope de bordo (*Aeer saccharinum*) é aproximadamente 62% sacarose, com apenas 1% de frutose e 1% de glicose.

A lactose, também chamada açúcar do leite, é um dissacarídio formado de uma unidade de glicose e uma unidade de outro monossacarídio, a galactose. A galactose é um isômero da glicose; a única diferença é que na galactose o grupo OH no carbono número 4 está acima do anel e não abaixo dele como na glicose.

β-galactose   β-glicose

β-galactose com seta mostrando C#4 OH acima do anel, comparada a β-glicose em que o C#4 OH está abaixo do anel. Essas duas moléculas se combinam para formar a lactose.

Estrutura da molécula de lactose
A galactose à esquerda é unida por C#1 a C#4 da glicose à direita.

Mais uma vez, o fato de OH estar acima ou abaixo do anel pode parecer uma diferença ínfima, mas ela é importante para as pessoas que sofrem de intolerância à lactose. Para digerir lactose e outros dissacarídios ou açúcares maiores, precisamos de enzimas especiais que inicialmente fragmentam essas moléculas complexas em monossacarídios mais simples. No caso da lactose, a enzima é chamada *lactase* e está presente apenas em pequenas quantidades em alguns adultos. (As crianças em geral produzem quantidades maiores de lactase que os adultos.) A insuficiência de lactase torna difícil a digestão do leite e seus derivados e causa os sintomas associados à intolerância à lactose: intumescimento intestinal, cãibras e diarreia. A intolerância à lactose é um traço hereditário, facilmente tratado com preparados da enzima lactase vendidos nas farmácias sem necessidade de receita médica. Os adultos e as crianças (mas não os bebês) de certos grupos étnicos, como algumas tribos africanas, são totalmente desprovidos da enzima lactase. Para essas pessoas, leite em pó e outros produtos do leite, frequentemente distribuídos por programas de assistência alimentar, são indigestos e até nocivos.

O cérebro de um mamífero normal saudável usa apenas glicose como combustível. As células cerebrais dependem de um abastecimento constante de glicose a partir da corrente sanguínea, pois essencialmente não há nenhuma reserva ou armazenagem de combustível no cérebro. Se o nível de glicose no sangue cair a 50% do normal, alguns sintomas de disfunção cerebral se manifestam. A 25% do nível normal, possivelmente em decorrência de uma superdose de insulina — o hormônio que conserva o nível de glicose no sangue — pode sobrevir um coma.

O sabor doce

O que torna todos esses açúcares tão atraentes é seu gosto doce, porque o ser humano gosta de doçura. A doçura é um dos quatro principais sabores. Os outros três são azedo, amargo e salgado. Alcançar a capacidade de distinguir entre esses sabores foi um importante passo evolucionário. A doçura geralmente significa "gostosura". Um sabor doce indica que a fruta está madura, ao passo que o gosto azedo nos revela que muitos ácidos ainda estão presentes, e a fruta verde pode causar dor de estômago. Um gosto amargo nas plantas frequentemente indica a presença de um tipo de composto conhecido como alcaloide. Como os alcaloides são com frequência venenosos, muitas vezes mesmo em quantidades mínimas, a capacidade de detectar traços de um alcaloide é uma nítida vantagem. Já se sugeriu que a extinção dos dinossauros pode ter ocorrido graças à sua incapacidade de detectar os alcaloides venenosos presentes em algumas plantas floríferas perto do final do período Cretáceo, mais ou menos na época em que eles desapareceram. Essa teoria da extinção dos dinossauros não goza, contudo, de aceitação geral.

O ser humano não parece ter um gosto inato pelo amargor. De fato, é provável que sua preferência seja exatamente o oposto. O amargor suscita uma reação que envolve secreção adicional de saliva — uma resposta útil quando se tem alguma coisa venenosa na boca, permitindo que ela seja completamente cuspida. Muitas pessoas, contudo, aprendem a apreciar ou mesmo a gostar do sabor amargo. A cafeína presente no chá e no café, e o quinino da água tônica são exemplos desse fenômeno, embora muitos de nós continuemos a fazer questão de açúcar nessas bebidas. O termo inglês para agridoce, *bettersweet*, conota uma mistura de prazer e tristeza, transmitindo bem nossa ambivalência em relação a gostos amargos.

Nosso sentido do paladar está situado nas papilas gustativas, grupos especializados de células situados principalmente na língua. As diferentes partes da língua não detectam os sabores da mesma maneira ou no mesmo grau. A ponta da língua é a parte mais sensível à doçura, ao passo que o gosto azedo é detectado mais intensamente nas partes laterais mais recuadas. Você pode testar isso facilmente encostando uma solução de açúcar no lado da língua e depois na ponta. A ponta detectará a doçura de modo nitidamente mais forte. Se você tentar a mesma coisa com suco de limão, o resultado será ainda mais óbvio. Suco de limão bem na pontinha da língua não parece muito azedo, mas encoste uma rodela recém-cortada de limão no lado da língua, e descobrirá onde a área receptora da acidez é mais forte. Você pode levar esse experimento adiante: o gosto amargo é detectado com mais intensidade no meio da língua mas atrás da ponta, e a sensação de salgado é maior nos dois lados da língua, bem próximos à ponta.

A doçura foi muito mais investigada que qualquer outro sabor, sem dúvida porque, como na época da escravidão, continua sendo de grande interesse comercial. A relação entre estrutura química e doçura é complicada. Um modelo simples, conhecido como "modelo A-H,B", sugere que um sabor doce depende do arranjo de um grupo de átomos dentro de uma molécula. Esses átomos (A e B no diagrama) têm uma geometria particular, que permite ao átomo B ser atraído para o átomo hidrogênio ligado ao átomo

A. Isso resulta na ligação por um breve tempo da molécula doce com uma molécula de proteína de um receptor de sabor, causando a geração de um sinal (transmitido através dos nervos) que informa ao cérebro: "Isto é doce". A e B geralmente são oxigênio e nitrogênio, embora um deles possa também ser um átomo de enxofre.

```
                ┌─A-H --- B─┐ Papila gustativa
        Doce  │             │
  Composto   │              │ Receptor
             │              │
                └─ B --- H-A ─┘ Local
```
O modelo A-H,B de doçura

Há muitos compostos doces além do açúcar e nem todos têm sabor agradável. O etilenoglicol, por exemplo, é o principal componente do anticongelante usado em radiadores de automóvel. A solubilidade e flexibilidade da molécula de etilenoglicol, bem como a distância que separa seus átomos de oxigênio (semelhante à que existe entre os átomos de oxigênio nos açúcares), explica seu sabor doce. Mas ele é muito venenoso. Uma colher de sopa pode ser uma dose letal para seres humanos ou animais domésticos.

Curiosamente, o agente tóxico não é o próprio etilenoglicol, mas aquilo em que o corpo o transforma. A oxidação do etilenoglicol por enzimas do corpo produz ácido oxálico.

$$H_2C-OH \atop H_2C-OH \quad \xrightarrow{\text{oxidação no corpo}} \quad {O=C-OH \atop O=C-OH}$$

Etilenoglicol → Ácido oxálico

O ácido oxálico ocorre naturalmente em várias plantas, inclusive em algumas que comemos, como ruibarbo e espinafre. Em geral consumimos esses alimentos em quantidades moderadas, e nossos rins são capazes de lidar com os traços de ácido oxálico provenientes dessas fontes. Mas se engolirmos etilenoglicol, o súbito aparecimento de uma grande quantidade de ácido oxálico pode lesar o rim e ser fatal. Comer salada de espinafre e torta de ruibarbo na mesma refeição não lhe fará mal. Provavelmente seria difícil ingerir espinafre e ruibarbo em quantidades suficientes para sofrer algum dano, a menos talvez que você tenda a ter pedras nos rins, que se formam ao longo de alguns anos. Os cálculos renais consistem principalmente em oxalato de cálcio; as pessoas propensas a eles são muitas vezes aconselhadas a evitar alimentos com alto teor de oxalatos. Para os outros, a moderação é o melhor conselho.

Um composto cuja é estrutura muito semelhante à do etilenoglicol e que também tem um sabor doce é o glicerol, ou glicerina, mas o consumo de glicerina em quantidades moderadas é seguro. Ela é utilizada como aditivo no preparo de muitos pratos por causa de sua viscosidade e grande solubilidade na água. A expressão *aditivo alimentar* adquiriu uma conotação negativa nos últimos anos, como se os aditivos alimentares fossem essencialmente não orgânicos, prejudiciais à saúde e artificiais. O glicerol é certamente orgânico, não é tóxico e ocorre naturalmente em produtos, como o vinho.

$$\begin{array}{c} H_2C-OH \\ | \\ HC-OH \\ | \\ H_2C-OH \end{array}$$
Glicerol

Quando você gira um copo de vinho, as "pernas" que se formam no copo se devem à presença de glicerol, que aumenta a viscosidade e a suavidade característica de boas safras.

Doce nada

Há numerosos outros não açúcares que têm sabor doce e alguns desses componentes são a base da bilionária indústria dos adoçantes artificiais. Além de ter uma estrutura química que imita de algum modo a geometria dos açúcares, permitindo-lhe ajustar-se ao receptor para doçura e ligar-se a ele, um adoçante artificial precisa ser solúvel na água, não tóxico e, muitas vezes, não metabolizado no corpo humano. Essas substâncias costumam ser centenas de vezes mais doces que o açúcar.

O primeiro dos adoçantes artificiais modernos a ser desenvolvido foi a sacarina, que é um pó fino. Os que trabalham com ela detectam por vezes um sabor doce se levam os dedos acidentalmente à boca. Ela é tão doce que uma quantidade muito pequena é suficiente para desencadear uma resposta de doçura. Evidentemente foi isso que aconteceu em 1879, quando um estudante de química na Universidade Johns Hopkins, em Baltimore, percebeu uma doçura inusitada no pão que comia. Ele voltou à bancada de seu laboratório para provar um por um os compostos que havia usado nos experimentos daquele dia — prática arriscada, mas comum, com novas moléculas naquele tempo —, e descobriu que a sacarina era intensamente doce.

A sacarina não tem nenhum valor calórico, e não se levou muito tempo (1885) para começar a explorar comercialmente essa combinação de doçura e ausência de calorias. A ideia original foi usá-la como substituto do açúcar na dieta de pacientes diabéticos, mas rapidamente o adoçante passou a ser visto como um substituto do açúcar pela população em geral. A preocupação com a possível toxicidade da substância e o problema de um gosto metálico que ela deixava na boca levou ao desenvolvimento de outros adoçantes artificiais, como o ciclamato e o aspartame. Como você pode ver, embora as estruturas dessas substâncias sejam muito diferentes entre si e muito diferentes das dos açúcares, todas elas têm os átomos apropriados, juntamente com a posição atômica, a geometria e a flexibilidade específicas necessárias para a doçura.

Sacarina Ciclamato de sódio Aspartame

Não há nenhum adoçante completamente isento de problemas. Alguns se decompõem com o aquecimento e por isso só podem ser usados em refrescos ou comidas frias; alguns não são particularmente solúveis; e outros têm um sabor adicional detectável além da doçura. O aspartame, embora sintético, é composto de dois aminoácidos que ocorrem na natureza. É metabolizado pelo corpo mas, como é mais de 200 vezes mais doce que a glicose, precisa-se de uma quantidade muito menor para produzir um nível satisfatório de doçura. Os que sofrem de fenilcetonúria, doença hereditária que consiste na incapacidade de metabolizar o aminoácido fenilalanina, um dos produtos da decomposição do aspartame, são aconselhados a evitar esse adoçante artificial em particular.

Em 1998 a Food and Drug Administration (FDA), dos Estados Unidos, aprovou um novo adoçante que resulta de uma abordagem muito diferente do problema de criar um adoçante artificial. A sucralose tem uma estrutura muito parecida com a da sacarose, exceto por dois fatores. A unidade de glicose, no lado esquerdo do diagrama, é substituída por galactose, a mesma unidade que na lactose. Três átomos de cloro (Cl) substituem três dos grupos OH: um na unidade de lactose e os outros dois na unidade de frutose à direita, como indicado. Os três átomos de cloro não afetam a doçura desse açúcar, mas impedem o corpo de metabolizá-lo. A sucralose é portanto um açúcar não calorífero.

Estrutura da sucralose, mostrando os três átomos de Cl (setas) que substituem três OHs.

Tem-se procurado atualmente desenvolver adoçantes naturais que não sejam açúcares a partir de plantas que contenham "adoçantes de alta potência" — compostos que podem ser até mil vezes mais doces que a sacarose. Há séculos os indígenas têm conhecimento de plantas de gosto doce; exemplos são a erva sul-americana Stevia rabaudiana; raízes do alcaçuz, *Glycyrrhiza glabra*; *Lippia dulcis*, um membro mexicano da família das verbenas; e rizomas de *Selliguea feei*, uma samambaia de Java ocidental. Compostos doces provenientes de fontes naturais mostraram potencial para aplicação comercial, mas problemas com concentrações pequenas, toxicidade, baixa solubilidade na água, ressaibo inaceitável, estabilidade e qualidade variável ainda precisam ser superados.

Embora já seja usada por mais de cem anos, a sacarina não foi a primeira substância a servir como adoçante artificial. Essa honra cabe provavelmente ao acetato de chumbo (II), $Pb(C_2H_3O_2)_2$, usado para adoçar o vinho nos tempos do Império Romano. O acetato de chumbo, conhecido como açúcar de chumbo, era capaz de adoçar uma safra inteira sem causar maior fermentação, o que teria ocorrido com a adição de adoçantes como o mel. Os sais de chumbo são sabidamente doces, muitos insolúveis, mas todos são venenosos. O acetato de chumbo é muito solúvel, e sua toxicidade era obviamente desconhecida pelos romanos.

Isso deveria levar os que têm nostalgia dos velhos e bons tempos em que a comida e a bebida não eram contaminados com aditivos a parar para pensar.

Os romanos costumavam também armazenar vinho e outras bebidas em recipientes de chumbo, e suas casas eram abastecidas de água por meio de canos de chumbo. O envenenamento por chumbo é cumulativo; afeta o sistema nervoso e o sistema reprodutivo, bem como outros órgãos. Os primeiros sintomas são vagos, mas incluem sono agitado, perda do apetite, irritação, dores de cabeça, dores de estômago e anemia. O dano cerebral se agrava, conduzindo a instabilidade mental e paralisias flagrantes. Alguns historiadores atribuíram a queda do Império Romano ao envenenamento por chumbo, pois há relatos de que muitos líderes romanos, entre os quais o imperador Nero, exibiram esses sintomas. Só os romanos ricos e aristocráticos da classe dominante tinham água encanada em casa e usavam recipientes de chumbo para armazenar vinho. Os plebeus tinham de buscar água e guardavam seu vinho em outros tipos de vasilha. Se a contaminação por chumbo realmente contribuiu para a queda do Império Romano, este seria mais um exemplo de uma substância química que mudou o curso da história.

O açúcar — o desejo de sua doçura — moldou a história humana. Foram os lucros proporcionados pelo enorme mercado do açúcar que se desenvolveu na Europa que motivaram o envio de escravos africanos para o Novo Mundo. Sem o açúcar, o tráfico escravista teria sido muito reduzido; sem escravos, o comércio do açúcar teria sido muito reduzido. O açúcar provocou o enorme aumento da escravidão e os lucros que gerou a mantiveram. A riqueza dos Estados da África ocidental — seus povos — foi transferida para o Novo Mundo para criar riqueza para outros.

Mesmo após a abolição da escravatura, o desejo do açúcar continuou afetando movimentos humanos em todo o mundo. No final do século XIX, grandes números de trabalhadores foram contratados na Índia para trabalhar nos canaviais de Fiji. Em consequência, a composição racial desse grupo de ilhas do Pacífico mudou tão completamente que os melanésios nativos deixaram de ser maioria. Após três golpes de Estado nos últimos anos, Fiji é até hoje um país marcado pela inquietação política e étnica. A composição racial da população de outras ilhas tropicais também deve muito ao açúcar. Muitos dos ancestrais do maior grupo étnico do Havaí de hoje emigraram do Japão para trabalhar nos canaviais daquelas ilhas.

O açúcar continua a moldar a sociedade humana. É um importante item comercial; caprichos meteorológicos e infestações por pragas afetam as economias dos países que o cultivam e as bolsas de valores do mundo todo. O efeito de uma elevação do preço do açúcar espalha-se gradativamente por toda a indústria de alimentos. O açúcar já foi usado como arma política: durante décadas a compra do açúcar cubano pela URSS sustentou a economia da Cuba de Fidel Castro.

O açúcar está presente em grande parte do que bebemos e em grande parte do que comemos. Nossos filhos preferem guloseimas açucaradas. Tendemos a oferecer comidas doces quando recebemos convidados — a hospitalidade não mais significa a partilha de um pão. Iguarias adocicadas e balas estão associadas aos principais dias santos e festividades nas culturas do mundo inteiro. Os níveis atuais de consumo da molécula glicose e seus isômeros, muitas vezes mais altos que em gerações anteriores, refletem-se em problemas de saúde como obesidade, diabetes e cáries dentárias. Em nossas vidas cotidianas, continuamos a ser moldados pelo açúcar.

4

Celulose

A produção de açúcar promoveu o aumento do tráfico escravista para as Américas, mas o açúcar não o sustentou sozinho por mais de três séculos. O cultivo de outros produtos agrícolas vendidos no mercado europeu também dependeu da escravidão. Um deles foi o algodão. Algodão em rama transportado para a Inglaterra podia ser convertido nas mercadorias manufaturadas baratas que eram enviadas para a África em troca dos escravos, que eram embarcados ali para as plantações do Novo Mundo, especialmente para o sul dos Estados Unidos. O lucro obtido com o açúcar foi o primeiro combustível para esse triângulo comercial e forneceu o capital inicial para a crescente industrialização inglesa.

O algodão e a Revolução Industrial

O fruto do algodoeiro desenvolve-se com uma vagem globular conhecida como cápsula, que contém sementes oleosas dentro de uma massa de fibras de algodão. Há provas de que algodoeiros, espécies do gênero *Gossypium*, já eram cultivados na Índia e no Paquistão, e também no México e no Peru, cerca de cinco mil anos atrás, mas a planta continuou desconhecida na Europa até por volta de 300 a.C., quando soldados de Alexandre Magno retornaram da Índia com túnicas de algodão. Durante a Idade Média, negociantes árabes levaram algodoeiros para a Espanha. A planta é sensível a geadas e requer, por um lado, umidade e, por outro, solos bem drenados e verões longos e quentes, não as condições encontradas nas regiões temperadas da Europa. A Grã-Bretanha e outros países do norte do continente precisavam importar algodão.

    O Lancashire, na Inglaterra, tornou-se o centro do grande complexo industrial que cresceu em torno da manufatura do algodão. O clima úmido da região ajudava as fibras de algodão a se manterem unidas, o que era ideal para a manufatura, pois tornava menos provável que os fios se partissem durante os processos de fiação e tecelagem. Em climas mais secos, os cotonifícios tinham de arcar com custos de produção mais altos por causa desse fator. Além disso, havia no Lancashire terras disponíveis para a construção de fábricas e moradias para os milhares de braços necessários para trabalhar na indústria do algodão, água doce abundante para o branqueamento, a tintura e a estampagem do tecido e farta oferta de carvão, fator que se tornou muito importante com o advento da energia a vapor.

Em 1760, a Inglaterra importou 1,12 milhão de quilos de algodão em rama. Menos de oito anos depois, os cotonifícios do país estavam processando mais de 140 vezes essa quantidade. O aumento teve enorme efeito sobre a industrialização. A demanda de fios baratos de algodão conduziu à inovação mecânica, até que por fim todos os estágios do processamento da matéria-prima foram mecanizados. O século XVIII viu o desenvolvimento do descaroçador mecânico de algodão para separar a fibra das sementes; das máquinas de cardar para preparar a fibra crua; da máquina de fiar de fusos múltiplos e das máquinas para extrair a fibra e torcê-la em fios, e várias versões de lançadeiras mecânicas para tecer. Logo essas máquinas, inicialmente movidas pelo homem, passaram a ser acionadas por animais ou por rodas d'água. A invenção da máquina a vapor por James Watt levou à introdução gradual do vapor como principal fonte de energia.

As consequências sociais do comércio do algodão foram enormes. Grandes áreas das Midlands inglesas foram transformadas de distritos rurais com numerosos centros comerciais pequenos numa região de quase 300 cidades e aldeias fabris. As condições de trabalho e de vida eram terríveis. Exigiam-se jornadas de trabalho longuíssimas dos operários, sob um sistema de regras estritas e disciplina implacável. Embora não fosse exatamente igual à escravidão existente nas plantações de algodão do outro lado do Atlântico, a indústria do algodão significou servidão, imundície e desgraça para os muitos milhares que trabalhavam nos empoeirados, barulhentos e perigosos cotonifícios. Os salários eram frequentemente pagos em mercadorias vendidas acima do preço de mercado — os operários nada podiam fazer contra essa prática. As condições de moradia eram deploráveis; nas áreas que cercavam as fábricas, as construções se apinhavam ao longo de ruelas estreitas, escuras e mal drenadas. Os operários e suas famílias amontoavam-se em moradas frias, úmidas e sujas, que não raro abrigavam duas ou três famílias, com uma outra no porão. Menos da metade das crianças que nasciam nessas condições chegava a completar cinco anos. Algumas autoridades se preocupavam, não por causa da taxa de mortalidade estarrecedoramente alta, mas porque essas crianças morriam "antes de poderem se engajar no trabalho industrial, ou em qualquer outro tipo de trabalho". As crianças que conseguiam chegar à idade de trabalhar nos cotonifícios, onde sua baixa estatura lhes permitia se arrastar embaixo das máquinas e, com seus dedinhos ágeis, emendar fios partidos, eram muitas vezes surradas para se manterem acordadas por um período de 12 a 14 horas da jornada de trabalho.

A indignação com esses maus-tratos infligidos a crianças e outros abusos gerou um amplo movimento humanitário que pressionou pela adoção de leis para regular a duração da jornada de trabalho, o trabalho infantil e as condições de segurança e salubridade das fábricas. Esse movimento originou boa parte de nossa legislação industrial. As más condições estimulavam muitos operários a desempenhar um papel ativo no movimento sindical e em outros movimentos pelas reformas sociais, políticas e educacionais. Não foi fácil promover mudanças. Os proprietários das fábricas e seus acionistas detinham enorme poder político e relutavam em admitir qualquer redução dos enormes lucros da indústria do algodão, que poderia decorrer das despesas com a melhoria das condições de trabalho.

Nuvens de fumaça escura das centenas de cotonifícios pairavam permanentemente sobre a cidade de Manchester, que cresceu e floresceu a par e passo com a indústria do algodão. Os lucros do algodão foram usados para industrializar mais ainda essa região. Canais e ferrovias foram construídos para transportar matérias-primas e carvão para as fábricas, e produtos acabados para o porto vizinho de Liverpool. Crescia a demanda de engenheiros, mecânicos, mestres de obras, químicos e artesãos — os que possuíam as qualificações técnicas necessárias para um vasto empreendimento manufatureiro que envolvia produtos e serviços tão diversos quanto matérias corantes, alvejantes, implementos de ferro fundido, trabalho em metal, fabricação de vidro, construção de navios e de estradas de ferro.

Apesar da legislação aprovada na Inglaterra em 1807, abolindo o tráfico de escravos, os industriais não hesitavam em importar o algodão cultivado por escravos na América do Sul. Entre 1825 e 1873, o algodão em rama proveniente de outros países produtores, como o Egito e a Índia e também os Estados Unidos, foi o principal produto de importação da Grã-Bretanha, mas quando o fornecimento da matéria-prima foi interrompido, durante a Primeira Guerra

Mundial, o processamento do algodão declinou. A indústria algodoeira nunca recuperou seus níveis anteriores na Grã-Bretanha, porque os países que o produziam, instalando maquinaria mais moderna e capazes de usar a mão de obra local, mais barata, tornaram-se importantes produtores — e consumidores significativos — de tecidos de algodão.

O comércio açucareiro havia fornecido o capital inicial para a Revolução Industrial, mas grande parte da prosperidade que a Grã-Bretanha conheceu no século XIX baseou-se na demanda de algodão. Os tecidos de algodão eram baratos e atraentes, ideais tanto para a confecção de trajes como para roupa de cama e mesa. A fibra podia ser combinada com outras, sem problemas, e era fácil de lavar e costurar. O algodão substituiu rapidamente o mais caro linho como a fibra vegetal preferida pela gente comum. O enorme aumento da demanda por algodão em rama, especialmente na Inglaterra, provocou grande expansão da escravatura nos Estados Unidos. Como o cultivo de algodão era extremamente intensivo de mão de obra — a mecanização da agricultura, bem como os pesticidas e herbicidas foram invenções muito posteriores —, as plantações de algodão dependiam da oferta de mão de obra assegurada pela escravidão. Em 1840 a população escrava dos Estados Unidos era estimada em 1,5 milhão. Apenas 20 anos depois, quando as exportações de algodão em rama representavam dois terços do valor total das exportações dos Estados Unidos, os escravos já somavam quatro milhões naquele país.

Celulose, um polissacarídio estrutural

Como outras fibras vegetais, o algodão consiste, em mais de 90%, de celulose, que é um polímero de glicose e um componente importante das paredes da célula vegetal. Costuma-se associar o termo *polímero* a fibras e plásticos sintéticos, mas existem muitos polímeros naturais. O termo vem de duas palavras gregas, *poli*, que significa "muitos", e *meros*, que significa "partes" — ou unidades; assim, um polímero consiste em muitas unidades. Os polímeros de glicose, também conhecidos como polissacarídios, podem ser classificados com base em sua função numa célula. Os polissacarídios estruturais, como a celulose, fornecem um meio de sustentação para o organismo; os polissacarídios de armazenamento fornecem um meio de armazenar a glicose até que ela seja necessária. As unidades dos polissacarídios estruturais são unidades de β-glicose;

as dos polissacarídios de armazenamento são α-glicose. Como discutimos no Capítulo 3, β refere-se ao grupo OH no carbono número 1 acima do anel de glicose. A estrutura de α-glicose tem o OH no carbono número 1 abaixo do anel.

Estrutura da β-glicose — O -OH em C#1 está acima do anel

Estrutura da α-glicose — O -OH em C#1 está abaixo do anel

A diferença entre glicose α e β pode parecer pequena, mas é responsável por enormes diferenças de função e papel entre os vários polissacarídios derivados de cada versão da glicose: acima do anel, estrutural; abaixo, de armazenamento. Que uma mudança muito pequena na estrutura de uma molécula possa ter profundas consequências para as propriedades do composto é algo que ocorre volta e meia na química. Os polímeros α e β de glicose demonstram isto extremamente bem.

Tanto nos polissacarídios estruturais quanto nos de armazenamento, as unidades de glicose são unidas entre si através de carbono número 1 numa molécula de glicose e de carbono número 4 na molécula de glicose adjacente. Essa união ocorre com a remoção de uma molécula de água formada a partir de um H de uma das moléculas de glicose e de um OH da outra molécula de glicose. O processo é conhecido como condensação — por isso esses polímeros são chamados polímeros de condensação.

Este -OH ainda pode se ligar com -OH do C#1 de outra glicose

Este -OH ainda pode se ligar com -OH do C#4 de outra glicose

Remoção de água na forma de H₂O

Condensação (perda de uma molécula de água) entre duas moléculas de β-glicose. Cada uma delas pode repetir esse processo na extremidade oposta.

Cada extremidade da molécula é capaz de se unir a uma outra por condensação, formando longas cadeias contínuas de unidades de glicose com os grupos OH remanescentes distribuídos ao seu redor.

A eliminação de uma molécula de H_2O entre C#1 de uma β-glicose e C#4 da molécula seguinte forma uma longa cadeia polimérica de celulose. O diagrama mostra cinco unidades de β-glicose.

Estrutura de parte de uma longa cadeia de celulose. Vemos que o oxigênio ligado a cada C#1, como indicado por uma seta, é β, isto é, está acima do anel, à esquerda.

Muitas das características que fazem do algodão um tecido tão desejável são resultado da estrutura singular da celulose. Longas cadeias de celulose se comprimem estreitamente, formando a fibra rígida, insolúvel, de que as paredes da célula da planta são construídas. Análise por raios X e microscopia eletrônica, técnicas usadas para determinar as estruturas físicas de substâncias, mostram que as cadeias de celulose se estendem lado a lado em feixes. A forma que uma ligação β confere à estrutura permite às cadeias de celulose apertarem-se estreitamente o bastante para formar esses feixes, que depois se torcem juntos para formar as fibras visíveis a olho nu. Do lado de fora dos feixes estão os grupos OH que não fizeram parte da formação da longa cadeia de celulose, e esses grupos são capazes de atrair moléculas de água. Por isso a celulose é capaz de absorver água, o que explica a elevada absorvência do algodão e de outros produtos baseados em celulose. A afirmação de que "o algodão respira" não tem relação com a passagem de ar, mas sim com a absorvência da água pelo tecido. Num tempo quente, a transpiração do corpo é absorvida por peças de roupa de algodão à medida que evapora, refrescando-nos. Roupas feitas de nylon ou poliéster não absorvem a umidade, de modo que a transpiração não é removida do corpo por ação capilar, levando a um desconfortável estado de umidade.

Outro polissacarídio estrutural é a *quitina*, uma variação da celulose encontrada nas carapaças dos crustáceos, como caranguejos, camarões e lagostas. A quitina, como a celulose, é um polissacarídio β. Ela difere da celulose apenas na posição do carbono número 2 em cada unidade de β-glicose, em que o OH

Campos de celulose — um algodoal.

é substituído por um grupo amida (NHCOCH₃). Assim cada unidade desse polímero estrutural é uma molécula de glicose em que NHCOCH₃ substitui OH no carbono número 2. O nome dessa molécula é N-acetilglucosamina.

Parte da estrutura da cadeia polímera encontrada na carapaça de crustáceos.
Em C#2 o OH da celulose foi substituído por NHCOCH₃.

Pode ser que isto não pareça muito interessante, mas caso você sofra de artrite ou outros males das articulações, é possível que já conheça este nome. A N-acetilglucosamina e seu derivado estreitamente relacionado, a glucosamina, ambas fabricadas a partir de carapaças de crustáceos, já proporcionaram alívio a muitas vítimas de artrite. Pensa-se que elas estimulam a substituição de material cartilaginoso nas juntas, ou o suplementam.

Como os seres humanos e outros mamíferos não têm as enzimas digestivas necessárias para quebrar ligações β nesses polissacarídios estruturais, não podemos utilizá-los como fonte de alimento, embora haja muitos e muitos bilhões de unidades de glicose disponíveis na forma de celulose no reino vegetal. Existem, porém, bactérias e protozoários que produzem as enzimas necessárias para partir a ligação β, e são portanto capazes de decompor a celulose nas moléculas de glicose que a integram. O sistema digestivo de alguns animais inclui áreas de armazenamento em que esses micro-organismos vivem, permitindo a seus hospedeiros obter alimento. Por exemplo, os cavalos têm um ceco — uma grande bolsa em que os intestinos grosso e delgado se conectam — para esse propósito. Os ruminantes, grupo que inclui bovinos e carneiros, têm um estômago de quatro câmaras, e uma delas contém as bactérias simbióticas. Além disso esses animais regurgitam periodicamente e mascam de novo seu bolo alimentar, mais uma adaptação do sistema digestivo destinada a melhorar o acesso à enzima de ligação β.

Em coelhos e alguns outros roedores, a bactéria necessária vive no intestino grosso. Como é no intestino delgado que a maioria dos nutrientes é absorvida, e o intestino grosso situa-se depois dele, esses animais obtêm os produtos do corte da ligação β comendo suas fezes. Quando os nutrientes passam pelo canal alimentar uma segunda vez, o intestino delgado é capaz de absorver as unidades de glicose liberadas da celulose durante a primeira passagem. A nossos olhos, esse pode parecer um método extremamente repugnante de resolver o problema da orientação de um grupo OH, mas não há dúvida de que ele funciona bem para esses roedores. Alguns insetos, inclusive os cupins, as formigas-carpinteiras ou sarassarás e outras pragas que se alimentam de madeira, abrigam micro-organismos que lhes permitem se alimentar de celulose, por vezes com resultados desastrosos para as habitações e construções humanas. Embora não a possamos metabolizar, a celulose é muito importante em nossa dieta. As fibras vegetais, que consistem em celulose e outros materiais indigeríveis, ajudam a passagem de excrementos ao longo do trato digestivo.

Polissacarídios de armazenamento

Apesar de não termos a enzima que quebra a ligação β, possuímos uma enzima digestiva que parte uma ligação α. A configuração α é encontrada no amido e no glicogênio, que são polissacarídios de armazenamento. Uma de nossas principais fontes dietéticas de glicose, o amido está presente em raízes, tubérculos e sementes de muitas plantas. Consiste em duas moléculas de polissacarídio ligeiramente diferentes, ambas polímeros de unidades de α-glicose. O amido é composto, em 20 a 30%, de amilose, uma cadeia não ramificada de vários milhares de unidades de glicose unidos entre carbono número 4 em uma glicose e carbono número 1 na glicose seguinte. A única diferença entre a amilose e a celulose é que na primeira as ligações são α e na segunda são β. Os papéis desempenhados pelos polissacarídios celulose e amilose, porém, são muito diferentes.

A amilopectina forma os 70 a 80% restantes do amido. Também ela consiste em longas cadeias de unidades de α-glicose unidas entre carbonos de número 1 e número 4, mas a amilopectina é uma molécula ramificada, com

Parte da cadeia de amilose formada a partir da perda de uma molécula de H_2O entre unidades de α-glicose. As ligações são α porque o -O está abaixo do anel para C#1.

ligações cruzadas entre o carbono número 1 de uma unidade de glicose e o carbono número 6 de uma outra unidade de glicose, ocorrendo a cada 20 a 25 unidades de glicose. A presença de até um milhão de unidades de glicose em cadeias interconectadas faz da amilopectina uma das maiores moléculas encontradas na natureza.

Parte da estrutura da amilopectina. A seta mostra a ligação cruzada de C#1 com C#6, responsável pela ramificação da amilopectina.

Nos amidos, a ligação α é responsável por outras importantes propriedades além de sua digestibilidade pelo ser humano. As cadeias de amilose e amilopectina assumem a forma de uma hélice, em vez da estrutura linear extremamente comprimida da celulose. Moléculas de água, quando têm energia suficiente, são capazes de penetrar nas espirais mais abertas; assim, o amido, ao contrário da celulose, é solúvel na água. Como todo cozinheiro sabe, a solubilidade do amido na água depende fortemente da temperatura desta. Quando uma suspensão de amido e água é aquecida, grânulos de amido absorvem cada vez mais água até que, a uma certa temperatura, as moléculas de amido são rompidas, do que resulta uma malha de moléculas longas espalhada no líquido. Isso é conhecido como um gel. Em seguida, a suspensão opaca torna-se clara, e a mistura começa a engrossar. É por isso que os cozinheiros usam fontes de amido, como farinha de trigo, tapioca e maisena, para engrossar molhos.

Nos animais, o polissacarídio de armazenamento é o glicogênio, formado principalmente nas células do fígado e no músculo esquelético. O glicogênio é uma molécula muito parecida com amilopectina, mas enquanto esta tem ligações cruzadas α entre o carbono número 1 e o carbono número 6 apenas a cada 20 ou 25 unidades de glicose, o glicogênio tem essas ligações cruzadas α a cada dez unidades de glicose. A molécula resultante é altamente ramificada. Isso tem uma consequência muito importante para os animais. Uma cadeia não ramificada tem somente duas extremidades, mas uma cadeia altamente ramificada, com o mesmo número total de unidades de glicose, tem grande número de extremidades. Quando há necessidade urgente de energia, muitas unidades de glicose podem ser removidas simultaneamente dessas diversas extremidades. Como as plantas, diferentemente dos animais, não precisam de explosões repentinas de energia para escapar de predadores ou perseguir uma presa, o armazenamento de combustível na forma menos ramificada, a amilopectina, e na não ramificada, a amilose, é suficiente para sua taxa metabólica mais baixa. Essa pequena diferença química, relacionada apenas com o número e não com o tipo de ligação cruzada, é a base de uma das diferenças fundamentais entre as plantas e os animais.

Amilose   Amilopectina   Gligogênio
(encontradas em plantas)   (encontrado em animais)

A celulose faz um big bang

Embora haja uma quantidade muito grande de polissacarídios de armazenamento no mundo, há uma quantidade muito maior do polissacarídio estrutural, a celulose. Segundo alguns, metade de todo o carbono orgânico é sustentado por celulose. Calcula-se que 10^{14}kg (cerca de cem bilhões de toneladas) de celulose sejam biossintetizadas e degradadas anualmente. Sendo a celulose um recurso não só abundante como renovável, a possibilidade de usá-la como uma matéria-prima barata e rapidamente disponível para novos produtos vem interessando há muito tempo químicos e empresários.

Na década de 1830, descobriu-se que a celulose era solúvel em ácido nítrico condensado, e que essa solução, quando derramada na água, formava um pó branco altamente inflamável e explosivo. A comercialização desse composto teve de esperar uma descoberta feita em 1845 por Friedrich Schönbein, de Basileia, na Suíça. Schönbein estava fazendo experimentos com misturas de ácidos nítrico e sulfúrico na cozinha de sua casa, para dissabor de sua mulher, que, talvez compreensivelmente, havia proibido rigorosamente o uso de sua residência para práticas desse tipo. Nesse dia particular, a sra. Schönbein não estava em casa, e ele derramou um pouco da mistura de ácidos no chão. No afã de limpar rapidamente a sujeira, agarrou a primeira coisa à mão — o avental de algodão da mulher. Depois de enxugar o líquido derramado, pendurou o avental em cima do fogão para secar. Não demorou muito e, com uma explosão ruidosa e um enorme clarão, o avental explodiu. Não se sabe como a sra. Schönbein reagiu ao chegar em casa e constatar que o marido insistia em fazer seus expe-

Estrutura de parte de uma molécula de celulose. As setas mostram onde a nitração pode ocorrer no OH em C#2, 3 e 6 de cada uma das unidades de glicose.

rimentos com a mistura de algodão e ácido nítrico na sua cozinha. O que está registrado é que ele chamou o material de *schiessbaumwolle*, ou algodão-pólvora. O algodão é 90% celulose, e nós sabemos que o algodão-pólvora de Schönbein nada mais era que nitrocelulose, o composto formado quando o grupo nitro (NO_2) substitui o H de OH em várias posições na molécula de celulose. Nem todas essas posições são necessariamente nitradas, mas quanto mais nitração houver na celulose, mais explosivo será o algodão-pólvora produzido.

Porção da estrutura da nitrocelulose, ou "algodão-pólvora", mostrando nitração; em todas as posições possíveis o -H do grupo OH é substituído por -NO_2 em cada unidade de glicose da celulose.

Percebendo a lucratividade potencial de sua descoberta, Schönbein construiu fábricas para manufaturar nitrocelulose, na esperança de que ela pudesse ser uma alternativa para a pólvora. Mas a nitrocelulose pode ser um composto extremamente perigoso, a menos que seja mantida seca e manipulada com o devido cuidado. Na época, como não se compreendia o efeito desestabilizador de ácido nítrico residual sobre a matéria, várias fábricas foram acidentalmente destruídas por explosões violentas, levando Schönbein à falência. Só no final da década de 1860, com a descoberta de métodos adequados para limpar o algodão-pólvora de excesso de ácido nítrico, foi possível torná-lo suficientemente estável para ser usado em explosivos comerciais.

Mais tarde, o controle desse processo de nitração levou a diferentes nitroceluloses, entre elas um algodão-pólvora de maior conteúdo de nitrato e os materiais colódio e celuloide, de menor conteúdo de nitrato. O colódio, uma nitrocelulose misturada com álcool e água, foi amplamente utilizado nos primórdios da fotografia. A celuloide, uma mistura de nitrocelulose com cânfora, foi um dos primeiros plásticos de sucesso, utilizado inicialmente como filme cinematográfico. Um outro derivado, o acetato de celulose, demonstrou-se menos inflamável que a nitrocelulose e a substituiu em muitos usos. O negócio da fotografia e a indústria do cinema, hoje enormes empreendimentos comerciais, devem seus primórdios à estrutura química da versátil molécula de celulose.

Insolúvel em quase todos os solventes, a celulose se dissolve numa solução alcalina de um solvente orgânico, o dissulfeto de carbono, formando um derivado da celulose chamado xantato de celulose. Como tem a forma de uma dispersão coloidal viscosa, o xantato de celulose recebeu o nome comercial de viscose. Depois que a viscose é empurrada por minúsculos furos e o filamento resultante é tratado com ácido, a celulose é regenerada na forma de fios finos que podem ser urdidos num tecido conhecido comercialmente como rayon. Um processo similar, em que a viscose é expelida através de uma ranhura estreita, produz folhas de celofane. Embora em geral considerados sintéticos, o rayon e o celofane não são inteiramente feitos pelo homem, no sentido de que são apenas formas um pouco diferentes derivadas de celulose natural.

Tanto o polímero α de glicose (amido) quanto o polímero β (celulose) são componentes essenciais de nossa dieta e, como tais, tiveram e terão sempre uma função indispensável na sociedade humana. Mas foram os papéis não dietéticos da celulose e de seus vários derivados que criaram marcos na história. Na forma de algodão, a celulose foi responsável por dois dos eventos mais influentes do século XIX: a Revolução Industrial e a Guerra Civil Norte-Americana. O algodão foi a estrela da Revolução Industrial, transformando a face da Inglaterra mediante o despovoamento da zona rural, a urbanização, a industrialização acelerada, a inovação e a invenção, a mudança social e a prosperidade. O algodão provocou uma das maiores crises da história dos Estados Unidos; a escravidão foi a questão mais importante em jogo na Guerra de Secessão entre o Norte abolicionista e os estados do Sul, cujo sistema econômico se baseava no algodão cultivado por escravos.

A descoberta da nitrocelulose (algodão-pólvora), uma das primeiras moléculas orgânicas explosivas feitas pelo homem, marcou o início de várias indústrias modernas originalmente baseadas em formas nitradas de celulose: explosivos, fotografia e indústria cinematográfica. A indústria dos tecidos sintéticos, que se iniciou a partir do rayon — uma forma diferente de celulose —, desempenhou um papel significativo na configuração da economia durante o século XX. Sem essas aplicações da molécula de celulose, nosso mundo seria muito diferente.

5

Compostos nitrados

O que fez o avental da mulher de Schönbein explodir não foi a primeira molécula explosiva feita pelo homem, nem seria a última. Quando são muito rápidas, as reações químicas podem ter uma energia assombrosa. A celulose é apenas uma das muitas moléculas que alteramos para tirar proveito da sua capacidade para reação explosiva. Alguns desses compostos foram enormemente benéficos; outros causaram ampla destruição. Precisamente por causa de suas propriedades explosivas, essas moléculas tiveram um efeito marcante sobre o mundo.

Embora as estruturas das moléculas explosivas variem enormemente, a maior parte delas contém um grupo nitro. Essa pequena combinação de átomos, um nitrogênio e dois oxigênios, NO_2, ligada na posição certa, ampliou vastamente nossa capacidade de fazer guerra, mudou o destino de nações e nos permitiu, literalmente, remover montanhas.

Pólvora — O primeiro explosivo

A pólvora, ou pólvora negra, a primeira mistura explosiva inventada, foi usada na Antiguidade na China, na Arábia e na Índia. Textos chineses antigos referem-se à "substância química do fogo" ou "droga do fogo". Seus ingredientes só foram registrados no início do ano 1000 d.C., e mesmo então as proporções realmente necessárias dos componentes, sal de nitrato, enxofre e carbono, não foram especificadas. O sal de nitrato (chamado de salitre ou "neve chinesa") é nitrato de potássio, cuja fórmula química é KNO_3. O carbono era usado no fabrico da pólvora na forma de carvão vegetal, que lhe dava a cor preta.

A pólvora foi utilizada inicialmente em bombinhas e fogos de artifício, mas em meados do século XI já era empregada para lançar objetos em chamas usados como armas, conhecidos como flechas de fogo. Em 1067 os chineses submeteram a produção de enxofre e salitre ao controle do governo.

Não sabemos ao certo quando a pólvora chegou à Europa. O monge franciscano Roger Bacon, nascido na Inglaterra e formado na Universidade de Oxford e na Universidade de Paris, escreveu sobre a pólvora por volta de 1260, alguns anos antes de Marco Polo retornar a Veneza com histórias sobre a pólvora na China. Além de médico, Bacon era um experimentalista, versado nas ciências que hoje chamaríamos astronomia, química e física. Era também fluente em árabe, e é provável que tenha obtido informação sobre a pólvora com uma tribo nômade, os sarracenos, que atuavam como intermediários entre o Oriente e o Ocidente. Bacon certamente tinha conhecimento do potencial destrutivo da pólvora, pois descreveu sua composição na forma de um anagrama que tinha de ser decifrado para revelar as proporções: sete partes de salitre, cinco de carvão e cinco de enxofre. Durante 650 anos seu enigma permaneceu indecifrado, até ser finalmente decodificado por um coronel do exército britânico. Nessa altura, é claro, a pólvora já era usada havia séculos.

A composição da pólvora de hoje varia um pouco, mas contém em geral uma proporção maior de salitre que a indicada na formulação de Bacon. A reação química para a explosão da pólvora pode ser escrita como

$$4KNO_{3(s)} + 7C_{(s)} + S_{(s)} \rightarrow 3CO_{2(g)} + 3CO_{(g)} + 2N_{2(g)} + K_2CO_{3(s)} + K_2S_{(s)}$$

Nitrato de potássio — Carbono — Enxofre — Dióxido de carbono — Monóxido de carbono — Nitrogênio — Carbonato de potássio — Sulfeto de potássio

Esta equação química nos revela as proporções das substâncias reagentes e as dos produtos obtidos. O subscrito (s) significa que a substância é sólida, e (g), que é um gás. Você pode ver pela equação que todos os reagentes são sólidos, mas oito mols de moléculas de gases são formadas: três dióxidos de carbono, três monóxidos de carbono e dois nitrogênios. São os gases quentes, em expansão, produzidos pela rápida queima da pólvora, que propelem uma bala de canhão ou de revólver. O carbonato e o sulfeto de potássio, sólidos, que se formam, são dispersos na forma de partículas minúsculas, a fumaça densa característica da explosão da pólvora.

A primeira arma de fogo fabricada, ao que se supõe por volta de 1300 a 1325, o arcabuz, era um tubo de ferro carregado com pólvora, a qual era inflamada pela inserção de um arame aquecido. À medida que armas mais sofisticadas foram se desenvolvendo (os mosquetes, as espingardas de pederneira), evidenciou-se a necessidade da queima de pólvora em proporções diferentes. Armas levadas à cintura precisavam de uma pólvora que queimasse mais rapidamente; rifles, de uma que queimasse mais devagar; canhões e foguetes, de uma queima ainda mais lenta. Uma mistura de álcool e água era usada para produzir um pó que se aglutinava e podia ser comprimido e peneirado para dar frações finas, médias e grossas. Quanto mais fino o pó, mais rápida a queima, e assim se tornou possível fabricar pólvora apropriada para as várias aplicações. Frequentemente o líquido usado na manufatura era a urina dos operários das fábricas de pólvora; acreditava-se que a água de um vinho encorpado dava uma pólvora particularmente potente. A urina de um clérigo, ou, melhor ainda, a de um bispo, era também considerada garantia da fabricação de um produto superior.

Química explosiva

A produção de gases e sua rápida expansão a partir do calor da reação é a força motora por trás dos explosivos. Os gases têm um volume muito maior que quantidades semelhantes de sólidos ou líquidos. O poder destrutivo de uma explosão decorre do choque de ondas causado pelo aumento muito rápido em volume quando gases se formam. No caso da pólvora, o choque de ondas se desloca a centenas de metros por segundo, mas no caso dos "alto-explosivos" (TNT ou nitroglicerina, por exemplo), a velocidade pode chegar a seis mil metros por segundo.

Todas as reações explosivas produzem grande quantidade de calor. Diz-se que são altamente exotérmicas. Grandes quantidades de calor têm um efeito impressionante de aumentar o volume dos gases — quanto mais alta a temperatura, maior o volume de gás. O calor provém da diferença de energia entre as moléculas de cada lado da equação da reação explosiva. As moléculas produzidas (no lado direito da equação) têm menos energia presa em suas ligações químicas do que as moléculas iniciais (à esquerda). Os compostos que se formam são mais estáveis. Em reações explosivas de compostos nitrados forma-se a molécula de nitrogênio N_2, que é extremamente estável. A estabilidade da molécula N_2 deve-se à força da ligação tripla que mantém juntos os dois átomos de nitrogênio.

$$N\equiv N$$
Estrutura da molécula N_2

A grande força dessa ligação tripla significa que muita energia é necessária para quebrá-la. Inversamente, quando a ligação tripla N_2 é feita, muita energia é liberada, exatamente o que se deseja numa reação explosiva.

Afora a produção de calor e de gases, uma terceira propriedade importante das reações explosivas é a rapidez com que devem se efetuar. Se uma reação explosiva se desse lentamente, o calor resultante se dissiparia, e os gases se difundiriam pelas vizinhanças sem a elevação súbita de pressão, a onda de choque destruidora e as temperaturas elevadas características de uma explosão. O oxigênio necessário para uma reação como esta tem de vir da molécula que está explodindo. Não pode vir do ar, porque o oxigênio da atmosfera não se torna disponível com a rapidez suficiente. Os compostos nitrados em que o nitrogênio e o oxigênio estão ligados entre si são muitas vezes explosivos, ao passo que outros compostos, em que tanto o nitrogênio quanto o oxigênio estão presentes, mas não ligados um ao outro, não são.

Podemos ver isso usando isômeros como exemplo, isto é, compostos que têm a mesma fórmula química, mas estruturas diferentes. O *p*-nitrotolueno e o ácido *p*-aminobenzoico têm ambos sete átomos de carbono, sete átomos de hidrogênio, um átomo de nitrogênio e dois átomos de oxigênio, e portanto as fórmulas químicas idênticas de $C_7H_7NO_2$, mas esses átomos estão arranjados de maneira diferente em cada uma das moléculas.

p-nitrotolueno

Ácido p-aminobenzoico

O *para*- ou *p*-nitrotolueno (o *para* informa simplesmente que os grupos CH_3 e NO_3 estão em extremidades opostas da molécula) pode ser explosivo, ao passo que o ácido *p*-aminobenzoico não o é absolutamente. Na verdade, provavelmente você já o esfregou no rosto durante o verão: trata-se do PABA, o ingrediente ativo de muitos protetores solares. Compostos como o PABA absorvem a luz ultravioleta exatamente nos comprimentos de onda que se mostram mais danosos para as células da pele. A absorção de luz ultravioleta em comprimentos de onda particulares depende da presença no composto de uma alternância de ligações duplas e simples, possivelmente também com átomos de oxigênio e nitrogênio ligados. A variação no número de ligações ou de átomos desse padrão alternante muda o comprimento de onda da absorção. Outros compostos que absorvem nos comprimentos de onda requeridos podem ser usados como protetores solares, contanto que também possam ser facilmente removidos com água, não tenham nenhum efeito tóxico ou alérgico, nenhum odor ou sabor desagradável e não se decomponham ao sol.

A explosividade de uma molécula nitrada depende do número de grupos nitro que ela tem. O nitrotolueno tem apenas um grupo nitro. Uma nitração adicional pode acrescentar mais dois ou três grupos nitro, resultando, respectivamente, em di- ou trinitrotolueno. Embora possam explodir, o nitrotolueno e o dinitrotolueno não encerram a mesma potência que a altamente explosiva molécula de trinitrotolueno (TNT).

Tolueno   Nitrotolueno   Dinitrotolueno   Trinitrotolueno (TNT)

Os grupos nitrados estão indicados pelas setas.

No século XIX, quando os químicos começaram a estudar os efeitos do ácido nítrico sobre compostos orgânicos, realizaram-se avanços na área dos explosivos. Apenas alguns anos depois que Friedrich Schönbein destruiu o avental da mulher com seus experimentos, um químico italiano de Turim, Ascanio Sobrero, preparou uma outra molécula nitrada altamente explosiva. Sobrero estivera estudando os efeitos do ácido nítrico sobre outros compostos orgânicos. Pingou glicerol, também conhecido como glicerina e de fácil obtenção a partir de gordura animal, numa mistura resfriada de ácidos sulfúrico e nítrico, e derramou a mistura resultante na água. Uma camada oleosa do que é hoje conhecido como nitroglicerina se separou. Usando um procedimento que era normal em seu tempo mas impensável hoje em dia, Sobrero provou o novo composto e registrou comentários: "Um traço posto sobre a língua, mas não engolido, provoca uma dor de cabeça extremamente pulsante e violenta, acompanhada de grande fraqueza dos membros."

Investigações posteriores revelaram que as fortes dores de cabeça sofridas pelos operários da indústria de explosivos se deviam à dilatação dos vasos sanguíneos causada pela manipulação de nitroglicerina. Essa descoberta resultou na prescrição de nitroglicerina para a doença cardíaca conhecida como angina do peito.

$$\begin{array}{c} CH_2-OH \\ | \\ CH-OH \\ | \\ CH_2-OH \end{array} \qquad \begin{array}{c} CH_2-O-NO_2 \\ | \\ CH-O-NO_2 \\ | \\ CH_2-O-NO_2 \end{array}$$

Glicerol (glicerina) — Nitroglicerina

Para os que sofrem de angina, a dilatação de vasos sanguíneos que conduzem sangue ao coração, estreitados pela doença, permite o restabelecimento do fluxo sanguíneo em níveis adequados e alivia a dor. Hoje sabemos que a nitroglicerina libera no corpo a molécula simples óxido nítrico (NO), que é a responsável pelo efeito de dilatação. Foi a pesquisa sobre esse aspecto do ácido nítrico que levou ao desenvolvimento da droga anti-impotência Viagra, que também depende do efeito de dilatação de vasos sanguíneos do óxido nítrico.

Entre outros papéis fisiológicos do óxido nítrico estão a manutenção da pressão sanguínea — por sua ação como molécula mensageira que transporta sinais entre as células —, o estabelecimento da memória duradoura e o auxílio na digestão. A partir dessas investigações, foram desenvolvidos remédios para o tratamento da pressão alta em recém-nascidos e para o tratamento de vítimas de choque. O Prêmio Nobel de Medicina de 1989 foi concedido a Robert Furchgott, Louis Ignarro e Ferid Murad pela descoberta do papel desempenhado pelo óxido nítrico no corpo. No entanto, numa das reviravoltas irônicas da química, Alfred Nobel, que legou sua fortuna, derivada da nitroglicerina, à instituição dos prêmios Nobel, recusou pessoalmente a nitroglicerina como tratamento para as dores no peito causadas por sua doença cardíaca. Não acreditava que aquilo funcionasse — só que causaria dores de cabeça.

A nitroglicerina é uma molécula altamente instável, que explode se aquecida ou martelada. A reação explosiva:

$$4C_3H_5N_3O_{9(l)} \rightarrow 6N_{2(g)} + 12CO_{2(g)} + 10H_2O_{(g)} + O_{2(g)}$$

Nitroglicerina   Nitrogênio   Dióxido de carbono   Água   Oxigênio

produz nuvens de gases que se expandem rapidamente e intenso calor. Em contraste com a pólvora, que produz seis mil atmosferas de pressão em milésimos de segundo, igual quantidade de nitroglicerina produz 270 mil atmosferas de pressão em milionésimos de segundo. Enquanto a pólvora pode ser manuseada com relativa segurança, a nitroglicerina é muito imprevisível, podendo explodir espontaneamente em resultado de um choque ou de aquecimento. Tornou-se assim necessário encontrar uma maneira segura e garantida de manusear e explodir, ou "detonar", esse explosivo.

Nobel e a ideia da dinamite

Alfred Bernard Nobel, nascido em 1833, em Estocolmo, teve a ideia de empregar — em vez de um estopim, que apenas fazia a nitroglicerina queimar lentamente — uma explosão de uma quantidade muito pequena de pólvora para detonar uma explosão maior de nitroglicerina. Foi um grande achado; funcionou, e o conceito continua sendo usado até hoje nas muitas explosões controladas que são rotineiras das indústrias da mineração e da construção. Tendo resolvido o problema de produzir uma explosão desejada, Nobel encarou outro: o de evitar as indesejadas.

Sua família tinha uma fábrica que manufaturava e vendia explosivos, a qual, em 1864, havia começado a fabricar nitroglicerina para aplicações comerciais na abertura de túneis e minas. Em setembro daquele ano, um de seus laboratórios em Estocolmo voou pelos ares, matando cinco pessoas, inclusive seu irmão caçula, Emil. Embora a causa do acidente nunca tenha sido determinada com precisão, as autoridades de Estocolmo proibiram a produção de nitroglicerina. Sem se dar por vencido, Nobel construiu um novo laboratório sobre barcaças e ancorou-o no lago Mälaren, pouco além dos limites da cidade de Estocolmo. A demanda de nitroglicerina aumentou rapidamente à medida que suas vantagens sobre a pólvora, muito menos potente, foram sendo conhecidas. Na altura de 1868, Nobel já havia implantado fábricas em 11 países da Europa e até se expandido para os Estados Unidos, fundando uma companhia na cidade de São Francisco.

Não raro, a nitroglicerina era contaminada pelo ácido usado no processo de fabricação e tendia a se decompor lentamente. Os gases produzidos por essa decomposição faziam estourar as tampas dos recipientes de zinco em que o explosivo era acondicionado para o transporte. Não só isso: o ácido presente na nitroglicerina impura corroía o zinco, fazendo as latas vazarem. Materiais de embalagem, como serragem, eram usados para isolar as latas e absorver quaisquer vazamentos ou derramamentos, mas tais precauções eram insuficientes e pouco contribuíam para aumentar a segurança. A ignorância e a falta de informação levou muitas vezes a acidentes terríveis. O manuseio inadequado era comum. Em uma ocasião, chegou-se a usar óleo de nitroglicerina como lubrificante nas rodas de um veículo que transportava o explosivo, obviamente com resultados desastrosos. Em 1866, um carregamento de nitroglicerina explodiu num depósito da companhia Wells Fargo, em São Francisco, matando 14 pessoas. No mesmo ano um navio a vapor de 17 mil toneladas, o *S.S. European*, explodiu quando descarregava nitroglicerina na costa atlântica do Panamá, matando 47 pessoas e causando um prejuízo de mais de um milhão de dólares. Também em 1866, explosões puseram abaixo fábricas de nitroglicerina na Alemanha e na Noruega. Autoridades do mundo inteiro passaram a se preocupar. França e Bélgica proibiram a nitroglicerina e uma medida semelhante foi proposta em outros países, apesar da crescente demanda mundial desse explosivo incrivelmente poderoso.

Nobel começou a procurar maneiras de estabilizar a nitroglicerina sem reduzir sua potência. Como a solidificação parecia um método óbvio, fez experimentos misturando a nitroglicerina líquida oleosa com sólidos neutros como serragem, cimento e carvão vegetal em pó. Sempre se especulou muito se o produto que hoje conhecemos como "dinamite" resultou de uma investigação sistemática, como Nobel afirmou, ou se foi antes uma descoberta fortuita. Mesmo que o acaso tenha tido um grande papel, Nobel foi astuto o bastante para reconhecer que o *kieselguhr*, ou diatomita — um material natural fino, com alto teor de sílica, que era ocasionalmente usado para substituir a serragem como material de embalagem — podia absorver nitroglicerina líquida derramada e continuar poroso. A diatomita, também conhecida como "terra diatomácea", que é constituída dos restos de minúsculos animais marinhos, tem várias outras utilidades: serve como filtro em refinarias de açúcar, como isolador e como polidor de metais. Outros testes mostraram que a mistura de nitroglicerina líquida com cerca de um terço de seu peso de diatomita formava uma massa plástica com a consistência da massa de vidraceiro. A diatomita diluía a nitroglicerina; a separação das partículas da substância desacelerava sua taxa de decomposição e com isso o efeito explosivo tornava-se controlável.

Nobel chamou sua mistura de nitroglicerina/diatomita de dinamite, a partir da palavra *dynamis*, ou poder. A dinamite podia ser moldada em qualquer forma ou tamanho desejados, não se decompunha com facilidade e não explodia acidentalmente. Em 1867, a Nobel and Company, como a firma da família passara a se chamar, começou a embarcar dinamite, recém-patenteada como *Nobel's Safety Powder*. Logo havia fábricas de dinamite em países no mundo inteiro, e a fortuna da família Nobel estava assegurada.

Parece uma contradição que Alfred Nobel, um fabricante de munições, fosse também um pacifista, mas toda a sua vida foi cheia de contradições. Era uma criança enfermiça, que não se esperava chegar à idade adulta, mas sobreviveu aos pais e aos irmãos. Foi descrito em termos um tanto paradoxais como tímido, extremamente atencioso, obcecado por seu trabalho, muito desconfiado, solitário e muito caridoso. Nobel acreditava firmemente que a invenção de uma arma verdadeiramente terrível teria um poder dissuasivo capaz de trazer uma paz duradoura para o mundo, esperança que mais de um século depois, com armas realmente terríveis à disposição, ainda não se confirmou. Ele morreu em 1896, quando trabalhava sozinho à sua escrivaninha, em sua casa em San Remo, na Itália. Seu imenso patrimônio foi deixado para a concessão de prêmios anuais por trabalhos nas áreas da química, física, medicina, literatura e da paz. Em 1968, o Banco da Suécia, em memória de Alfred Nobel, instituiu um prêmio no campo da economia. Embora hoje chamado de Prêmio Nobel, ele não provém da dotação original.

Guerra e explosivos

A invenção de Nobel não podia ser usada como propelente para projéteis, pois armas de fogo não suportam a enorme força explosiva da dinamite. Líderes militares continuavam a desejar um explosivo mais poderoso que a pólvora, que não produzisse nuvens de fumaça preta, fosse de manuseio seguro e permitisse um carregamento rápido. A partir do início da década de 1880, várias formulações de nitrocelulose (algodão-pólvora) ou nitrocelulose misturada com nitroglicerina haviam sido usadas como "pólvora sem fumaça" – e são atualmente a base dos explosivos usados nas armas de fogo. A escolha de propelentes para canhões e outras peças de artilharia pesada é menos restrita. Antes da Primeira Guerra Mundial, as munições continham principalmente ácido pícrico e trinitrotolueno. O ácido pícrico, um sólido amarelo brilhante, foi sintetizado pela primeira vez em 1771 e usado originalmente como corante artificial para seda de lã. É uma molécula de fenol trinitrada de feitura relativamente fácil.

Fenol

Trinitrofenol ou ácido pícrico

Em 1871 descobriu-se que era possível fazer o ácido pícrico explodir usando um detonador suficientemente poderoso. Ele foi empregado pela primeira vez em projéteis pelos franceses, em 1885, depois pelos ingleses, na Guerra dos Bôeres, de 1899-1902. Era difícil, porém, detonar o ácido pícrico molhado, o que levava a tiros falhados sob a chuva ou em condições úmidas. Ele era também ácido e reagia com metais, formando "picratos" sensíveis a choques. Essa sensibilidade a choques fazia os projéteis explodirem ao contato, o que os impedia de penetrar blindagens espessas.

Quimicamente semelhante ao ácido pícrico, o trinitrotolueno, conhecido com TNT (das iniciais de *tri*, *nitro* e *tolueno*), era mais adequado para munições.

Tolueno

Trinitrotolueno ou TNT

Ácido pícrico

Ele não era ácido, não era afetado pela umidade e, tendo um ponto de fusão relativamente baixo, podia ser facilmente derretido e derramado dentro de bombas e cartuchos. Sendo de detonação mais difícil que o ácido pícrico, resistia a impactos maiores e por isso tinha maior capacidade de penetrar em blindagens. Como a proporção de oxigênio para carbono é menor no TNT do que na nitroglicerina, seu carbono não é completamente convertido em dióxido de carbono nem seu hidrogênio em água. A reação pode ser representada como:

$$2C_7H_5N_3O_{6(s)} \rightarrow 6CO_{2(g)} + 5H_{2(g)} + 3N_{2(g)} + 8C_{(s)}$$

TNT Dióxido de carbono Hidrogênio Nitrogênio Carbono

O carbono produzido nessa reação produz a quantidade de fumaça associada às explosões de TNT, muito maior do que a formada nas de nitroglicerina e algodão-pólvora.

No início da Primeira Guerra Mundial, a Alemanha, usando munições baseadas em TNT, gozou de nítida vantagem sobre os franceses e os ingleses, que ainda usavam ácido pícrico. Um programa intensivo para começar a produzir TNT, com o auxílio de grandes quantidades enviadas por fábricas nos Estados Unidos, permitiu à Grã-Bretanha desenvolver rapidamente projéteis e bombas de qualidade contendo essa molécula crucial.

Uma outra molécula, a amônia (NH_3) tornou-se ainda mais decisiva durante a Primeira Guerra Mundial. Embora não seja um composto nitrado, a amônia é a matéria-prima para a fabricação do ácido nítrico, HNO_3, de que se precisa para fazer explosivos. É provável que o ácido nítrico já fosse conhecido havia muito tempo. Parece que Jabir ibn Hayyan, o grande alquimista islâmico que viveu por volta de 800 d.C., tinha conhecimento dele e provavelmente o fabricava aquecendo salitre (nitrato de potássio) com sulfato ferroso (então chamado vitríolo por causa de seus cristais verdes). O gás produzido por essa reação, dióxido de nitrogênio (NO_2), era dissolvido na água, formando uma solução diluída de ácido nítrico.

Não se encontram comumente nitratos na natureza, porque eles são muito solúveis em água e tendem a se diluir, mas, nos desertos extremamente áridos do norte do Chile, enormes depósitos de nitrato de sódio (chamado salitre do chile) foram minerados nos dois últimos séculos como fonte de nitrato para a preparação direta de ácido nítrico. O nitrato de sódio é aquecido com ácido sulfúrico e, como o ácido nítrico tem um ponto de ebulição mais baixo que este, se vaporiza; em seguida é condensado e posto em recipientes de refrigeração.

$$NaNO_{3(s)} + H_2SO_{4(l)} \rightarrow NaHSO_{4(s)} + HNO_{3(g)}$$

Nitrato de sódio Ácido sulfúrico Bissulfato de sódio Ácido nítrico

Durante a Primeira Guerra Mundial, um bloqueio naval britânico impediu o envio de salitre do chile para a Alemanha. Sendo os nitratos substâncias químicas estratégicas, necessárias para a manufatura de explosivos, os alemães precisaram encontrar outra fonte.

Embora os nitratos não sejam abundantes, os dois elementos de que são feitos, nitrogênio e oxigênio, existem no mundo em generosas quantidades. Nossa atmosfera é composta de aproximadamente 20% de gás de oxigênio e 80% de gás de nitrogênio. O oxigênio (O_2) é quimicamente reativo, combinando-se facilmente com muitos outros elementos, mas a molécula de nitrogênio (N_2) é relativamente inerte. No início do século XX, métodos para "fixar" nitrogênio — isto é, removê-lo da atmosfera por combinação química com outros elementos — eram conhecidos, mas não estavam muito avançados.

Havia algum tempo que Fritz Haber, um químico alemão, vinha trabalhando com um processo para combinar nitrogênio retirado do ar com gás de hidrogênio para formar amônia.

$$N_{2(g)} + 3H_{2(g)} \rightarrow 2NH_{3(g)}$$

Nitrogênio   Hidrogênio   Amônia

Haber conseguiu resolver o problema de usar nitrogênio atmosférico inerte trabalhando com condições de reação que produziam o máximo de amônia com o mínimo custo: pressão alta, temperatura de cerca de 400 a 500°C e remoção de amônia assim que ele se formava. Grande parte de seu trabalho consistiu em encontrar um catalisador para aumentar a taxa dessa reação particularmente lenta. Seus experimentos tinham por objetivo produzir amônia para a indústria de fertilizantes. Na época, os depósitos de salitre do chile forneciam a matéria-prima para a fabricação de dois terços dos fertilizantes produzidos no mundo; como eles estavam se esgotando, tornara-se necessário encontrar uma rota sintética para a produção de amônia. Em 1913 a primeira fábrica de amônia sintético do mundo já havia sido implantada na Alemanha, e quando o bloqueio britânico cortou o fornecimento a partir do Chile, o processo de Haber, como até hoje é conhecido, foi rapidamente expandido para outras fábricas destinadas a fornecer amônia não só para fertilizantes como para munições e explosivos. Em reação com o oxigênio, a amônia assim produzida forma dióxido de nitrogênio, o precursor do ácido nítrico. O bloqueio britânico foi portanto irrelevante para a Alemanha, que já era capaz de produzir amônia para fertilizantes e ácido nítrico para a fabricação de compostos nitrados explosivos. A fixação do nitrogênio havia se tornado um fator decisivo na guerra.

O Prêmio Nobel de Química de 1918 foi concedido a Fritz Haber por seu papel no desenvolvimento do processo para a síntese de amônia, que acabou conduzindo a uma maior produção de fertilizantes e, consequentemente, à maior capacidade da agricultura de produzir alimentos para a população mundial. A divulgação do prêmio, porém, suscitou uma tempestade de protestos, em razão do papel que Fritz Haber desempenhara no programa de guerra de gases da Alemanha na Primeira Guerra Mundial. Em abril de 1915, cilindros de gás cloro haviam sido liberados numa linha de frente de quase cinco quilômetros perto de Ypres, na Bélgica. Cinco mil homens haviam morrido e outros dez mil sofreram efeitos devastadores no pulmão em consequência da exposição ao cloro. Sob a direção de Haber, o programa de guerra de gases testou e usou várias substâncias novas, entre as quais o gás mostarda e o fosgênio. Embora em última análise a guerra de gases não tivesse sido um fator decisivo no desfecho do conflito, aos olhos de muitos dos pares de Haber a grande inovação que ele desenvolvera anteriormente — tão decisiva para a agricultura mundial — não contrabalançava o resultado aterrador da exposição de milhares de pessoas a gases venenosos. Para muitos cientistas, conceder o Prêmio Nobel a Haber nessas circunstâncias foi uma ironia grotesca.

Haber, que via pouca diferença entre a guerra convencional e a de gases, ficou extremamente perturbado com essa controvérsia. Em 1933, quando dirigia o prestigioso Instituto de Físico-Química e Eletroquímica Kaiser Wilhelm, o governo nazista lhe ordenou demitir todas as pessoas de origem judaica de seu pessoal. Num ato de coragem inusitado na época, Haber recusou-se a cumprir a ordem, alegando em sua carta de demissão: "Durante mais de 40 anos escolhi meus colaboradores considerando sua inteligência e caráter, e não quem foram suas avós, e não estou disposto a mudar, pelo resto de minha vida, este método que me pareceu tão bom."

Atualmente, a produção mundial de amônia, ainda com o processo de Haber, é de cerca de 140 milhões de toneladas por ano, usada em grande parte na fabricação de nitrato de amônio (NH_4NO_3), provavelmente o fertilizante mais empregado no mundo. O nitrato de amônio é usado também para explodir minas, na forma de uma mistura de 95% de nitrato de amônio e 5% de óleo combustível. A reação explosiva produz gás oxigênio, além de nitrogênio e vapor. O gás de oxigênio oxida o óleo combustível na mistura, aumentado a energia liberada pela explosão.

$$2NH_4NO_{3(s)} \rightarrow 2N_{2(g)} + O_{2(g)} + 4H_2O_{(g)}$$

Nitrato de amônio   Nitrogênio   Oxigênio   Água

Embora considerado um explosivo muito seguro se adequadamente manuseado, o nitrato de amônio já provocou muitos desastres em consequência de procedimentos de segurança impróprios ou em bombardeios deliberados levados a cabo por organizações terroristas. Em 1947, no porto de Texas City, no Texas, desencadeou-se um incêndio no porão de um navio quando ele estava sendo carregado com fertilizante de nitrato de amônio embalado em sacos de papel. Numa tentativa de apagar o fogo, a tripulação do navio fechou as escotilhas, o que teve o lamentável efeito de criar as condições de calor e compressão necessárias para a detonação do produto. Mais de 500 pessoas morreram na explosão. Desastres mais recentes envolvendo bombas de nitrato de amônio armadas por terroristas incluem o do World Trade Center, em Nova York, em 1993, e o do Alfred P. Murrah Federal Building, em Oklahoma City, em 1995.

Um dos explosivos desenvolvidos mais recentemente, o tetranitrato de pentaeritritol (abreviado PETN, de *pentaerythritoltetranitrate*), conta também com deplorável preferência por parte de terroristas precisamente pelas propriedades que o tornam tão útil para propósitos legítimos. Pode-se misturar o PETN com borracha para fazer o chamado explosivo plástico, que pode ser amoldado em qualquer forma. O nome químico do PETN pode ser complicado, mas sua estrutura não é tanto. Ele é quimicamente semelhante à nitroglicerina, mas tem cinco carbonos em vez de três e mais um grupo nitro.

```
    CH2—O—NO2                              CH2—O—NO2
     |                                      |
H—C—O—NO2                    O2N—O—CH2—C—CH2—O—NO2
     |                                      |
    CH2—O—NO2                              CH2—O—NO2
```

Nitroglicerina (à esquerda) e tetranitrato de pentaeritritol (PETN) (à direita).
Os grupos nitrados estão em negrito.

Facilmente detonável, sensível a choques, muito potente e com pouco cheiro — o que torna difícil sua detecção, mesmo por cães treinados —, o PETN pode se tornar o explosivo preferencial para bombas em aviões. Em 1988 ganhou fama como componente da bomba que derrubou o avião que fazia o voo 103 da Pan Am sobre Lockerbie, na Escócia. Maior notoriedade ainda resultou do incidente da "bomba no sapato", em 2001, em que um passageiro de um voo da American Airlines proveniente de Paris tentou explodir o PETN que levava escondido nas solas de seu tênis. O desastre só pôde ser evitado graças à ação rápida da tripulação e dos passageiros.

O papel das moléculas nitradas não se limitou a guerras e terrorismo. Há provas de que o poder da mistura de salitre, enxofre e carvão foi usado na mineração no norte da Europa antes do início do século XVII. O túnel Malpas no canal du Midi, na França — o canal original construído para ligar o oceano Atlântico ao Mediterrâneo em 1679 —, foi apenas o primeiro dos grandes túneis construídos com a ajuda da pólvora. A construção do túnel ferroviário do Mont Cenis ou Fréjus em 1857-71, através dos Alpes franceses, envolveu o maior uso de moléculas explosivas da época e transformou as viagens na Europa, ao permitir uma passagem fácil da França para a Itália. O novo explosivo nitroglicerina foi usado pela primeira vez na construção no túnel ferroviário Hoosac (1855-66), em North Adams, em Massachusetts. Grandes feitos da engenharia foram levados a cabo com a ajuda da dinamite: em 1885 foi concluída a Canadian Pacific Railway, que permitiu a passagem através das Montanhas Rochosas canadenses; o Canal do Panamá, com seus 80km de extensão, foi inaugurado em 1914; e em 1958, na Costa Oeste da América do Norte, foi removido o Ripple Rock, que representava perigo para a navegação — essa foi a maior explosão não nuclear já produzida até hoje.

Em 218 a.C., o general cartaginês Aníbal transpôs os Alpes com seu vasto exército e seus 40 elefantes para uma investida ao centro do Império Romano. Ele usou o método de construção de estradas costumeiro, mas extremamente lento, da época: obstáculos rochosos eram aquecidos com fogueiras, depois encharcados com água para que se fendessem. Se Aníbal tivesse explosivos, uma rápida passagem através dos Alpes poderia ter-lhe permitido uma vitória final em Roma, e o destino de todo o Mediterrâneo ocidental teria sido muito diferente.

Desde a derrota infligida por Vasco da Gama aos soberanos de Calicut, até a carga da Brigada de Cavalaria Ligeira britânica sobre as baterias de campo russas na Batalha de Balaklava, em 1854, passando pela conquista do Império Asteca por Hernán Cortés e um punhado de conquistadores espanhóis, armas propelidas por explosivos levaram vantagem sobre arcos e flechas, lanças e espadas. O imperialismo e o colonialismo — sistemas que moldaram nosso mundo — se impuseram graças ao poder das armas. Na guerra e na paz, destruindo ou construindo, para bem ou para mal, as moléculas explosivas transformaram a civilização.

6
· · · · ·

Seda e nylon

As moléculas explosivas podem parecer muito distantes das imagens de luxo, maciez, flexibilidade e brilho que a palavra *seda* evoca. Mas há um vínculo químico entre os explosivos e a seda, e ele levou ao desenvolvimento de novos materiais, novos produtos têxteis e, na altura do século XX, de toda uma nova indústria.

A seda sempre foi um tecido valorizado pelos ricos. Mesmo com a ampla variedade de fibras naturais ou feitas pelo homem hoje disponíveis, ela continua sendo considerada insubstituível. As propriedades que tornaram a seda tão desejável há tanto tempo — o toque suave, a calidez no tempo frio e o frescor no tempo quente, o brilho maravilhoso — são todas decorrentes de sua estrutura química. Em última análise, foi a estrutura química dessa notável substância que abriu as rotas de comércio entre o Oriente e o resto do mundo conhecido.

A difusão da seda

A história da seda remonta a mais de quatro milênios e meio atrás. Reza a lenda que, por volta de 2640 a.C., a princesa Hsi-ling-shih, principal concubina do imperador chinês Huang-ti, descobriu que podia desenrolar um delicado fio de seda do casulo de um inseto que caíra em seu chá. Quer a história seja um mito ou não, o fato é que a produção de seda começou na China com o cultivo do bicho-da-seda, *Bombyx mori*, uma pequena larva cinzenta que se alimenta unicamente das folhas da amoreira-branca, *Morus alba*.

Comum na China, a borboleta do bicho-da-seda põe cerca de 500 ovos num período de cinco dias e depois morre. Um grama desses minúsculos ovos produz mais de mil bichos-da-seda, que, juntos, devoram aproximadamente 36kg de folhas de amoreira para produzir cerca de 200g de seda crua. Os ovos devem ser mantidos inicialmente a uma temperatura de 18°C, que depois é gradualmente elevada até a temperatura de eclosão, de 25°C. As larvas são mantidas em bandejas limpas e bem ventiladas, onde comem vorazmente e mudam de pele várias vezes. Após um mês são transferidas para bandejas de fiação para começar a tecer seus casulos, processo que leva vários dias. Um único filamento contínuo de seda é expelido pela boca da larva, com uma secreção pegajosa que mantém os filamentos unidos. Movendo a cabeça continuamente com o movimento de infinito, a larva tece um espesso casulo enquanto se transforma gradualmente numa crisálida.

Para obter a seda, é preciso aquecer os casulos, matando as crisálidas que estão dentro deles, e em seguida mergulhá-los em água fervente para dissolver a secreção pegajosa que mantém os fios unidos. O comprimento de um fio de seda pode medir entre 400m a mais de 3.000m depois de desenrolado do casulo e enrolado em carretéis.

O cultivo do bicho-da-seda e o uso do tecido dele resultante espalharam-se rapidamente por toda a China. De início o uso da seda era prerrogativa dos membros da família imperial e da nobreza. Mais tarde, embora o preço permanecesse elevado, até as pessoas comuns passaram a ter o direito a usar peças de roupa de seda. Esplendidamente tecida, maravilhosamente tingida e profusamente bordada, era muitíssimo apreciada. Era mercadoria de troca e barganha altamente valorizada e tornou-se mesmo uma forma de moeda — recompensas e impostos eram por vezes pagos em seda.

Durante séculos, muito tempo após a abertura das rotas comerciais através da Ásia Central, que ficaram conhecidas em seu conjunto como Rota da Seda, os chineses mantiveram secretos os detalhes da produção do tecido. O percurso da Rota da Seda variou com o tempo, sobretudo ao sabor da política e da segurança ao longo do caminho. Num período maior, estendeu-se por cerca de dez mil quilômetros, de Pequim (Beijing), na China Oriental, até Bizâncio (mais tarde Constantinopla, hoje Istambul), na Turquia de nossos dias, e até Antioquia e Tiro, no Mediterrâneo, com importantes artérias desviando-se para o norte da Índia. Algumas partes da Rota da Seda têm mais de quatro milênios e meio.

O comércio da seda difundiu-se lentamente, mas no século I a.C. ele chegava ao Ocidente em carregamentos regulares. No Japão, a sericicultura teve início por volta de 200 d.C., e seu desenvolvimento ali foi independente com relação ao ocorrido no resto do mundo. Os persas tornaram-se rapidamente intermediários no comércio da seda. Para manter o monopólio sobre a produção, os chineses puniam com pena de morte as tentativas de contrabandear bichos-da-seda, seus ovos ou sementes de amoreira-branca para fora da China. Diz a lenda, porém, que em 552, dois monges nestorianos conseguiram retornar da China para Constantinopla com bengalas ocas que escondiam ovos de bicho-da-seda e sementes de amoreira-branca. Isso teria aberto a porta para a produção de seda no Ocidente. Se a história for verdadeira, trata-se possivelmente do primeiro caso registrado de espionagem industrial.

A sericicultura espalhou-se pelo Mediterrâneo e, no século IV, já era uma indústria florescente na Itália, em especial ao norte, onde cidades como Veneza, Lucca e Florença ficaram famosas pela beleza dos densos brocados e dos veludos de seda que produziam. Considera-se que as exportações de seda dessas áreas para a Europa do norte foram uma das bases financeiras do movimento da Renascença, iniciado na Itália mais ou menos nesse período. Fugindo da instabilidade política na Itália, tecelões de seda ajudaram a França a se tornar uma força na indústria desse tecido. Em 1466, Luís XI concedeu isenção de impostos aos tecelões de seda da cidade de Lyon e ordenou o plantio de amoreiras-brancas e a manufatura de seda para a corte real. Durante os cinco séculos seguintes, Lyon e suas circunvizinhanças se tornariam o centro da sericicultura na Europa. Depois que tecelões flamengos e franceses chegaram à Inglaterra no final do século XVI, fugindo da perseguição religiosa no continente, Macclesfield e Spittafield tornaram-se centros importantes de produção de sedas esplendidamente tecidas.

Várias foram as tentativas de cultivar seda da América do Norte, mas elas não lograram sucesso comercial. Os processos de fiação e tecelagem, porém, que podiam ser facilmente mecanizados, ali se desenvolveram. Na primeira metade do século XX, os Estados Unidos passaram a ser um dos principais fabricantes de artigos de seda do mundo.

A química do brilho e da cintilação

Do mesmo modo que outras fibras animais, como a lã e o cabelo, a seda é uma proteína. As proteínas são feitas de 22 diferentes α-aminoácidos. A estrutura química de um α-aminoácido tem um grupo amino (NH_2) e um grupo ácido orgânico (COOH) arranjados na forma mostrada a seguir, com o grupo NH_2 no átomo de carbono α — isto é, o carbono adjacente ao grupo COOH.

$$H-\underset{H}{\overset{}{N}}-\underset{H}{\overset{R}{C}}-\underset{O}{\overset{\|}{C}}-OH \quad \text{carbono α}$$

Estrutura generalizada de um α-aminoácido

Isso costuma ser representado de maneira mais simples na versão condensada como

$$H_2N-\underset{}{\overset{R}{C}H}-COOH$$

Estrutura condensada da estrutura generalizada do aminoácido

Nessas estruturas, R representa um grupo ou combinação de átomos diferente para cada aminoácido. Há 22 estruturas diferentes para R, e é isso que faz os 22 aminoácidos. O grupo R por vezes chama-se grupo lateral ou cadeia lateral. A estrutura desse grupo lateral é responsável pelas propriedades especiais da seda — de fato, pelas propriedades de toda proteína.

O menor grupo lateral, e o único que consiste em apenas um átomo, é o átomo de hidrogênio. Onde este grupo R é H, o nome do aminoácido é *glicina*, e a estrutura é representada do seguinte modo:

$$H_2N-\overset{H}{\underset{}{C}H}-COOH$$

Aminoácido glicina

Outros grupos laterais simples são CH_3 e CH_2OH, resultando nos aminoácidos *alanina* e *serina*, respectivamente.

$$H_2N-\overset{CH_3}{\underset{}{C}H}-COOH \qquad H_2N-\overset{CH_2OH}{\underset{}{C}H}-COOH$$

Alanina   Serina

Esses três aminoácidos têm os menores grupos laterais entre todos os aminoácidos e são também os mais comuns na seda, constituindo, juntos, cerca de

85% de sua estrutura total. O fato de os grupos laterais nos aminoácidos da seda serem fisicamente muito pequenos é um fator importante para sua maciez. Outros aminoácidos têm grupos laterais muito maiores e mais complicados.

Como a celulose, a seda é um polímero — uma macromolécula feita de unidades repetidas. Mas, enquanto no polímero de celulose do algodão as unidades que se repetem são exatamente as mesmas, nos polímeros de proteína, isto é, nos aminoácidos, elas variam um pouco. As partes do aminoácido que formam uma cadeia polimérica são todas as mesmas. É o grupo lateral em cada aminoácido que difere.

Dois aminoácidos se combinam eliminando a água entre si: um átomo H da extremidade NH_2, ou amino, e um OH da extremidade COOH, ou ácido. A ligação resultante entre os dois aminoácidos é conhecida como *grupo amida*. A ligação química real entre o carbono de um aminoácido e o nitrogênio de outro é conhecida como *ligação peptídica*.

Ligação peptídica

Em uma extremidade dessa nova molécula continua havendo, é claro, um OH que pode ser usado para formar nova ligação peptídica com outro aminoácido, e na outra extremidade há um NH_2 (escreve-se também H_2N) que pode formar uma ligação peptídica com mais um aminoácido.

Pode formar nova ligação

Pode formar nova ligação

O grupo amida

$$-\underset{\underset{O}{\parallel}}{C}-\underset{\underset{H}{\vert}}{N}-$$

geralmente é representado, para ocupar menos espaço, como

$$-CO-NH-$$

Se acrescentarmos mais dois aminoácidos, haverá quatro aminoácidos unidos por ligações amida.

$$\underbrace{NH_2-\overset{\overset{R}{\vert}}{CH}-CO}_{\text{Primeiro aminoácido}}-\underbrace{NH-\overset{\overset{R'}{\vert}}{CH}-CO}_{\text{Segundo aminoácido}}-\underbrace{NH-\overset{\overset{R''}{\vert}}{CH}-CO}_{\text{Terceiro...}}-\underbrace{NH-\overset{\overset{R'''}{\vert}}{CH}-COOH}_{\text{Quarto...}}$$

Como há quatro aminoácidos, há quatro grupos laterais, designados acima como R, R', R" e R'". Todos ou alguns desses grupos laterais poderiam ser iguais, ou todos poderiam ser diferentes. Apesar de haver apenas quatro aminoácidos na cadeia, é possível um grande número de combinações. Tanto R quanto R', R" e R'" poderiam ser qualquer um dos 22 aminoácidos. Isso significa que há 22^4 ou 234.256 possibilidades. Mesmo uma proteína pequena como a insulina, o hormônio secretado pelo pâncreas que regula o metabolismo da glicose, contém 51 aminoácidos, portanto o número de combinações possíveis para a insulina seria 22^{51} ($2,9 \times 10^{68}$), ou bilhões de bilhões.

Estima-se que 80 a 85% dos aminoácidos da seda são uma sequência repetitiva de glicina-serina-glicina-alanina-glicina-alanina. Uma cadeia do polímero proteico da seda tem um arranjo em zigue-zague, com os grupos laterais alternando-se de cada lado.

A proteína da seda é um zigue-zague; os grupos R alternam-se em cada lado da cadeia.

Essas cadeias da molécula de proteína são paralelas a cadeias laterais que seguem em direções opostas. Elas se mantêm unidas por atrações mútuas entre os filamentos moleculares, como mostram as linhas pontilhadas.

Atrações entre cadeias de proteína situadas lado a lado mantêm as moléculas da seda unidas.

Isso produz uma estrutura parecida com uma folha de papel plissada, em que os grupos R alternados ao longo da cadeia da proteína apontam para cima ou para baixo, e que pode ser mostrada como:

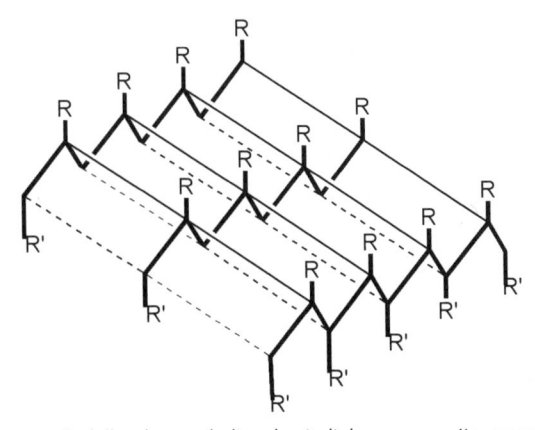

A estrutura de folha de papel plissada. As linhas em negrito representam as cadeias proteicas de aminoácidos. Aqui R representa grupos que estão acima da folha, ao passo que os grupos R' estão abaixo. As linhas estreitas e tracejadas mostram as forças atrativas que mantêm as cadeias de proteína unidas.

A estrutura flexível resultante da estrutura de folha plissada é resistente ao esticamento e explica muitas propriedôes físicas da seda. As cadeias de proteína encontram-se estreitamente unidas; os pequenos grupos R nas superfícies têm tamanhos relativamente semelhantes, o que cria uma extensão uniforme, responsável pela maciez da seda. Além disso, essa superfície uniforme atua como um bom refletor da luz, o que resulta no brilho característico do tecido. Assim, várias qualidades extremamente valorizadas da seda se devem aos pequenos grupos laterais de sua estrutura proteica.

Conhecedores da seda apreciam também a "cintilação" do tecido, atribuída ao fato de que nem todas as moléculas são parte de uma estrutura de folha plissada regular. As irregularidades dispersam a luz refletida, criando lampejos. Considerada por muitos sem igual quanto à capacidade de absorver corantes naturais ou sintéticos, a seda pode ser facilmente tingida. Mais uma vez, esta é uma propriedade que se deve às partes da estrutura da seda que não estão incluídas na sequência repetitiva regular de folhas plissadas. Entre esses 15 ou 20% restantes de aminoácidos — os que não são glicina, alanina ou serina —, há alguns cujos grupos laterais podem se ligar quimicamente, de maneira fácil, com moléculas de corantes, produzindo os matizes vívidos, intensos e firmes pelos quais a seda é famosa. É essa natureza dual — a estrutura de folha plissada dos grupos laterais pequenos, que a torna resistente, brilhante e macia, combinada com os aminoácidos restantes, mais variáveis, que a tornam cintilante e fácil de tingir — que faz da seda há tantos séculos um tecido tão apreciado.

A busca da seda sintética

Todas essas propriedades tornam a seda difícil de imitar. Mas como o tecido é tão caro e objeto de tamanha demanda, a partir do final do século XIX, foram muitas as tentativas de produzi-la em versão sintética. A seda é uma molécula muito simples — apenas uma repetição de unidades bastante parecidas —, mas unir essas unidades na combinação randômica e não randômica encontrada na seda natural é um problema químico de grande complexidade. Atualmente os químicos são capazes de reproduzir, numa escala muito pequena, o padrão de conjunto de um filamento de proteína particular. Trata-se, porém, de um processo tão rigoroso e que exige tanto tempo que uma proteína da seda produzida em laboratório seria muitas vezes mais cara que o artigo natural.

Como a complexidade da estrutura química da seda não foi compreendida até o século XIX, os primeiros esforços no sentido de se ter uma versão sintética foram guiados em boa parte por golpes de sorte. Em certa altura do final da década de 1870, um conde francês, Hilaire de Chardonnet, descobriu, enquanto se dedicava a seu passatempo favorito, a fotografia, que uma solução de colódio — o material de nitrocelulose usado para revestir chapas fotográficas — que derramara por acidente formara uma massa pegajosa, da qual conseguiu puxar longos fios semelhantes à seda. Isso fez Chardonnet se lembrar de algo que vira alguns anos antes: quando era estudante, acompanhara seu professor, o grande Louis Pasteur, a Lyon, no sul da França, para investigar uma doença do bicho-da-seda que causava enormes transtornos para a indústria francesa da seda. Embora não tivesse conseguido descobrir a causa da praga do bicho-da-seda, Chardonnet passara muito tempo estudando a larva e o modo como ela fiava sua fibra. Com isso em mente, tentou então passar a solução de colódio através de uma série de minúsculos buracos. Produziu assim a primeira "cópia" razoável de fibra da seda.

As palavras *sintético* e *artificial* são muitas vezes usadas como equivalentes na linguagem cotidiana e figuram como sinônimas na maioria dos dicionários. Há, no entanto, uma importante distinção química entre elas. Para nossos propósitos, sintético refere-se a um composto feito pelo homem por meio de reações químicas. O produto obtido pode ou não ocorrer na natureza. Se ocorrer, a versão sintética será quimicamente idêntica à produzida pela fonte natural. Por exemplo, o ácido ascórbico, ou vitamina C, pode ser sintetizada num laboratório ou numa fábrica; a vitamina C sintética tem exatamente a mesma estrutura química que a vitamina C que ocorre na natureza.

A palavra "artificial" refere-se mais às propriedades de um composto. Um composto artificial tem uma estrutura química diferente da de outro, mas suas propriedades são parecidas com as dele o suficiente para que possa imitar sua função. Por exemplo, embora a estrutura de um adoçante artificial não seja igual à do açúcar, ele tem uma importante propriedade — no caso, a doçura — em comum com este. Compostos artificiais são muitas vezes feitos pelo homem, e por isso são também sintéticos, mas não necessariamente. Alguns adoçantes artificiais ocorrem na natureza.

O que Chardonnet produziu foi seda artificial, mas não seda sintética, embora fosse feita sinteticamente. (Por nossas definições, a seda sintética seria a seda feita pelo homem, mas quimicamente idêntica à verdadeira.) A "seda de Chardonnet", como veio a ser chamada, era semelhante à seda em algumas de suas propriedades, mas não em todas. Era macia e lustrosa, mas, infelizmente, altamente inflamável — propriedade não desejável para um tecido. A seda de Chardonnet era fiada a partir de uma solução de nitrocelulose. Como vimos, versões nitradas de celulose são inflamáveis e até explosivas, dependendo do grau de nitração da molécula.

Parte da molécula de celulose. As setas na unidade de glicose do meio indicam os grupos OH em que a nitração poderia ocorrer em cada unidade de glicose ao longo da cadeia.

Chardonnet patenteou seu processo em 1885 e começou a fabricar a seda Chardonnet em 1891. Mas a inflamabilidade do material foi sua ruína. Numa festa, um cavalheiro que fumava um charuto deixou cair cinza inadvertidamente no vestido de seda de sua parceira de dança. Conta-se que o traje desapareceu numa labareda e numa lufada de fumaça; não se sabe qual foi o destino da dama. Embora esse fato e vários outros acidentes ocorridos em sua fábrica tenham levado Chardonnet a fechá-la, ele não desistiu da seda artificial. Em 1895 estava usando um processo um pouco diferente, envolvendo um agente desnitrificante que produzia uma seda artificial baseada em celulose muito mais segura, não mais inflamável que o algodão comum.

Outro método, desenvolvido na Inglaterra em 1901 por Charles Cross e Edward Bevan, produziu a *viscose*, assim chamada por causa da alta viscosidade. Quando se passava a viscose líquida através de um *spinneret* num banho ácido, a celulose era regenerada na forma de um filamento chamado seda viscose. Esse processo foi usado tanto pela American Viscose Company, fundada em 1910, quanto pela Du Pont Fibersilk Company (que mais tarde se tornaria a Du Pont Corporation), fundada em 1921. Em 1938 foram produzidas 136 mil toneladas de seda viscose, suprindo a crescente demanda de novos tecidos sintéticos com o desejado brilho sedoso que tanto lembrava a seda.

O processo de fabricação da viscose continua em uso atualmente como principal forma de produzir os tecidos hoje chamados rayons — sedas artificiais, como a seda viscose, em que os fios são compostos de celulose. Embora ainda seja o mesmo polímero de unidades de β-glicose, a celulose no rayon é regenerada sob ligeira tensão, o que confere aos fios de rayon uma pequena diferença na torcedura que explica seu grande brilho. O rayon, de um branco puro e ainda com a mesma estrutura química, pode ser tingido de muitas cores e tons, assim como o algodão. Mas tem também uma série de deficiências. Embora a estrutura de folha plissada da seda (flexível, mas resistente ao esticamento) a torne ideal para meias, a celulose do rayon absorve água, fazendo-o esgarçar. Essa não é uma característica desejável, sobretudo quando se trata de meias.

Nylon — uma nova seda artificial

Era preciso um tipo diferente de seda artificial, que tivesse as boas características do rayon, mas sem seus defeitos. O nylon, cuja base não é a celulose, entrou em cena em 1938, criado por um químico orgânico contratado pela Du Pont Fibersilk Company. No final da década da 1920, a Du Pont passara a se interessar pelos materiais plásticos que chegavam ao mercado. A companhia ofereceu a Wallace Carothers, um químico de 31 anos que trabalhava então na Universidade de Harvard, a oportunidade de realizar pesquisas independentes com um orçamento quase ilimitado. Carothers começou a trabalhar em 1928 no novo laboratório da Du Pont destinado à pesquisa básica — em si mesmo um conceito extremamente inusitado, pois na indústria química a prática da pesquisa básica era normalmente deixada às universidades.

Carothers decidiu trabalhar com polímeros. Na época a maioria dos químicos pensava que os polímeros eram na realidade aglomerados de moléculas conhecidos como coloides — daí o nome *colódio* para o derivado de nitrocelulose usado na fotografia e na seda Chardonnet. Outra opinião sobre a estrutura dos polímeros, defendida pelo químico alemão Hermann Staudinger, era de que esses materiais compunham-se de moléculas extremamente grandes. A maior molécula sintetizada até então — por Emil Fischer, o grande químico do açúcar — tinha peso molecular de 4.200. Em comparação, uma simples molécula de água tem peso molecular de 18, e uma molécula de glicose, de 180. Menos de um ano depois de começar o trabalho no laboratório Du Pont, Carothers havia feito uma molécula poliéster com peso molecular de mais de 5.000. Posteriormente conseguiu elevar esse valor para 12.000, aduzindo novas provas à teoria de que os polímeros eram moléculas gigantes, pela qual Staudinger receberia o Prêmio Nobel de Química de 1953.

De início, o primeiro polímero feito por Carothers parecia ter algum potencial para o comércio, pois seus longos fios cintilavam como seda e não ficavam duros nem quebradiços com a secagem. Lamentavelmente, porém, ele se desmanchava em água quente, derretia em solventes comuns de limpeza e se desintegrava após algumas semanas. Durante quatro anos Carothers e seus colegas prepararam diferentes tipos de polímeros e estudaram suas propriedades, até finalmente produzirem o nylon, a fibra feita pelo homem cujas propriedades mais se aproximam daquelas da seda e que merece ser qualificada de "seda artificial".

O nylon é uma poliamida, o que significa que, como ocorre com a seda, suas unidades polímeras se unem por ligações amida. Mas enquanto a seda tem uma extremidade ácida e uma extremidade amina em cada uma de suas unidades aminoácidas individuais, o nylon de Carothers era feito de duas unidades monômeras diferentes — uma com dois grupos ácidos e uma com dois grupos amina — alternando-se na cadeia. O ácido adípico tem grupos COOH em ambas as extremidades:

$$HOOC-CH_2-CH_2-CH_2-CH_2-COOH$$

Estrutura do ácido adípico, mostrando os dois grupos ácidos em cada extremidade da molécula. O grupo ácido –COOH é escrito às avessas, HOOC–, quando é mostrado do lado esquerdo.

ou, escrito com uma estrutura condensada:

$$HOOC-(CH_2)_4-COOH$$

Estrutura condensada da molécula ácida adípica

A outra unidade molecular, 1,6-diaminoexano, tem uma estrutura muito parecida com a do ácido adípico, exceto pela presença de grupos amino (NH_2) ligados em lugar dos grupos ácidos COOH. A estrutura e sua versão condensada são as seguintes:

$$H_2N-CH_2-CH_2-CH_2-CH_2-CH_2-CH_2-NH_2 \qquad H_2N-(CH_2)_6-NH_2$$

Estrutura do 1,6-diaminoexano   Estrutura condensada do 1,6-diaminoexano

O elo amida no nylon, da mesma maneira que na seda, é formado pela eliminação de uma molécula de água entre as extremidades das duas moléculas, do átomo H do NH_2 e do OH do COOH. A ligação amida resultante, mostrada como -CO-NH- (ou, em ordem inversa, como -NH-CO-) une as duas diferentes moléculas. É nesse aspecto — a posse do mesmo elo amida — que o nylon e a seda são quimicamente similares. Na fabricação do primeiro, ambas as extremidades amino de 1,6-diaminoexano reagem com as extremidades ácidas de diferentes moléculas. Isso prossegue com moléculas alternadas acrescentando-se às extremidades de uma cadeia de nylon cada vez maior. A versão do nylon de Carothers tornou-se conhecida como "nylon 66" porque cada unidade de monômero tem seis átomos de carbono.

Estrutura do nylon, mostrando moléculas alternadas do ácido adípico e do 1,6 diaminoexano.

O primeiro uso comercial do nylon, em 1938, foi para fazer cerdas de escovas de dentes. No ano seguinte, meias de nylon foram postas no mercado pela primeira vez. O tecido provou-se o polímero ideal para meias. Tinha muitas das propriedades desejáveis da seda; não esgarçava e enrugava como algodão ou rayon; e, mais importante, era muito mais barato que a seda. As meias de nylon foram um enorme sucesso comercial. Em 1940, um ano depois do lançamento, foram fabricados e vendidos cerca de 64 milhões de pares de meias feitas com esse material. A reação ao produto foi tão espetacular que, na língua inglesa, a palavra "nylon" é hoje sinônimo de meias longas para mulher. Com sua resistência excepcional, durabilidade e leveza, o nylon passou rapidamente a ser usado em muitos outros produtos: redes e linhas de pesca, cordas para raquetes de tênis e *badminton*, e revestimento para fios elétricos.

Durante a Segunda Guerra Mundial, o grosso da produção de nylon da Du Pont passou dos filamentos finos usados em meias para os fios mais grossos empregados em produtos militares. Fios para reforçar pneus, mosquiteiros, balões meteorológicos, cordas e outros itens militares dominaram o uso do material. Na aviação, o produto provou-se um excelente substituto para a seda nos paraquedas. Uma vez terminada a guerra, a produção nas fábricas de nylon foi rapidamente reconvertida para produtos civis. Na altura de 1950 a versatilidade do nylon era evidente em seu uso no vestuário, trajes para a prática de esportes de inverno, tapetes, acessórios para casa, velas de barco e muitos outros produtos. Descobriu-se que o nylon era também um excelente composto modelador, e ele se tornou o primeiro "plástico de engenharia", um material forte o suficiente para ser usado em lugar do metal. Em 1953, apenas para esse uso, foram produzidas mais de 453.590 toneladas de nylon.

Infelizmente Carothers não viveu para ver o sucesso de sua descoberta. Vítima de uma depressão que foi se agravando com a idade, ele pôs fim à vida em 1937 engolindo um frasquinho de cianureto, sem saber que a molécula polimérica que sintetizara desempenharia um papel tão importante no mundo do futuro.

Após a Segunda Guerra Mundial, quando os polímeros voltaram a ficar disponíveis para fabricar meias de nylon, as mulheres precipitaram-se para comprá-las — e usá-las.

A seda e o nylon partilham uma herança comum. Trata-se de mais que uma mera estrutura química comparável e uma notável adequabilidade para uso em meias e paraquedas. Os dois polímeros contribuíram — cada um à sua maneira — para a enorme prosperidade econômica de seus tempos. A demanda de seda não apenas abriu rotas de comércio mundiais e estimulou novos acordos comerciais; levou também ao crescimento de cidades que se dedicavam à sua produção ou comércio e ajudou a criar outras indústrias, como a dos corantes, de fiação e da tecelagem, que se desenvolveram ao lado da sericicultura. A seda gerou grande riqueza e enormes mudanças em muitas partes do globo.

Assim como, durante séculos, a seda e sua produção estimularam modas — no vestuário, nos acessórios domésticos e na arte — na Europa e na Ásia, a introdução do nylon e de uma profusão de outros têxteis e materiais modernos teve vasta influência em nosso mundo. Se, no passado, plantas e animais forneceram as matérias-primas para nosso vestuário, hoje muitos tecidos são feitos de subprodutos do refino do petróleo. Como mercadoria, o petróleo assumiu a posição que outrora pertenceu à seda. Como foi antes o caso do tecido, a demanda de petróleo forjou novos acordos comerciais, abriu rotas comerciais, estimulou o crescimento de algumas cidades e o surgimento de outras, gerou novas indústrias e novos empregos, e promoveu a riqueza e a transformação de muitas partes do globo.

7

• • • • •

Fenol

Na verdade, o primeiro polímero totalmente feito pelo homem foi produzido cerca de 25 anos antes do nylon da Du Pont. Foi um material misto feito um tanto ao acaso a partir de um composto de estrutura química semelhante à de algumas moléculas das especiarias a que atribuímos a Era do Descobrimentos. Esse composto, o fenol, deu início a uma outra era, a Idade dos Plásticos. Associados a coisas tão diversas quanto práticas cirúrgicas, elefantes ameaçados de extinção, fotografia e orquídeas, os fenóis desempenharam um papel crucial em vários avanços que mudaram o mundo.

Cirurgia estéril

Em 1860 você não ia querer se internar num hospital — sobretudo, não ia querer se submeter a uma operação. Os hospitais eram escuros, sombrios e sem ventilação. Os pacientes eram acomodados em camas cujos lençóis, em geral, não haviam sido trocados após a alta — ou, mais provavelmente, a morte — do ocupante anterior. As enfermarias cirúrgicas exalavam um medonho cheiro de gangrena e sepsia. Igualmente apavorante era a taxa de mortalidade por infecções bacterianas desse tipo; pelo menos 40% dos amputados morriam da chamada doença hospitalar. Nos hospitais militares esse número aproximava-se dos 70%.

Embora os anestésicos tivessem sido introduzidos no final de 1864, a maioria dos pacientes só concordava em se submeter a uma cirurgia como último recurso. As feridas cirúrgicas sempre ficavam infectadas; assim, os cirurgiões tratavam de deixar os pontos da sutura, por muito tempo, pendendo até o chão, para que o pus pudesse ser drenado da ferida. Quando isso acontecia, era considerado um bom sinal: havia chances de que a infecção permanecesse localizada e não se espalhasse para o restante do corpo.

Hoje sabemos, é claro, por que a "doença hospitalar" era tão generalizada e letal. Tratava-se na realidade de um grupo de doenças causadas por uma variedade de bactérias que passavam facilmente de paciente para paciente ou mesmo de um médico para uma série de pacientes sob condições anti-higiênicas. Quando a doença hospitalar se tornava excessivamente frequente, os médicos costumavam fechar suas enfermarias cirúrgicas, transferir os pacientes que restavam para outro lugar e providenciar para que as instalações fossem fumigadas com velas de enxofre, as paredes caiadas e os pisos esfregados. Durante algum tempo após essas precauções as infecções ficavam sob controle, até que outra irrupção exigia novos cuidados.

Alguns cirurgiões insistiam em manter permanentemente uma limpeza rigorosa, regime que envolvia grandes quantidades de água fervida esfriada. Outros defendiam a teoria do miasma, a crença em um gás venenoso gerado por escoadouros e esgotos que era transportado no ar e, depois que um paciente era infectado, transferia-se pelo ar para os demais. Provavelmente essa teoria do miasma parecia muito razoável na época. O fedor dos escoadouros e dos esgotos devia ser tão terrível quanto o cheiro de carne gangrenada em putrefação nas enfermarias, e ajudava a explicar por que pacientes tratados em casa, e não num hospital, muitas vezes escapavam por completo de uma infecção. Vários tratamentos eram prescritos para combater os gases miasmáticos, entre os quais timol, ácido salicílico, gás de dióxido de carbono, *bitters*, cataplasmas de cenoura crua, sulfato de zinco e ácido bórico. Os bons resultados de quaisquer desses remédios eram fortuitos e não podiam ser deliberadamente reproduzidos.

Esse era o mundo em que o médico Joseph Lister praticava a cirurgia. Nascido em 1827 numa família quacre de Yorkshire, Lister formou-se em medicina no University College, em Londres, e em 1861 trabalhava como cirurgião na Royal Infirmary em Glasgow e lecionava cirurgia na Universidade de Glasgow. Embora um novo e moderno prédio cirúrgico tenha sido inaugurado na Royal Infirmary durante o período em que Lister ali atuou, a doença hospitalar era um problema tão grave nessa instituição quanto em qualquer outra.

Lister acreditava que a causa dessa doença talvez não fosse um gás venenoso, mas alguma outra coisa presente no ar, algo invisível ao olho humano, uma coisa microscópica. Ao ler um artigo que descrevia "a teoria germinal das doenças", reconheceu imediatamente a aplicabilidade às suas próprias ideias. O artigo fora escrito por Louis Pasteur, professor de química em Lille, no nordeste da França, e mentor de Chardonnet, renomado pela seda Chardonnet.

Os experimentos de Pasteur com a fermentação do vinho e do leite haviam sido apresentados a um grupo de cientistas na Sorbonne, em Paris, em 1864. Segundo Pasteur, os germes — micro-organismos que não podiam ser detectados pelo olho humano — estavam em toda parte. Seus experimentos mostraram que esses micro-organismos podiam ser eliminados pela fervura, o que levou, é claro, à pasteurização a que são hoje submetidos o leite e outros alimentos.

Como ferver pacientes e cirurgiões não era viável, Lister teve de encontrar uma outra maneira de eliminar com segurança os germes de todas as superfícies. Escolheu o ácido carbólico, um produto feito do alcatrão da hulha, ou coltar, que já havia sido usado, com sucesso, para tratar esgotos urbanos fétidos e experimentado como curativo para feridas cirúrgicas, sem resultados muito positivos. Lister perseverou e conseguiu êxito no caso de um menino de 11 anos que dera entrada na Royal Infirmary com uma fratura exposta da perna. Naquela época, fraturas expostas eram uma lesão terrível. Uma fratura simples podia ser tratada sem cirurgia invasiva, mas, numa fratura exposta, em que pontas afiadas de ossos quebrados rompiam a pele, a infecção era quase inevitável, por maior que fosse a perícia do cirurgião ao encanar o osso. A amputação era um desfecho comum, e a morte, em consequência de uma infecção persistente e incontrolável, era mais provável.

Lister limpou cuidadosamente a área dentro e em torno do osso quebrado do menino com gaze embebida em ácido carbólico. Em seguida preparou um curativo cirúrgico composto de camadas de linho embebido numa solução carbólica e cobriu a perna com uma fina lâmina metálica encurvada, para reduzir a possível evaporação do ácido carbólico. Esse curativo foi cuidadosamente atado no lugar. Uma crosta logo se formou, a ferida cicatrizou rapidamente e nenhuma infecção se manifestou.

Outros pacientes haviam sobrevivido a infecções causadas pela doença hospitalar, mas, nesse caso, conseguiu-se mais que isso — a infecção fora evitada. Lister tratou outros casos de fratura exposta da mesma maneira, também obtendo resultado positivo, o que o convenceu da eficácia das soluções carbólicas. Em agosto de 1867, estava usando ácido carbólico como agente antisséptico em todos os seus procedimentos cirúrgicos, e não apenas como curativo pós-operatório. Na década seguinte, aperfeiçoou suas técnicas antissépticas, convencendo outros cirurgiões, muitos dos quais ainda se recusavam a acreditar na teoria germinal, pois, "se não podemos ver esses micróbios, eles não estão lá".

O coltar, de que Lister obtinha sua solução de ácido carbólico, podia ser facilmente obtido, sendo um produto residual da iluminação a gás das ruas e das casas durante o século XIX. A National Light and Heat Company havia instalado os primeiros lampiões a gás nas ruas de Londres em 1814, e outras cidades passaram a fazer uso generalizado do gás para iluminação. O gás de hulha era produzido pelo aquecimento da hulha a temperaturas elevadas; tratava-se de uma mistura inflamável — cerca de 50% de hidrogênio, 35% de metano e quantidades menores de monóxido de carbono, etileno, acetileno e outros compostos orgânicos. As casas recebiam gás encanado, e os lampiões da iluminação pública eram abastecidos a partir de gasômetros locais. À medida que a demanda de gás de carvão crescia, aumentava também o problema do que fazer com o coltar, o resíduo aparentemente sem valor do processo de gaseificação da hulha.

Líquido viscoso e preto, de cheiro acre, o coltar acabaria por se demonstrar uma fonte surpreendentemente prolífica de importantes moléculas aromáticas. O processo de gaseificação da hulha e a produção de coltar só declinariam depois da descoberta, na primeira metade do século XX, de imensos reservatórios de gás natural, consistindo principalmente em metano. O ácido carbólico cru que Lister usou de início era uma mistura destilada a partir do coltar a temperaturas entre 170°C e 230°C. Era um material oleoso escuro e de cheiro muito forte, que queimava a pele. Finalmente Lister conseguiu obter o principal constituinte do ácido carbólico, o *fenol*, em sua forma pura, como cristais brancos.

O fenol é uma molécula aromática simples que consiste em um anel de benzeno, ao qual está ligado um grupo oxigênio-hidrogênio, ou OH.

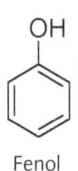

Fenol

É um composto um tanto solúvel em água e muito solúvel em óleo. Tirando proveito dessas características, Lister desenvolveu o que veio a ser conhecido como "cataplasma carbólico de massa de vidraceiro": uma mistura de fenol com óleo de linhaça e um alvejante (pó de giz). A pasta resultante (espalhada sobre uma folha de estanho) era posta, com o lado do cataplasma para baixo, sobre a ferida e atuava como uma crosta, fornecendo uma barreira contra as bactérias. Uma solução menos concentrada de fenol em água, em geral uma parte de fenol para algo em torno de 20 a 40 partes de água, era usada para lavar a pele em volta da ferida, os instrumentos cirúrgicos e as mãos do cirurgião; era também borrifada no interior da incisão durante as operações.

Apesar da eficácia de seu tratamento, demonstrada pelas taxas de recuperação dos pacientes, Lister não estava convencido de ter alcançado condições totalmente assépticas durante as cirurgias. Pensava que cada partícula de poeira no ar carregava germes, e, num esforço para evitar que esses germes contaminassem as operações, desenvolveu uma máquina que borrifava continuamente fino vapor de uma solução de ácido carbólico no ar, encharcando na verdade a área toda. De fato, os germes carregados pelo ar são um problema menor do que Lister supunha. O verdadeiro perigo eram os micro-organismos que vinham das roupas, do cabelo, da pele, da boca e do nariz dos cirurgiões, dos outros médicos e dos estudantes que costumavam assistir às operações sem tomar nenhuma precaução antisséptica. As normas adotadas atualmente nas salas de cirurgia, que impõem o uso de máscaras estéreis, jaleco próprio, gorro, cobertura estéril sobre o corpo do paciente e luvas de látex resolvem esse problema.

A máquina borrifadora de ácido carbólico de Lister realmente evitava a contaminação por micro-organismos, mas tinha efeitos negativos sobre os cirurgiões e outras pessoas na sala de cirurgia. O fenol é tóxico e, mesmo em soluções diluídas, causa descoramento, rachaduras e entorpecimento da pele. A inalação do borrifo fenólico pode causar doença; alguns cirurgiões se recusavam a continuar trabalhando quando se usava um borrifador de fenol. Apesar desses inconvenientes, as técnicas de cirurgia antisséptica de Lister eram tão eficazes e os resultados positivos tão óbvios que, na altura de 1878, já eram empregadas no mundo inteiro. Hoje o fenol raramente é usado como antisséptico; seus efeitos danosos sobre a pele e sua toxicidade o tornaram menos útil que antissépticos desenvolvidos depois dele.

Fenóis multifacetados

O nome *fenol* não se aplica somente à molécula antisséptica de Lister; designa um grupo muito grande de compostos inter-relacionados que têm, todos, um grupo OH diretamente ligado a um anel de benzeno. Isso pode parecer um pouco confuso, pois há milhares ou mesmo centenas de milhares de fenóis, mas apenas um "fenol". Há fenóis feitos pelo homem, como o triclorofenol e os hexilresorcinóis, com propriedades antibacterianas, hoje usados como antissépticos.

Triclorofenol

Hexilresorcinol

O ácido pícrico, originalmente usado como corante — especialmente para a seda — e mais tarde em armamentos, pelos ingleses, na Guerra dos Bôeres e nos estágios iniciais da Primeira Guerra Mundial, é um fenol trinitrado altamente explosivo.

Trinitrofenol (ácido pícrico)

Muitos fenóis diferentes ocorrem na natureza. As moléculas picantes — capsaicina das pimentas e zingerona do gengibre — podem ser classificadas como fenóis, e algumas moléculas extremamente fragrantes presentes nas especiarias — o eugenol no cravo-da-índia e o isoeugenol na noz-moscada — são da família dos fenóis.

Capsaicina (à esquerda) e zingerona (à direita). A parte fenol de cada estrutura está circulada.

A vanilina, o ingrediente ativo de um de nossos compostos flavorizantes mais amplamente usados, a baunilha, também é um fenol, tendo uma estrutura muito semelhante às do eugenol e do isoeugenol.

Vanilina — estrutura com OH, OCH₃, CHO

Eugenol — estrutura com OH, OCH₃, CH₂CH=CH₂

Isoeugenol — estrutura com OH, OCH₃, CH=CHCH₃

A vanilina está presente nas vagens fermentadas e secas da orquídea baunilha, *Vanilla planifolia*, nativa das Índias Ocidentais e da América Central, mas hoje cultivada no mundo todo. Essas vagens alongadas, finas, são vendidas como favas de baunilha, e até 2% de seu peso podem ser vanilina. Quando se armazena vinho em tonéis de carvalho, moléculas de vanilina são lixiviadas da madeira, contribuindo para as mudanças que constituem o processo de envelhecimento. O chocolate é uma mistura que contém cacau e baunilha. O sabor de cremes, sorvetes, molhos, xaropes, bolos e muitas coisas que comemos é em parte fornecido pela baunilha. O aroma penetrante e característico de alguns perfumes também se deve a seu teor de vanilina.

Estamos apenas começando a compreender as propriedades singulares de alguns membros da família dos fenóis que ocorrem na natureza. O tetraidrocanabinol (THC), o ingrediente ativo da maconha, é um fenol encontrado na *Cannabis sativa*, o cânhamo indiano. O cânhamo ou maconha é cultivado há séculos por causa das fibras resistentes encontradas no caule, com as quais se fazem cordas excelentes e um tecido rústico, e pelas propriedades suavemente inebriantes, sedativas e alucinógenas da molécula THC que, em algumas variedades de *Cannabis*, está presente em todas as partes da planta, embora se concentre com mais frequência nos botões de flor da árvore fêmea.

Tetraidrocanabinol, o ingrediente ativo da maconha

Atualmente, em alguns estados norte-americanos e em alguns países, é permitido o uso medicinal do tetraidrocanabinol presente na maconha para tratar náuseas, dores e inapetência em pacientes acometidos de câncer, Aids e outras doenças.

Fenóis que ocorrem naturalmente têm muitas vezes dois ou mais grupos OH ligados ao anel de benzeno. O gossipol é um composto tóxico, classificado como polifenol porque tem seis grupos OH em quatro anéis de benzeno diferentes.

A molécula de gossipol. Os seis grupos fenol (OH) estão indicados por setas.

Extraído das sementes do algodoeiro, o gossipol demonstrou-se eficaz na supressão da produção de esperma nos homens, o que o torna um candidato potencial a método anticoncepcional químico para homens. O uso de um contraceptivo como este poderia ter implicações sociais significativas.

A molécula com o nome complicado de epigalocatequina-3-galato, presente no chá verde, ainda tem mais grupos OH fenólicos.

A molécula de epigalocatequina-3-galato do chá verde tem oito grupos fenólicos.

Recentemente, atribuiu-se a ela o poder de proteger contra vários tipos de câncer. Outros estudos mostraram que os compostos polifenólicos presentes no vinho tinto inibem a produção de uma substância que é um fator no endurecimento das artérias, o que talvez explique por que, em países nos quais se consome grande quantidade de vinho tinto, há menor incidência de doenças cardíacas, mesmo com uma dieta rica em manteiga, queijo e outros alimentos ricos em gordura animal.

O fenol em plásticos

Contudo, por mais valiosos que sejam os diferentes derivados do fenol, foi o próprio composto que promoveu as maiores transformações em nosso mundo. Útil e decisivo para melhorar as condições da cirurgia antisséptica, a molécula de fenol teve um papel muito diferente e possivelmente até mais importante no desenvolvimento de uma indústria inteiramente nova. Mais ou menos na mesma época em que Lister fazia experiências com o ácido carbólico, o uso de marfim de origem animal para a fabricação de produtos tão diversos quanto pentes e talheres, botões e caixas, peças de jogo de xadrez e chaves de piano crescia rapidamente. Matava-se um número cada vez maior de elefantes por causa das presas, e o marfim ia se tornando escasso e caro. O alarme diante da redução da população de elefantes foi mais perceptível nos Estados Unidos, não pelas razões ecológicas que defendemos atualmente, mas pela popularidade espetacularmente crescente do jogo de bilhar. Bolas de bilhar exigem um marfim de excelente qualidade para que elas rolem perfeitamente. Devem ser cortadas do próprio cerne de uma presa animal sem nenhum defeito; entre 50 presas, apenas uma apresenta a densidade uniforme necessária.

Nas últimas décadas do século XIX, quando as reservas de marfim estavam minguando, a ideia de produzir um material artificial para substituí-lo pareceu a melhor providência a se tomar. As primeiras bolas de bilhar artificiais foram feitas com misturas prensadas de substâncias como polpa de madeira, pó de osso e pasta de algodão solúvel, impregnadas de uma resina dura ou revestidas com ela. O principal componente dessas resinas era celulose, muitas vezes numa forma nitrada. Uma versão posterior e mais sofisticada usava um polímero baseado na celulose: o celuloide. A dureza e a densidade do celuloide podiam ser controladas durante o processo de fabricação. O celuloide foi o primeiro material *termoplástico* — isto é, um material que podia ser derretido e remodelado muitas vezes num processo que foi o precursor da moderna máquina de moldagem por injeção, método que permite reproduzir objetos repetidamente de maneira pouco onerosa e com mão de obra não qualificada.

Um problema considerável que os polímeros baseados em celulose apresentam é que são inflamáveis e, em especial quando a nitrocelulose está envolvida, sua tendência a explodir. Não há registro da explosão de bolas de bilhar, mas a celuloide representava um risco potencial para a segurança. Na indústria cinematográfica, o filme era originalmente composto de um polímero de celulose feito de nitrocelulose, em que se usava cânfora para conferir maior flexibilidade ao material. Em 1897, após um desastroso incêndio num cinema em Paris, que matou 120 pessoas, as cabines de projeção passaram a ser revestidas com estanho para evitar que o incêndio se espalhasse caso o filme pegasse fogo. Essa precaução, contudo, não aumentava em nada a segurança do projecionista.

No início do século XX, Leo Baekeland, jovem belga que emigrara para os Estados Unidos, desenvolveu a primeira versão verdadeiramente sintética do material que hoje chamamos de *plástico*. Foi um feito revolucionário, pois

A crescente escassez de marfim de presas de elefante de boa qualidade foi mitigada pelo desenvolvimento de resinas fenólicas como o *bakelite*.

as variedades de polímeros produzidas até então eram compostas, ao menos parcialmente, de celulose, material que ocorre na natureza. Com sua invenção, Baekeland inaugurou a Idade dos Plásticos. Químico inteligente e inventivo que se doutorara na Universidade de Gent aos 21 anos, ele poderia ter optado pela estabilidade de uma carreira acadêmica. Preferiu, porém, emigrar para o Novo Mundo, onde acreditava que teria maiores oportunidades para desenvolver e manufaturar seus inventos químicos.

De início sua escolha pareceu um erro, pois, apesar de trabalhar com afinco durante alguns anos em vários produtos comerciais possíveis, esteve à beira da falência em 1893. Foi então que, desesperado em busca de capital, Baekeland procurou George Eastman, o fundador da companhia fotográfica Eastman Kodak, para lhe oferecer um novo tipo de papel fotográfico que desenvolvera. O papel era preparado com uma emulsão de cloreto de prata que eliminava as etapas da lavagem e do aquecimento na revelação da imagem e aumentava a sensibilidade em tal nível que ela podia ser exposta a luz artificial (luz de gás na década de 1890). Isso permitiria a fotógrafos amadores revelar suas fotografias rápida e facilmente em casa ou enviá-las para um dos novos laboratórios de revelação que estavam se abrindo por todo o país.

Ao tomar o trem para ir se encontrar com Eastman, Baekeland decidiu que poderia cobrar 50 mil dólares por seu novo papel fotográfico, pois ele era um grande melhoramento em relação ao produto de celuloide, associado a riscos de incêndio, usado na época pela companhia de Eastman. Se fosse obrigado a baixar o preço, pensou Baekeland consigo mesmo, não aceitaria menos de 25 mil dólares, o que ainda era uma soma de dinheiro considerável naquele tempo. Mas Eastman ficou tão impressionado com o papel fotográfico de Baekeland, que lhe ofereceu imediatamente a enorme soma de 750 mil dólares. Um Baekeland estonteado aceitou e usou o dinheiro para instalar um laboratório moderno próximo de sua casa.

Com seu problema financeiro resolvido, Baekeland voltou sua atenção para a criação de uma versão sintética de goma-laca ou laca, material que era usado havia muitos anos — e continua a ser — como laqueador e conservante de madeira. A laca é obtida de uma excreção do besouro fêmea *lac* ou *Laccifer lacca*, nativo do sudeste da Ásia. Esses besouros se fixam em árvores, chupam sua seiva e acabam envoltos numa cobertura feita de sua própria secreção. Depois que os besouros se reproduzem e morrem, suas bainhas, ou casulos (*shells* em inglês, daí a parte *shell* da palavra inglesa para a resina: *shellac*), são recolhidas e derretidas. Filtra-se o líquido assim obtido para remover os corpos dos besouros mortos. Quinze mil besouros levam seis meses para produzir menos de meio quilo de laca. Enquanto o produto era usado apenas como um fino revestimento, o preço era viável, mas com o uso mais intenso pela indústria elétrica, em rápida expansão no início do século XX, a demanda de laca aumentou enormemente. O custo de fabricação de um isolador elétrico, mesmo que se usasse apenas papel impregnado de laca, tornava-se alto, e Baekeland percebeu que uma goma-laca artificial para a fabricação de isoladores elétricos era uma necessidade nesse mercado crescente.

O primeiro método que Baekeland empregou para fabricar uma laca envolveu a reação do fenol — a mesma molécula com que Lister conseguira revolucionar a prática da cirurgia — e do formaldeído, um composto derivado do metanol (ou álcool da madeira) amplamente usado na época por agentes funerários como embalsamador e para a preservação de espécimes animais.

Fenol   Formaldeído

Tentativas anteriores de combinar esses compostos haviam produzido resultados desanimadores. Reações rápidas, descontroladas, levavam a materiais que não se dissolviam nem fundiam, quebradiços e inflexíveis demais para serem úteis. Mas Baekeland percebeu que essas propriedades talvez fossem exatamente aquilo de que se precisava numa laca sintética para isoladores elétricos, desde que se conseguisse controlar a reação de modo que o material pudesse ser convertido numa forma usável.

Em 1907, recorrendo a uma reação em que ele era capaz de controlar tanto o calor quanto a pressão, Baekeland já produzira um líquido que endurecia rapidamente, tornando-se uma substância sólida e transparente, cor de âmbar, com a forma exata do molde ou recipiente em que fora derramado. Chamou o material de *bakelite*, ou baquelita, e o aparelho usado para produzi-lo, que parecia uma panela de pressão modificada, de *bakelizer*. Talvez possamos perdoar o desejo de promoção pessoal inerente a esses nomes se levarmos em conta que Baekeland passara cinco anos trabalhando com essa única reação no intuito de sintetizar a substância.

Enquanto a goma-laca ficava distorcida com o calor, a *bakelite* conservava sua forma sob altas temperaturas. Depois de solidificada, não podia ser derretida e remodelada. A baquelita era um material *termofixo*, isto é, ficava fixada em sua forma para sempre, ao contrário de materiais termoplásticos, como o celuloide. A singular propriedade termofixa dessa resina fenólica decorria de sua estrutura química: o formaldeído na baquelita pode reagir em três lugares diferentes no anel de benzeno do fenol, provocando ligações cruzadas entre as cadeias polímeras. A rigidez da baquelita é atribuída exatamente a essas ligações cruzadas muito curtas, presas a anéis de benzeno já rígidos e planares.

Fórmula esquemática da baquelita mostrando ligações cruzadas -CH2- entre as moléculas de fenol. Essas são apenas algumas das formas de ligação possíveis; no material real, as ligações são aleatórias.

Como isolador elétrico, a baquelita tinha um desempenho superior ao de qualquer outro material. Era mais resistente ao calor que a goma-laca ou qualquer versão de papel impregnado com ela, menos quebradiça que isolantes de cerâmica ou vidro, e tinha uma resistência elétrica melhor que a porcelana ou a mica. A baquelita não reagia com sol, água, maresia ou ozônio e não era em nada afetada por ácidos e solventes. Não rachava, lascava, perdia a cor, desbotava, queimava nem derretia com facilidade.

Em seguida, embora essa não tivesse sido a intenção original de seu inventor, descobriu-se que a baquelita era o material ideal para bolas de bilhar. Sua elasticidade era muito semelhante à do marfim, e as bolas de bilhar feitas com ela, ao colidir, produziam o mesmo clique agradável aos ouvidos que as bolas de marfim, elemento importante do jogo e ausente nas versões de celuloide. Na altura de 1912, praticamente todas as bolas de bilhar, se não eram de marfim, eram de baquelita. Seguiram-se muitas outras aplicações e, dentro de poucos anos, a baquelita estava em toda parte. Aparelhos de telefone, tigelas, agitadores de máquina de lavar, tubos de cachimbo, móveis, peças de automóvel, canetas, pratos, copos, rádios, câmeras, equipamento de cozinha, cabos de facas, escovas, gavetas, acessórios de banheiro e até obras de arte e objetos de decoração — tudo era feito de baquelita. O produto tornou-se conhecido como "o material de mil utilidades" — embora atualmente outras resinas fenólicas tenham suplantado o material marrom original. As resinas produzidas mais tarde eram incolores e podiam ser facilmente tingidas.

Um fenol para o sabor

A criação da baquelita não é o único exemplo em que a molécula de fenol foi a base do desenvolvimento de uma substância artificial para substituir uma substância natural cuja demanda excedera à oferta. A demanda de vanilina superou há muito tempo a oferta disponível da orquídea baunilha. Assim, fabrica-se vanilina sintética a partir de uma fonte surpreendente: o resíduo líquido gerado no tratamento da polpa de madeira com sulfito. O resíduo consiste principalmente em lignina, substância encontrada nas paredes das células de plantas terrestres e entre elas. A lignina contribui para a rigidez das plantas e constitui cerca de 25% do peso seco da madeira. Não é um composto, mas um polímero de ligação cruzada variável de diferentes unidades fenólicas.

A lignina das madeiras brandas tem uma composição diferente daquela das madeiras duras, como mostram as estruturas de seus respectivos blocos constitutivos. A rigidez da madeira, como a da baquelita, depende do grau de ligações cruzadas entre moléculas fenólicas. Os fenóis trissubstituídos, encontrados somente nas madeiras rijas, permitem novas ligações cruzadas, o que explica sua maior rigidez.

Bloco constitutivo da madeira branda
(fenol dissubstituído)

Bloco constitutivo da madeira dura
(fenol trissubstituído)

Ilustra-se a seguir uma estrutura representativa da lignina, mostrando algumas ligações entre essas unidades de blocos constitutivos. As similaridades entre ela e a baquelita de Baekeland são claras.

Parte da estrutura da lignina (à esquerda). As linhas tracejadas indicam a conexão com o resto da molécula. A estrutura da baquelita (à direita) tem também ligações cruzadas entre unidades de fenol.

O círculo no desenho da lignina (a seguir) realça a parte da estrutura que é muito similar à da molécula da vanilina. Quando uma molécula de lignina é quebrada sob condições controladas, pode-se produzir vanilina.

A parte circulada da estrutura da lignina (à esquerda) é muito semelhante à molécula da vanilina (à direita).

A vanilina sintética não é uma reles imitação química da coisa real; é integrada de fato por moléculas puras de vanilina feitas a partir de uma fonte natural; quimicamente, portanto, é igual à vanilina da fava da baunilha. O sabor de baunilha obtido da vagem inteira contém, no entanto, quantidades mínimas de outros compostos que, juntamente com a molécula de vanilina, dão o sabor e o aroma plenos da verdadeira baunilha. O flavorizante artificial de baunilha contém moléculas sintéticas de vanilina numa solução em que o caramelo atua como agente corante.

Por estranho que pareça, há uma conexão química entre a baunilha e a molécula de fenol, encontrada na forma do ácido carbólico. Sob grandes pressões e temperaturas moderadas por um longo tempo, a decomposição de materiais vegetais — inclusive, é claro, da lignina dos tecidos da madeira, bem como da celulose, outro importante componente da vegetação — gera hulha. No processo de aquecer a hulha para obter o importante gás de carvão que serve de combustível para lares e indústrias, obtém-se um líquido preto e viscoso, com um cheiro acre. Trata-se do coltar, a fonte do ácido carbólico usado por Lister. Seu fenol antisséptico era, em última análise, derivado da lignina.

Foi o fenol que permitiu pela primeira vez a cirurgia antisséptica, assegurando que se efetuassem operações sem risco de infecções muitas vezes fatais. O fenol mudou as perspectivas de sobrevivência para milhares de feridos em acidentes. Sem ele e os antissépticos posteriores, os assombrosos feitos cirúrgicos de nossos dias — próteses de quadril, transplantes de órgãos, neurocirurgia e reparos microcirúrgicos — nunca teriam sido possíveis.

Ao investir no papel fotográfico inventado por Baekeland, George Eastman pôde oferecer um filme melhor que, com a introdução, em 1900, de uma câmera muito barata — a Kodak Brownie, que custava um dólar —, transformou a fotografia de uma distração para ricos, num *hobby* acessível a todos. O investimento de Eastman financiou o desenvolvimento — a partir do fenol — do primeiro material verdadeiramente sintético da Idade dos Plásticos, a baquelita, usada para produzir os isoladores exigidos pelo uso generalizado da energia elétrica, fator de peso no mundo industrial moderno.

Os fenóis que acabamos de discutir mudaram nossas vidas de muitas maneiras importantes (cirurgia antisséptica, desenvolvimento dos plásticos, fenóis explosivos) e em muitos detalhes (fatores relacionados à saúde, alimentos condimentados, corantes naturais, baunilha a preços acessíveis). Com tão ampla variedade de estruturas, é provável que os fenóis continuem a moldar a história.

8

Isopreno

Você consegue imaginar como seria o mundo sem pneus para os automóveis, caminhões e aviões? Sem gaxetas e correias de ventilador para nossos motores, elásticos para nossas roupas, solas impermeáveis para nossos sapatos? Que seria de nós sem artigos tão corriqueiros mas tão úteis como elásticos?

A borracha e os produtos dela derivados são tão comuns que tendemos a não parar para pensar o que ela é e de que maneira mudou nossas vidas. Embora a humanidade tivesse conhecimento de sua existência havia séculos, só nos últimos 150 anos a borracha se tornou componente essencial da civilização. A estrutura química da substância lhe confere propriedades únicas, e a manipulação química dessa estrutura produziu uma molécula com que se fizeram fortunas, pela qual se perderam vidas e com a qual países inteiros se transformaram para sempre.

As origens da borracha

Algumas formas de borracha eram conhecidas havia muito tempo em toda a América Central e do Sul. Em geral, o primeiro uso que dela se fez, para fins tanto decorativos quanto práticos, é atribuído a tribos indígenas da bacia Amazônica. Bolas de borracha encontradas num sítio arqueológico mesoamericano próximo de Veracruz, no México, datam de algum momento entre 1600 e 1200 a.C. Em sua segunda viagem ao Novo Mundo, em 1495, Cristóvão Colombo viu, na ilha de Hispaniola, índios brincando com bolas feitas com uma resina vegetal, que quicavam a alturas surpreendentes. "Melhores que as cheias de vento feitas na Espanha", relatou ele, referindo-se presumivelmente às bexigas de animais infladas que os espanhóis utilizavam em jogos de bola.

Colombo levou um pouco desse novo material para a Europa, assim como outros que viajaram para o Novo Mundo depois dele. Mas o látex de borracha continuou pouco conhecido; as amostras tornavam-se pegajosas e malcheirosas quando o tempo estava quente e, nos invernos europeus, duras e quebradiças.

Um francês chamado Charles-Marie de la Condamine foi o primeiro a investigar se poderia haver algum emprego sério para aquela estranha substância. La Condamine — qualificado ora como matemático, ora como geógrafo e astrônomo, bem como *playboy* e aventureiro — havia sido enviado pela Academia Francesa de Ciências para medir um meridiano que passaria pelo Peru, como parte de um esforço para determinar se a Terra era de fato ligeiramente achatada nos polos. Depois de concluir seu trabalho para a Academia, La Condamine aproveitou a oportunidade para explorar a selva sul-americana e retornou a Paris, em 1735, com várias bolas da resina coagulada da árvore da borracha (em inglês, *caoutchouc tree*, a "árvore que chora"). Ele observara os índios omegus do Equador coletando a seiva branca e pegajosa da árvore, que depois defumavam e moldavam numa variedade de formas para fazer vasilhas, bolas, chapéus e botas. Lamentavelmente, as amostras da seiva crua que La Condamine levou consigo, que permaneceu como látex, porque não fora preservada pela ação da fumaça, fermentaram durante a viagem de navio e, ao chegar à Europa, eram uma massa inútil e malcheirosa.

O látex é uma emulsão coloidal, uma suspensão de partículas naturais de borracha na água. Muitas árvores e arbustos tropicais produzem látex, entre elas a *Ficus elastica*, a planta doméstica geralmente chamada "planta da borracha". Em algumas partes do México o látex ainda é coletado da maneira tradicional, de árvores da borracha silvestres da espécie *Castilla elastica*. Todos os exemplares da amplamente distribuída família *Euphorbia* (asclépia ou eufórbia) são produtores de látex, inclusive o conhecido bico-de-papagaio, a *Euphorbia* suculenta, semelhante aos cactos de regiões desérticas; a *Euphorbia* arbustiva, decídua e perene, e a chamada *snow-on-the-mountain*, uma *Euphorbia* norte-americana de crescimento rápido. A *Parthenium argentatum*, ou guayule, um arbusto que cresce no sul dos Estados Unidos e no norte do México, também produz muita borracha natural. Embora não seja tropical nem pertença à família das *Euphorbia*, o humilde dente-de-leão é mais um produtor de borracha. Porém, o maior produtor isolado de borracha natural é um árvore originária da região Amazônica do Brasil, a *Hevea brasiliensis*, ou seringueira.

Cis e trans

A borracha natural é um polímero da molécula de isopreno. Com apenas cinco átomos de carbono, o isopreno é a menor unidade repetitiva entre todos os polímeros naturais, o que faz da borracha o polímero natural mais simples. Os primeiros experimentos químicos com a estrutura da borracha foram realizados pelo grande cientista inglês Michael Faraday. Atualmente considerado mais como físico do que como químico, Faraday se tinha na conta de "filósofo natural", porque as fronteiras entre a química e a física eram menos distintas em seu tempo. Embora seja lembrado principalmente por suas descobertas físicas nos campos da eletricidade, do magnetismo e da óptica, suas contribuições para a química foram substanciais e incluíram o estabelecimento da fórmula química da borracha como um múltiplo de C_5H_8 em 1826.

Por volta de 1835, havia-se demonstrado que o isopreno podia ser destilado da borracha, o que sugeria que era um polímero de C_5H_8 repetitivo de unidades de isopreno. Alguns anos mais tarde, quando o isopreno foi polimerizado numa massa semelhante à borracha, confirmou-se a hipótese. A estrutura da molécula do isopreno é escrita em geral como

com duas ligações duplas em átomos de carbono adjacentes. Mas ocorre rotação livre em torno de qualquer ligação única entre dois átomos de carbono.

Portanto essas duas estruturas — e todas as outras rotações possíveis em torno dessa ligação única — continuam sendo o mesmo composto. A borracha natural forma-se quando moléculas de isopreno se agregam, uma extremidade ligada à outra. Essa *polimerização* na borracha produz as chamadas ligações duplas cis. Uma ligação dupla fornece rigidez a uma molécula, impedindo rotação.

O resultado disso é que a estrutura mostrada abaixo à esquerda, conhecida como a forma cis, não é igual à estrutura à direita, conhecida como forma trans.

Os átomos H estão do mesmo lado do C=C.

Os átomos H não estão do mesmo lado do C=C.

Cis

Trans

No caso da estrutura cis, os dois átomos H (e também os dois grupos CH_3) estão ambos no mesmo lado da ligação dupla, ao passo que na estrutura trans os dois átomos H (e também os dois grupos CH_3) estão em lados diferentes da ligação dupla. Essa diferença aparentemente pequena no modo como os vários grupos e átomos estão arranjados em torno da ligação dupla tem enormes consequências para as propriedades dos diferentes polímeros obtidos a partir da molécula de isopreno. O isopreno é apenas um de muitos compostos orgânicos que têm as formas cis e trans; é comum que estas tenham propriedades muito diferentes.

Veem-se a seguir quatro moléculas de isopreno prontas para se ligarem, extremidade com extremidade, como indicam as setas de duas pontas, para formar a molécula de borracha natural.

No diagrama a seguir, as linhas tracejadas indicam onde continua a cadeia, com a polimerização de outras moléculas de isopreno.

Nova ligação dupla

Borracha natural

Novas ligações duplas se formam quando moléculas de isopreno se combinam; elas são todas cis com respeito à cadeia polimérica, isto é, a cadeia contínua de átomos de carbono que constituem a molécula da borracha está no mesmo lado de cada ligação dupla.

$$\begin{array}{c} CH_3 \quad\quad H \\ \diagdown\;\;\diagup \\ C=C \\ \diagup\;\;\;\diagdown \\ ----CH_2 \quad CH_2---- \end{array}$$

Os carbonos da cadeia contínua estão no mesmo lado desta ligação dupla, portanto esta é uma estrutura cis.

Esse arranjo cis é essencial para a elasticidade da borracha. Mas a polimerização natural da molécula de isopreno nem sempre é cis. Quando o arranjo em torno da ligação dupla no polímero é trans, produz-se um outro polímero natural com propriedades muito diferentes da borracha. Se usarmos a mesma molécula de isopreno, mas girada para a posição que se vê a seguir,

e depois acrescentarmos quatro moléculas como esta, extremidade com extremidade, unindo-se da maneira indicada novamente por setas de pontas duplas, o resultado será o produto trans:

[Estrutura química mostrando a cadeia trans do poli-isopreno, com grupos CH₃ e H em lados opostos das ligações duplas]

A cadeia contínua de carbonos cruza de um lado desta ligação dupla para o outro, portanto esta é uma estrutura trans.

Esse polímero de isopreno trans ocorre naturalmente em duas substâncias, a guta-percha e a balata. A guta-percha é obtida do látex de vários exemplares da família *Sapotaceae*, em particular uma árvore do gênero *Palaquium* nativa da península malásia. Cerca de 80% da guta-percha é o polímero trans de isopreno. A balata, feita do látex semelhante de *Mimusops globosa*, árvore nativa do Panamá e do norte da América do Sul, contém idêntico polímero trans. Tanto a guta-percha quanto a balata podem ser derretidas e moldadas, mas, depois de expostas ao ar por algum tempo, tornam-se duras e de aparência ceratinosa. Como essa mudança não ocorre quando as substâncias são mantidas na água, a guta-percha foi amplamente usada no revestimento de cabos submersos no final do século XIX e início do XX. Foi também empregada na medicina e na odontologia para fazer canas, cateteres e fórceps, como cataplasma para erupções cutâneas e para obturar cavidades em dentes e gengivas.

Provavelmente são os jogadores de golfe que mais apreciam as propriedades peculiares da guta-percha e da balata. A bola de golfe original era de madeira, em geral feita de olmo ou faia. Em algum momento na primeira metade do século XVIII, porém, os escoceses haviam inventado a bola "*feathery*", um invólucro de couro recheado de penas de ganso. Uma *feathery* podia ser lançada duas vezes mais longe que uma bola de madeira, mas ficava encharcada e tinha mau desempenho quando chovia. Além disso, tendiam a se partir e eram cerca de dez vezes mais caras que as de madeira.

Em 1848 foi introduzido a *gutty*. Era feita de guta-percha previamente fervida em água, moldada a mão (ou, mais tarde, em moldes de metal) em forma esférica, e depois deixada ao ar para endurecer. A *gutty* logo se tornou muito apreciada, mas também tinha desvantagens. Como o isômero trans de isopreno tende a ficar duro e quebradiço com o tempo, uma bola de golfe de guta-percha velha podia se fragmentar em pleno ar. As regras do golfe foram modificadas para permitir que se continuasse jogando se isso acontecesse, substituindo-se a bola quebrada por uma nova na posição em que o maior pedaço dela tivesse caído. A partir da observação de que bolas desgastadas ou raiadas tendiam a ir mais longe, as fábricas começaram a vender novas bolas já com estrias, o que acabou levando à bola estriada de hoje. No final do século XIX, o isômero de isopreno cis invadiu também o golfe, quando foi introduzida uma bola com núcleo de guta-percha envolvido em borracha; a cobertura continuou a ser feita de guta-percha. Nas bolas de golfe atuais, vários materiais são utilizados; até hoje muitas delas incluem borracha em sua fabricação. O polímero de isopreno trans, muitas vezes de balata, e não de guta-percha, ainda pode ser encontrando na cobertura das bolas.

Os promotores da borracha

Michael Faraday não foi o único a fazer experimentos com a borracha. Em 1823, Charles Macintosh, um químico de Glasgow, usou nafta (um resíduo dos gasômetros locais) como solvente para converter borracha num revestimento flexível para tecido. Os casacos impermeáveis feitos com esse tecido tratado passaram a ser conhecidos como "*macintoshes*" (ou "*macs*"), nome que se dá até hoje às capas de chuva na Grã-Bretanha. A descoberta de Macintosh levou a um aumento do uso da borracha em motores, mangueiras, botas e galochas, bem como em chapéus e casacos.

Durante um período, no início da década de 1830, os Estados Unidos foram tomados por uma febre da borracha. Mas, apesar de suas qualidades impermeáveis, a popularidade das peças de roupa emborrachadas declinou à medida que as pessoas foram percebendo que, no inverno, elas ficavam duras como ferro e quebradiças, e no verão derretiam, virando uma cola malcheirosa. A febre da borracha acabou quando mal começara e parecia que a substância continuaria sendo uma curiosidade, cujo único uso prático era apagar a escrita a lápis. A palavra *rubber* fora cunhada em 1770 pelo químico inglês Joseph Priestley, que descobrira que um pedacinho da substância podia ser usado para apagar (*rub out*) traços feitos a lápis com melhor efeito que o método do pão úmido utilizado na época. As borrachas para apagar foram comercializadas na

Grã-Bretanha com o nome de "*India rubbers*", o que reforçou a ideia errônea de que a borracha vinha da Índia.

Por volta de 1834, logo depois que a primeira febre da borracha arrefeceu, o inventor e empresário norte-americano Charles Goodyear deu início a uma série de experimentos que desencadearam uma nova e muito mais prolongada febre da borracha no mundo inteiro. Goodyear era melhor como inventor que como empresário. Volta e meia estava atolado em dívidas, abriu falência várias vezes e era do conhecimento geral que se referia às prisões para devedores como seus "hotéis". Ocorreu-lhe a ideia de que misturando um pó seco com a borracha seria possível absorver o excesso de umidade que a tornava tão pegajosa quando fazia calor. Seguindo essa linha de raciocínio, Goodyear tentou misturar várias substâncias com borracha natural. Nada funcionava. Todas as vezes que lhe parecia ter encontrado a fórmula certa, o verão provava que se enganara; botas e roupas impregnadas de borracha amoleciam, tornando-se uma inutilidade fedorenta sempre que a temperatura subia muito. Os vizinhos queixavam-se do cheiro da oficina de Goodyear e seus patrocinadores batiam em retirada, mas ele persistiu.

Uma linha de experimentação, contudo, pareceu realmente oferecer esperança. Quando tratada com ácido nítrico, a borracha se transformava num material aparentemente compacto e macio; tudo que Goodyear queria era que permanecesse assim, a despeito das flutuações da temperatura. Mais uma vez, arranjou financiadores, e estes conseguiram firmar um contrato com o governo para o fornecimento de malas postais emborrachadas. Dessa vez Goodyear estava certo de que teria sucesso. Quando as malas postais ficaram prontas, ele as guardou num cômodo, trancou a porta e viajou com a família para as férias de verão. Ao voltar, viu que as malas haviam derretido e se transformado na conhecida inutilidade informe.

A grande descoberta de Goodyear aconteceu no inverno de 1839, depois que ele fizera experiências com enxofre em pó como agente secante. Acidentalmente, deixou cair um pouco de borracha misturada com enxofre sobre um fogão quente. Sabe-se lá como, foi capaz de reconhecer potencial na massa carbonizada e viscosa que se formou. Agora tinha certeza de que enxofre e calor transformavam a borracha da maneira que tentava descobrir havia muito; não sabia, porém, quanto enxofre nem quanto calor eram necessários. Com a cozinha da família servindo de laboratório, Goodyear levou adiante seus experimentos. Amostras de borracha impregnadas de enxofre foram prensadas entre ferros quentes, assadas no forno, tostadas sobre o fogo, defumadas sobre a chaleira e enterradas sob areia aquecida.

A perseverança de Goodyear finalmente foi recompensada. Após cinco anos, ele finalmente descobriu um processo que produzia resultados uniformes: uma borracha permanentemente rija, elástica e estável, no inverno ou no verão. Mas depois de demonstrar sua capacidade como inventor, Goodyear passou a demonstrar sua incapacidade como homem de negócios. Os royalties que ganhou com suas muitas patentes de borracha foram mínimos. Aqueles para quem vendeu os direitos, no entanto, fizeram fortunas. Embora tenha levado pelo menos 32 casos até a Suprema Corte dos Estados Unidos, Goodyear continuou a ver suas patentes violadas durante toda a vida. Seu coração não estava na comercialização da borracha. Continuava apaixonado pelo que via como infinitas aplicações da substância: dinheiro, joias, velas de barco, tinta, molas de automóvel, instrumentos musicais, pisos, trajes de mergulho e botes salva-vidas de borracha — muitas das quais apareceram posteriormente.

Goodyear foi igualmente inepto com patentes estrangeiras. Enviou uma amostra de sua borracha recém-formulada para a Grã-Bretanha e, com prudência, não revelou nenhum detalhe sobre o processo de vulcanização. Mas Thomas Hancock, um inglês especialista em borracha, percebeu vestígios de enxofre em pó numa das amostras. Quando Goodyear finalmente solicitou a patente britânica, descobriu que Hancock já havia requerido os direitos sobre um processo quase idêntico à vulcanização poucas semanas antes. Recusando uma oferta de metade da patente de Hancock se desistisse de sua reivindicação, Goodyear promoveu uma ação legal e perdeu. Na década de 1850, numa Feira Mundial em Londres e em outra em Paris, pavilhões construídos inteiramente de borracha serviram de mostruário do novo material. Mas Goodyear, incapaz de pagar suas contas depois que a patente e os royalties franceses foram cancelados por causa de um detalhe técnico, mais uma vez passou algum tempo na prisão por dívidas. Por mais estranho que pareça, enquanto estava encarcerado numa prisão na França, foi agraciado com a Cruz da Legião de Honra do país. Presumivelmente o imperador Napoleão III estava condecorando o inventor, e não o empresário, quando concedeu a medalha.

O que faz a borracha esticar?

Goodyear, que não era químico, não tinha ideia da razão pela qual enxofre e calor funcionavam tão bem com a borracha natural. Não conhecia a estrutura do isopreno, não sabia que a borracha natural era seu polímero e que, com o enxofre, ele conseguira a ligação cruzada fundamental entre moléculas de borracha. Quando se adicionava calor, os átomos de enxofre formavam ligações cruzadas que mantinham as longas cadeias das moléculas de borracha na posição devida. Só 17 anos depois da descoberta fortuita de Goodyear — chamada vulcanização em referência ao deus romano do fogo, Vulcano —, o químico inglês Samuel Shrowder Pickles sugeriu que a borracha era um polímero linear de isopreno, e o processo de vulcanização foi finalmente explicado.

As propriedades elásticas da borracha são um resultado direto de sua estrutura química. Cadeias aleatoriamente enroscadas do polímero isopreno, ao serem esticadas, se endireitam e alinham na direção do esticamento. Assim que cessa a força responsável pelo esticamento, as moléculas voltam a se enroscar. As cadeias longas e flexíveis da configuração totalmente cis da molécula da borracha natural não são suficientemente próximas para produzir muitas ligações cruzadas eficazes entre si, e as moléculas alinhadas podem escorregar umas pelas outras quando a substância está sob tensão. Compare isto com os zigue-zagues extremamente regulares do isômero totalmente trans. Essas moléculas podem se unir muito estreitamente, formando ligações cruzadas eficazes que impedem que as cadeias longas deslizem umas pelas outras — o esticamento não é possível. Por isso, a guta-percha e a balata, isoprenos trans, são massas duras, inflexíveis, ao passo que a borracha, o isopreno cis, é um elastômero flexível.

A cadeia isômera cis estendida da molécula de borracha não pode se ajustar estreitamente a uma outra molécula de borracha, por isso ocorrem tão poucas ligações cruzadas. Ao serem esticadas, as moléculas deslizam umas pelas outras.

As cadeias isômeras trans em zigue-zague podem se unir muito estreitamente, permitindo a formação de muitas ligações cruzadas entre moléculas adjacentes. Isso as impede de deslizar; a guta-percha e a balata não esticam.

Ao acrescentar enxofre à borracha natural e aquecer a mistura, Goodyear produziu ligações cruzadas formadas por meio de ligações de enxofre com enxofre; o aquecimento era necessário para ajudar a formação dessas novas ligações. A criação de uma quantidade suficiente dessas ligações dissulfeto permite que as moléculas de borracha permaneçam flexíveis, mas impede que escorreguem umas pelas outras.

Moléculas de borracha com ligações cruzadas dissulfeto (-S-S-) que impedem o deslizamento.

Depois da descoberta de Goodyear, a borracha vulcanizada tornou-se uma das mais importantes mercadorias do mundo e material básico em tempo de guerra. A pequena porcentagem de 0,3% de enxofre é suficiente para alterar o grau de elasticidade da borracha natural, fazendo com que não fique grudenta quando quente, e quebradiça quando fria. A borracha macia usada para fazer elásticos contém cerca de 1 a 3% de enxofre; a borracha feita com 3 a 10% de enxofre tem mais ligações cruzadas, é menos flexível e usada para pneus de veículos. Com mais ligações cruzadas ainda, a borracha se torna rígida demais para ser usada em aplicações que exigem flexibilidade, embora a ebonite — desenvolvida por Nelson, irmão de Goodyear —, um material isolante preto, muito duro, seja borracha vulcanizada com 23 a 35% de enxofre.

A borracha altera a história

A demanda da borracha vulcanizada começou para valer depois que suas possibilidades foram reconhecidas. Muitas árvores tropicais produziam látex semelhante a borracha, mas as florestas pluviais amazônicas detinham o monopólio da espécie *Hevea*. Dentro de muito poucos anos, os chamados barões da borracha acumularam fortunas fabulosas explorando trabalhadores sob contrato temporário, em sua maioria nativos da região da Bacia Amazônica. Embora em geral isso não fosse reconhecido, tratava-se de um sistema de servidão por endividamento muito próximo da escravidão. Depois de admitidos, os trabalhadores recebiam um crédito antecipado para comprar ferramentas e mantimentos do empregador. Como seus salários nunca cobriam inteiramente os custos, a dívida crescia sempre. Os seringueiros trabalhavam desde o nascer do sol sangrando as árvores, coletando o látex, curando a massa coagulante sobre densos fumeiros e transportando bolas sólidas de látex endurecido até cursos d'água onde podiam ser embarcados. Durante a estação chuvosa, de dezembro a junho, quando o látex não coagulava, os seringueiros permaneciam em desoladores acampamentos, vigiados por capatazes brutais que não hesitavam em atirar em quem tentava fugir.

Menos de 1% das árvores na Bacia Amazônica eram seringueiras. As melhores davam apenas cerca de 1,3kg de borracha por ano. Um bom seringueiro podia produzir cerca de 11kg de borracha defumada por dia. As bolas de látex defumado eram levadas de canoa rio abaixo para postos comerciais, até finalmente chegarem à cidade de Manaus, a 1.450km do oceano Atlântico, às margens do rio Negro, 17km acima de sua confluência com o rio Amazonas. Pequena vila ribeirinha tropical, Manaus passou por um crescimento explosivo com base na borracha. Era na cidade que os enormes lucros obtidos pelos barões — cerca de uma centena, principalmente europeus — e a disparidade entre seu estilo de vida luxuoso e as condições miseráveis dos seringueiros que trabalham rio acima tornavam-se mais óbvios. Mansões enormes, carruagens elegantes, lojas de luxo que vendiam toda sorte de mercadorias exóticas, jardins impecáveis e toda espécie de sinais de riqueza e prosperidade podiam ser vistos em Manaus entre 1890 e 1920, auge do monopólio amazônico da borracha. Um imponente teatro lírico apresentava os grandes astros da ópera na Europa e nos Estados Unidos. Em certa época, Manaus chegou mesmo a se distinguir como a cidade em que mais se compravam diamantes no mundo.

Mas a bolha da borracha estava prestes a arrebentar. Já na década de 1870 os britânicos começaram a temer as consequências da contínua derrubada de seringueiras nas florestas tropicais. Era possível obter uma quantidade maior de látex de árvores tombadas, até 45kg, em comparação com o 1,3kg que podia ser extraído sangrando-se uma árvore viva. A árvore *Castilla elastica*, espécie peruana que produzia uma borracha de qualidade inferior, usada no fabrico de utensílios domésticos e brinquedos, ficou ameaçada de extinção por causa dessa prática. Em 1876, um inglês, Henry Alexander Wickham, deixou a Amazônia num navio fretado, levando 70 mil sementes de *Hevea brasiliensis*, a espécie que mais tarde se revelou a mais prolífica fonte de látex de borracha. As florestas amazônicas possuíam 17 espécies diferentes de árvores do gênero *Hevea*, e não se sabe se Wickham tinha conhecimento de que as sementes oleosas que coletara eram da espécie mais promissora, ou se a sorte desempenhou um papel importante na sua escolha. Não se sabe também por que seu navio não foi inspecionado por funcionários brasileiros — talvez porque as autoridades estavam convencidas de que a seringueira não podia crescer em nenhum lugar fora da Bacia Amazônica.

Wickham transportou sua carga com extremo cuidado, tendo embalado as sementes com atenção para evitar que ficassem rançosas ou germinassem. Na manhã de um dia de junho de 1876, ele chegou à casa do eminente botânico Joseph Hooker, curador do Royal Botanical Gardens, situado em Kew, nos arredores de Londres. Construiu-se um viveiro e plantaram-se as sementes de seringueira. Passados poucos dias, algumas começaram a germinar, as precursoras de mais de 1.900 mudas que deveriam ser enviadas para a Ásia — o início de uma outra magnífica dinastia da borracha. As primeiras mudas, encerradas em estufas em miniatura e cuidadosamente cultivadas, foram despachadas para Colombo, no Ceilão (atual Sri Lanka).

Sabia-se muito pouco na época sobre os hábitos de crescimento da seringueira ou sobre como as condições de cultivo na Ásia afetariam a produção de látex. O Kew Gardens estabeleceu um programa de estudos científicos intensivos de todos os aspectos do cultivo de *Hevea brasiliensis* e descobriu que, ao contrário do que em geral se acreditava, se podia sangrar diariamente árvores bem cuidadas para extrair látex. As plantas cultivadas começavam a produzir a partir de quatro anos, contrariando a crença anterior de que árvores silvestres só podiam ser sangradas quando tinham cerca de 25 anos.

As duas primeiras plantações de seringueiras foram feitas em Selangor, no oeste da Malásia. Em 1896, chegou a Londres o primeiro carregamento da borracha malaia, clara e cor de âmbar. Os holandeses logo estabeleceram plantações em Java e Sumatra, e em 1907 os britânicos tinham cerca de dez milhões de seringueiras plantadas em fileiras ordenadas que se espalhavam sobre cerca de 1.200km^2 na Malásia e no Ceilão. Milhares de trabalhadores foram importados, chineses para a Malásia e tâmeis para o Ceilão, para compor a força de trabalho necessária ao cultivo da borracha natural.

A África também foi afetada pela demanda de borracha, em particular o Congo, na região central do continente. Durante a década de 1880, o rei Leopoldo da Bélgica, considerando que os britânicos, franceses, alemães, portugueses e italianos já haviam repartido entre si grande parte do oeste, sul e leste do continente africano, colonizou áreas da menos cobiçada África Central, cuja população fora reduzida pelo tráfico escravista ao longo de séculos. O comércio de marfim no século XIX teve efeito igualmente devastador, destruindo modos de vida tradicionais. Um método favorito dos comerciantes de marfim consistia em capturar nativos, exigir marfim para libertá-los e obrigar aldeias inteiras a empreender perigosas expedições de caça ao elefante para salvar seus parentes. À medida que o marfim foi escasseando e o preço mundial da borracha se elevava, os comerciantes passaram a exigir, como resgate, a borracha vermelha extraída de uma planta trepadeira silvestre* que crescia nas florestas da bacia do Congo.

Leopoldo usou o comércio da borracha para financiar o primeiro governo colonial formal na África Central. Arrendou enormes tratos de terra a companhias comerciais como a anglo-belga India Rubber Company e a Antwerp Company. O lucro proporcionado pela borracha dependia do volume produzido. A coleta da seiva tornou-se compulsória para os congoleses, e forças militares foram usadas para convencê-los a abandonar seu meio de vida costumeiro, a agricultura, para coletar borracha. Aldeias inteiras se escondiam dos belgas para evitar a escravização. Punições cruéis eram comuns; os que não coletavam borracha suficiente podiam ter as mãos cortadas com facão. Apesar de algum protesto humanitário contra o regime de Leopoldo, outras nações colonizadoras permitiam que arrendatários de concessões de borracha em seus territórios usassem trabalho forçado em grande escala.

A história altera a borracha

Ao contrário de outras moléculas, a borracha foi tão mudada pela história quanto a mudou. Hoje a palavra *borracha* aplica-se a uma variedade de estruturas polímeras cujo desenvolvimento foi acelerado por eventos ocorridos no século XX. A oferta da borracha natural cultivada em plantações superou rapidamente a daquela proveniente das florestas pluviais amazônicas; por volta de 1932, 98% da borracha vinha das plantações do sudeste da Ásia. A dependência dessa fonte era uma grande preocupação para o governo dos Estados Unidos, pois — apesar de um programa de estocagem de borracha — a crescente industrialização do país e o setor de transportes requeriam uma quantidade muito maior do produto. Depois que o ataque japonês a Pearl Harbor, em dezembro de 1941,

---

* Do gênero *Landolphia*. (N.T.)

obrigou os Estados Unidos a entrarem na Segunda Guerra Mundial, o presidente Franklin Delano Roosevelt designou uma comissão especial para investigar soluções propostas para a escassez de borracha que ameaçava o país em guerra. A comissão concluiu que, "se não assegurarmos rapidamente um farto abastecimento de borracha, tanto nosso esforço de guerra quanto nossa economia interna fracassarão". A ideia de extrair borrachas naturais de uma variedade de plantas que cresciam em diferentes estados, como a *rabbit brush*, na Califórnia, e dentes-de-leão, em Minnesota, foi descartada. Embora a Rússia realmente tenha usado seus dentes-de-leão nativos como fonte emergencial de borracha durante a guerra, a comissão de Roosevelt julgou que a produção de látex a partir dessas fontes seria pequena e de qualidade duvidosa. A única solução duradoura, pensavam os membros da comissão, seria a fabricação de borracha sintética.

Até então, as tentativas de fazer borracha sintética a partir da polimerização do isopreno haviam malogrado. O problema eram as ligações duplas cis da borracha. Quando a borracha natural é produzida, enzimas controlam o processo de polimerização para que as ligações duplas sejam cis. Como não se dispunha de nenhum controle semelhante para o processo sintético, o resultado era um produto em que as ligações duplas eram uma mistura aleatoriamente arranjada de ambas as formas, cis e trans.

Já se sabia que um polímero de isopreno variável semelhante ocorria naturalmente no látex extraído da árvore sul-americana sapoti (*Achras sapota*). Conhecido como "*chicle*", era usado havia muito para fazer goma de mascar. Ao que parece, a goma de mascar é um produto antigo; pedaços de resina de árvore mascados foram desenterrados junto com artefatos pré-históricos. Os gregos antigos costumavam mascar almécega, a resina da aroeira-da-praia, ou lentisco, um arbusto encontrado em partes do Oriente Médio, Turquia e Grécia, onde continua mascado até hoje. Na Nova Inglaterra, índios locais mascavam a seiva endurecida da pícea, hábito adotado pelos colonos europeus. A goma da pícea tinha um sabor característico e muito forte. Mas, como frequentemente continha impurezas de difícil remoção, uma goma feita de cera de parafina ganhou a preferência dos colonos.

O *chicle*, mascado pelos maias do México, da Guatemala e Belize durante pelo menos mil anos, foi introduzido nos Estados Unidos pelo general Antonio López de Santa Anna, conquistador do Álamo. Por volta de 1855, como presidente do México, Santa Anna firmou acordos pelos quais o México abria mão de todos os territórios ao norte do rio Grande; em consequência, foi deposto e exilado de sua pátria. Sua esperança era de que a venda de *chicle* — como substituto do látex da borracha — a grupos norte-americanos que exploravam a borracha lhe permitisse formar uma milícia e retomar a presidência do México. Não contava, porém, com as ligações duplas aleatórias cis e trans do *chicle*. Apesar dos muitos esforços de Santa Anna e seu sócio, o fotógrafo e inventor Thomas Adams, não lhes foi possível vulcanizar a goma *chicle* para fazer um substituto aceitável da borracha. Tampouco conseguiram misturá-la proveitosamente com a borracha. O *chicle* parecia não ter nenhum valor comercial até que Adams viu uma criança comprando um *penny* de goma de mascar de parafina numa drogaria e se lembrou de que os nativos do México mascavam *chicle* havia séculos. Concluiu que essa poderia ser a solução para a provisão de *chicle* que armazenara. A goma de mascar baseada no *chicle*, adoçada com açúcar pulverizado e com diversos sabores, logo se tornou a base de uma florescente indústria.

Embora tenha sido enviada para os soldados durante a Segunda Guerra Mundial para manter os homens em alerta, a goma de mascar não podia ser propriamente considerada um material estratégico em tempo de guerra. Como os procedimentos experimentais desenvolvidos para fazer borracha a partir de isopreno haviam produzido apenas polímeros semelhantes ao chiclete, continuava necessário desenvolver uma borracha artificial feita de materiais que não o isopreno. Ironicamente, a tecnologia para o processo que tornou isso possível veio da Alemanha. Durante a Primeira Guerra Mundial, o abastecimento de borracha natural proveniente do sudeste da Ásia havia sofrido um bloqueio dos aliados. Em resposta, as grandes companhias químicas alemãs desenvolveram uma série de produtos semelhantes à borracha, o melhor dos quais foi a borracha de estireno butadieno (SBR, de *styrene butadiene rubber*), cujas propriedades se assemelhavam muito às da borracha natural.

O estireno foi isolado pela primeira vez no final do século XVIII, a partir do estoraque, a goma-resina adocicada da árvore oriental liquidâmber, *Liquidambar orientalis*, nativa do sudoeste da Turquia. Depois de alguns meses, notou-se que o estireno extraído se tornava gelatinoso, o que indicava que sua polimerização estava começando.

Estireno → polimerização → Poliestireno

Hoje esse polímero, conhecido como *poliestireno*, é usado para filmes plásticos, materiais de embalagem e recipientes de isopor. O estireno — preparado sinteticamente desde os idos de 1866 — e o butadieno foram os materiais usados pela companhia química alemã IG Farben na fabricação da borracha artificial. A proporção de butadieno ($CH_2=CH-CH=CH_2$) para estireno no SBR é de cerca de três para um; embora a proporção exata e a estrutura sejam variáveis, acredita-se que as ligações duplas são aleatoriamente cis ou trans.

$$\underbrace{CH_2-CH=CH-CH_2}_{\text{Butadieno}}-\underbrace{CH_2-CH=CH-CH_2}_{\text{Butadieno}}-\underbrace{CH_2-CH-CH_2}_{\text{Estireno}}-\underbrace{CH_2-CH=CH-CH_2}_{\text{Butadieno}}$$

Estrutura parcial da borracha de estireno butadieno (SBR), também conhecida como "government rubber styrene" (GR-S) ou Buna-S. O SBR pode ser vulcanizado com enxofre.

Em 1929 a Standard Oil Company de Nova Jersey formou uma parceria com a IG Farben para compartilhar processos relacionados com petróleo sintético. Parte do acordo especificava que a Standard Oil teria acesso a certas patentes da IG Farben, entre as quais a do processo do SBR. A IG Farben não estava obrigada, no entanto, a partilhar os detalhes técnicos desse processo, e em 1938 o governo nazista informou à companhia que devia ser negada aos Estados Unidos toda e qualquer informação sobre a tecnologia avançada de fabricação da borracha que a Alemanha detivesse.

A IG acabou por ceder a patente do SBR para a Standard Oil, convencida de que ela não continha informação técnica suficiente para permitir aos norte-americanos usá-la para fabricar a própria borracha. Esse julgamento, porém, provou-se errado. A indústria química dos Estados Unidos mobilizou-se, e rapidamente desenvolveu-se um processo de fabricação de SBR. Em 1941 a produção norte-americana de borracha sintética era de apenas 8 mil toneladas, mas em 1945 já chegara a mais de 800 mil toneladas, proporção significativa do consumo total de borracha do país. A produção de quantidades gigantescas de borracha em tão curto período de tempo foi qualificada como a segunda maior façanha da engenharia (e da química) no século XX, depois da construção da bomba atômica. Nas décadas seguintes, outras borrachas sintéticas (neopreno, borracha de butil e Buna-N) foram criadas. O significado da palavra *borracha* passou a incluir polímeros feitos a partir de outros materiais que não o isopreno, mas com propriedades estreitamente relacionadas às da borracha natural.

Em 1953, Karl Ziegler, na Alemanha, e Giulio Natta, na Itália, aperfeiçoaram ainda mais a produção de borracha sintética. Ziegler e Natta desenvolveram, de modo independente, sistemas que produziam ligações duplas cis ou trans de acordo com o catalisador particular utilizado. Tornou-se então possível fazer borracha natural sinteticamente. Os chamados catalisadores Ziegler-Natta, que valeram a seus descobridores o Prêmio Nobel de Química de 1963, revolucionaram a indústria química ao permitir a síntese de polímeros cujas propriedades podiam ser precisamente controladas. Dessa maneira, foi possível fazer polímeros de borracha mais flexíveis, fortes, duráveis, rígidos, menos sujeitos à ação de solventes ou de luz ultravioleta, com menor propensão a rachaduras e mais resistentes ao calor e ao frio.

Nosso mundo foi moldado pela borracha. A coleta de matéria-prima para a fabricação de produtos de borracha teve enorme impacto sobre a sociedade e o ambiente. A derrubada de seringueiras na Bacia Amazônica, por exemplo, foi apenas um episódio na exploração dos recursos das florestas pluviais tropicais e de destruição sem igual de um ambiente. O vergonhoso tratamento dado às populações indígenas da área não mudou; hoje, prospectores e agricultores de subsistência continuam a invadir terras que pertencem tradicionalmente aos descendentes dos povos nativos que coletavam látex. A colonização brutal do Congo Belga deixou uma herança de instabilidade, violência e lutas que ainda continua muito presente na região em nossos dias. As migrações em massa de trabalhadores para as plantações de borracha da Ásia mais de um século atrás continuam a afetar a formação étnica, cultural e política da Malásia e do Sri Lanka.

Nosso mundo continua sendo moldado pela borracha. Sem ela as enormes mudanças trazidas pela mecanização não teriam sido possíveis. A mecanização exige componentes essenciais de borracha natural ou feita pelo homem para máquinas — correias, gaxetas, juntas, válvulas, anéis de vedação, arruelas, pneus, vedações hidráulicas e inúmeros outros. O transporte mecanizado — carros, caminhões, navios, trens, aviões — mudou o modo como pessoas e bens são transportados. A mecanização da indústria mudou os serviços que fazemos e o modo como os fazemos. A mecanização da agricultura permitiu o crescimento das cidades e transformou nossa sociedade rural em urbana. A borracha desempenhou um papel essencial em todos esses eventos.

Nossa exploração de mundos futuros talvez seja moldada pela borracha, uma vez que esse material — parte essencial de estações, trajes, foguetes e ônibus espaciais — nos permite hoje explorar mundos além do nosso. Mas nossa incapacidade de levar seriamente em conta as propriedades da borracha conhecidas há muito já limitou nosso impulso rumo às estrelas. Apesar do sofisticado conhecimento que a NASA possui da tecnologia do polímero, a falta de resistência da borracha ao frio — característica que Condamine, Macintosh e Goodyear já conheciam — condenou o ônibus espacial *Challenger*, numa fria manhã de janeiro de 1986. A temperatura no momento do lançamento era de 2°C, nove graus abaixo da temperatura mais fria em lançamentos anteriores. No foguete de propulsão da popa, a junta de vedação de borracha à sombra, no lado protegido contra o sol, estava provavelmente a -2°C. Nesse frio, deve ter perdido sua elasticidade normal e, não retornando à sua devida forma, avariou um lacre de pressão. O vazamento do gás da combustão daí resultante causou uma explosão que tirou a vida dos sete astronautas da *Challenger*. Esse é um exemplo muito recente do que poderíamos chamar agora de fator dos botões de Napoleão: a desconsideração de uma propriedade molecular conhecida ser responsável por uma grande tragédia — "*E tudo por falta de um anel de vedação!*"

9

Corantes

Os corantes tingem nossas roupas, nossos móveis, acessórios, colorem até nosso cabelo. Apesar disso, mesmo quando pedimos uma nuance diferente, um matiz mais vivo ou um tom mais forte, raramente paramos para pensar na variedade de compostos que nos permitem satisfazer nossa paixão por cores. As tintas e as matérias corantes são compostas de moléculas naturais ou feitas pelo homem cujas origens remontam a milhares de anos atrás. A descoberta e a utilização dos corantes levou à criação e expansão das maiores companhias químicas hoje existentes no mundo.

A extração e o preparo de matérias corantes, mencionados na literatura chinesa em tempos que remontam a 3000 a.C., talvez tenham sido as primeiras tentativas humanas de praticar a química. As tinturas mais antigas eram obtidas principalmente das plantas: de suas raízes, folhas, cascas ou bagas. Os processos de extração eram bem estabelecidos e com frequência bastante complexos. A maior parte das substâncias não se fixava de modo permanente em fibras não tratadas; era preciso primeiro preparar os tecidos com mordentes, compostos que ajudavam a fixar a cor na fibra. Embora as primeiras tinturas fossem objeto de grande demanda e muito valiosas, seu uso envolvia inúmeros problemas. Frequentemente era difícil obtê-las, sua variedade era limitada e as cores ou não eram fortes ou desbotavam rapidamente, tornando-se foscas e turvas à luz do sol. As primeiras tinturas poucas vezes eram firmes, e os tecidos desbotavam a cada lavagem.

As cores primárias

O azul, em particular, era uma cor muito requisitada. Comparados ao vermelho e ao amarelo, os tons de azul não são comuns em plantas; uma delas, porém, a

Indigofera tinctoria, da família das leguminosas, era conhecida como farta fonte da matéria corante azul índigo. Assim denominada pelo famoso botânico sueco Lineu, a *Indigofera tinctoria* alcança até 1,80m de altura tanto no clima tropical quanto no subtropical. O índigo, ou anil, é produzido também em regiões mais temperadas a partir de *Isatis tinctoria*, uma das mais antigas plantas corantes da Europa e da Ásia, conhecida como *woad* na Grã-Bretanha e *pastel* na França.* Consta que 700 anos atrás, em suas viagens, Marco Polo viu o índigo usado no vale do Indo, daí o nome que deu à planta. Mas o índigo era comum também em muitas outras partes do mundo, inclusive no sudeste da Ásia e na África, muito antes do tempo de Marco Polo.

As folhas frescas das plantas que produzem o índigo não parecem azuis. Mas depois de fermentadas sob condições alcalinas e em seguida oxidadas, a cor azul aparece. Esse processo foi descoberto por muitas culturas em todo o mundo, possivelmente depois que folhas da planta foram acidentalmente ensopadas de urina ou cobertas com cinzas e depois deixadas para fermentar. Nessas circunstâncias, as condições necessárias para a produção da intensa cor azul do índigo estariam presentes.

O composto precursor do índigo, encontrado em todas as plantas que o produzem, é a *indicã*, molécula que contém uma unidade de glicose associada. A própria indicã é incolor, mas sua fermentação sob condições alcalinas rompe a unidade de glicose para produzir a molécula de indoxol. Este reage com o oxigênio do ar para produzir o índigo de cor azul (ou a indigotina, como os químicos chamam essa molécula).

Indicã (sem cor) → fermentação na base → Indoxol (sem cor) → oxidação no ar → Índigo ou indigotina (azul)

O índigo era uma substância muito valiosa, mas a matéria corante antiga mais cara era uma molécula muito semelhante a ele, conhecida como púrpura de Tiro. Em algumas culturas, o uso da cor púrpura era restringido por lei ao rei ou imperador, daí o outro nome desse corante — púrpura real — e a expressão

---

* Em português é chamada pastel-dos-tintureiros; as plantas do gênero *Isatis* em geral são chamadas ísatis. (N.T.)

"nascido para a púrpura", indicando uma árvore genealógica aristocrática. Até hoje a púrpura é vista como uma cor imperial, um símbolo de realeza. Mencionada em textos datados de cerca de 1600 a.C., a púrpura de Tiro é o derivado dibromo do índigo, ou dibromoíndigo, isto é, uma molécula de índigo que contém dois átomos de bromo. A púrpura de Tiro era obtida de um muco opaco secretado por várias espécies de moluscos marinhos, em geral do gênero *Murex*. O composto secretado pelo molusco está, como na planta índigo, associado a uma unidade de glicose. A cor brilhante da púrpura de Tiro só se revela pela oxidação no ar.

Composto secretado pelo molusco (molécula de bromoindicã)

Púrpura de Tiro (molécula de dibromoíndigo)

O bromo é raramente encontrado em plantas ou animais terrestres, mas como está presente, em grande quantidade, assim como o cloro e o iodo, na água do mar, não é tão surpreendente encontrá-lo incorporado em compostos provenientes de fontes marinhas. O que talvez surpreenda é a semelhança entre essas duas moléculas, dadas as suas fontes muito diferentes — isto é, vegetal, no caso do índigo, e animal, no da púrpura de Tiro.

A mitologia atribui a descoberta da púrpura de Tiro ao herói grego Hércules, que teria observado que a boca de seu cão ficara manchada de uma cor púrpura intensa quando o animal mastigou alguns moluscos. Acredita-se que a fabricação da tintura começou na cidade portuária de Tiro (hoje parte do Líbano), no Mediterrâneo, durante o Império Fenício. Estima-se que nove mil moluscos eram necessários para produzir um grama de púrpura de Tiro. Até hoje montes de conchas de moluscos *Murex brandaris* e *Purpura haemastoma* podem ser encontrados nas praias de Tiro e Sídon, outra cidade fenícia envolvida no comércio de tinturas na Antiguidade.

Para obter a matéria corante, trabalhadores quebravam a concha desses moluscos e, usando uma faca afiada, extraíam uma pequena glândula semelhante a uma veia. O tecido era saturado com uma solução tratada, obtida dessa glândula, depois exposto ao ar para que a cor se revelasse. Inicialmente a tintura conferia ao tecido um tom amarelado claro, depois ele ficava gradualmente azul e finalmente chegava a um púrpura intenso. A púrpura de Tiro coloria as túnicas dos senadores romanos, dos faraós egípcios, da nobreza e da realeza europeia. Era tão procurada que antes de 400 d.C. as espécies de moluscos que a produziam já estavam ameaçadas de extinção.

O índigo e a púrpura de Tiro foram fabricados por esses métodos intensivos de mão de obra durante séculos. Só perto do final do século XIX uma forma sintética de índigo tornou-se disponível. Em 1865, o químico alemão Johann Friedrich Wilhelm Adolf von Baeyer começou a investigar a estrutura do índigo. Em 1880 já havia descoberto uma maneira de fazê-lo em seu laboratório a partir de materiais facilmente obtidos. Passaram-se mais 17 anos, contudo, antes que o índigo sintético, preparado por um processo diferente e vendido pela companhia química alemã Badische Anilin und Soda Fabrik (BASF), se tornasse comercialmente viável.

A primeira síntese do índigo feita por Baeyer exigia sete reações químicas distintas.

Esse foi o início do declínio da grande indústria de índigo natural, uma mudança que alterou o modo de vida de milhares de pessoas, cujo sustento dependia do cultivo e da extração dessa substância. Atualmente uma produção anual de mais de 14 mil toneladas faz do índigo sintético uma importante tintura industrial. Embora notoriamente (como o composto natural) não tenha boa fixação, é usada sobretudo para tingir jeans, caso em que a moda transforma o defeito em vantagem. Milhões de tipos de jeans são fabricados atualmente com zuarte tingido de índigo e previamente desbotado. A púrpura de Tiro, o derivado dibromoíndigo, também foi produzida sinteticamente por meio de um processo semelhante ao da síntese do índigo, embora outras tinturas púrpura a tenham superado.

As tinturas são compostos orgânicos coloridos incorporados às fibras têxteis. A estrutura molecular desses compostos permite a absorção de certos comprimentos de onda de luz do espectro visível. A cor real da tintura que vemos depende dos comprimentos de onda da luz visível que é refletida de volta, em vez de ser absorvida. Se todos os comprimentos de onda forem absorvidos, nenhuma luz será refletida, e o tecido tingido terá aos nossos olhos a cor preta; se nenhum comprimento de onda for absorvido, toda a luz é refletida, e veremos o tecido como branco. Se somente os comprimentos de onda de luz vermelha forem absorvidos, a luz refletida terá a cor complementar verde. A relação entre o comprimento de onda absorvido e a estrutura química da molécula é muito semelhante à absorção de raios ultravioletas por protetores solares — isto é, depende da presença de ligações duplas em alternância com ligações simples. Mas, para que o comprimento de onda absorvido esteja na amplitude visível, e não na região ultravioleta, deve haver um maior número dessas ligações alternadas duplas e simples. Isso é mostrado pela molécula de β-caroteno, responsável pela cor laranja da cenoura e da abóbora.

β-caroteno (cor de laranja)

Essas ligações duplas e simples alternadas, como no caso do caroteno, são chamadas de *conjugadas*. O β-caroteno tem 11 dessas ligações duplas conjugadas. A conjugação pode ser estendida, e o comprimento da luz absorvida alterado, quando átomos como oxigênio, nitrogênio, enxofre, bromo ou cloro também fazem parte do sistema alternante.

A molécula indicã, do índigo e das plantas ísatis, tem alguma conjugação, mas não o suficiente para produzir cor. A molécula do índigo, no entanto, tem duas vezes mais ligações simples e duplas que o indicã, e possui também átomos de oxigênio como parte da combinação de conjugação. Portanto, tem o suficiente para absorver luz do espectro visível, razão por que o índigo é intensamente colorido.

Indicã (sem cor)

Índigo (azul)

Afora as tinturas orgânicas, os minerais finamente moídos e outros compostos inorgânicos também foram usados desde a Antiguidade para criar cor. Mas embora a cor desses *pigmentos* — encontrados em desenhos feitos em cavernas, decorações de túmulos, pinturas murais e afrescos — também se deva à absorção de certos comprimentos de onda, ela nada tem a ver com ligações duplas conjugadas.

Os dois corantes antigos comumente usados para tons de vermelho têm fontes diferentes, mas estruturas químicas surpreendentemente parecidas. O primeiro deles vem da raiz da planta garança. Pertencente à família *Rubiaceae*, a garança contém uma matéria corante chamada alizarina. Provavelmente a alizarina foi usada em primeiro lugar na Índia, mas também era conhecida na Pérsia e no Egito muito antes que gregos e romanos a utilizassem. Trata-se de uma matéria corante mordente, isto é, que exige o uso de uma outra substância — um íon de metal — para fixar a cor ao tecido. Diferentes cores podem ser obtidas tratando-se primeiro o tecido com diversas soluções mordentes de sal de metal. O íon de alumínio, como mordente, produz um vermelho intenso, ligeiramente azulado; um mordente de magnésio produz uma cor violeta; cromo, um violeta acastanhado; e cálcio, uma cor púrpura avermelhada. O vermelho vivo obtido quando o mordente inclui íons de alumínio e cálcio ao mesmo tempo podia ser produzido usando-se argila com raiz de garança seca, esmagada e pulverizada no processo de tingimento. Foi esta, provavelmente, a combinação corante/mordente usada por Alexandre Magno em 320 a.C., num estratagema de atrair o inimigo para uma batalha desnecessária. Alexandre ordenou a seus soldados que tingissem os uniformes com grandes manchas de uma tintura vermelho-sangue. O exército da Pérsia, supondo que investia contra sobreviventes feridos, esperava pouca resistência e foi facilmente derrotado pelos soldados de Alexandre, que estavam em menor número — e, se a história for verdadeira, pela molécula de alizarina.

As tinturas há muito estão associadas às fardas militares. Os casacos azuis fornecidos pela França aos norte-americanos durante a Revolução da Independência eram tingidos com índigo. O exército francês usava uma tintura de alizarina vermelho-alaranjado, conhecida como "vermelho-turco", porque a garança fora cultivada durante séculos do Mediterrâneo oriental, embora provavelmente tenha se originado na Índia e passado gradualmente, através da Pérsia e da Síria, até a Turquia. A garança foi introduzida na França em 1766, e no final do século XVIII havia se tornado uma das mais importantes fontes de riqueza do país. É possível que os subsídios do governo à indústria tenham começado com a indústria das tinturas. O rei Luís Filipe ordenou que os soldados do exército francês usassem calças tingidas de "vermelho-turco". Bem mais de cem anos antes, o rei Jaime II da Inglaterra havia proibido a exportação de tecidos não tingidos para proteger os tintureiros ingleses.

O processo de tingimento com corantes naturais nem sempre produzia resultados uniformes, e com frequência era laborioso e demorado. Mas o vermelho-alaranjado, ou "vermelho-turco", quando obtido, era uma cor viva e bonita, com excelente fixação. A química do processo não era compreendida, e algumas das operações envolvidas parecem esquisitas aos nossos olhos, e provavelmente eram desnecessárias. Dos dez passos registrados nos manuais dos tintureiros da época, muitos são realizados mais de uma vez. Em diferentes estágios, o tecido ou o fio era fervido em potassa e numa solução de sabão; isso era misturado a azeite de oliva e um pouco de giz, que serviam como mordentes; depois o tecido ou o fio era tratado com esterco de carneiro, material de curtimento e um sal de estanho; por fim, além de tingido com garança, era posto para enxaguar de um dia para outro em água de rio.

Hoje conhecemos a estrutura da molécula da alizarina, responsável pela cor vermelho-alaranjado e outros tons obtidos a partir da garança. A alizarina é um derivado da antraquinona, composto de que derivam várias matérias corantes que ocorrem na natureza. Mais de 50 compostos baseados na antraquinona foram encontrados em insetos, plantas, fungos e líquens. Como no caso do índigo, a substância original, a antraquinona, não é colorida. Mas os dois grupos OH do lado direito do anel na alizarina, combinados com ligações duplas e simples alternadas no resto da molécula, fornecem conjugação suficiente para que a alizarina absorva luz visível.

Antraquinona (sem cor)   Alizarina (vermelha)

Os grupos OH são mais importantes para a produção de cor nesses compostos que o número de anéis. Isso se verifica igualmente em compostos derivados da naftoquinona, uma molécula com dois anéis em vez dos três que a antraquinona possui.

Naftoquinona
(sem cor)

Juglona (nogueiras)
(castanho)

Lawsona (hena)
(laranja avermelhado)

A molécula de naftoquinona não tem cor; entre seus derivados coloridos estão a *juglona*, encontrada na nogueira, e *lawsona*, a matéria corante da hena indiana, a *Lawsonia inermis* (usada durante séculos para tingir o cabelo e a pele). As naftoquinonas coloridas podem ter mais que um grupo OH, como no equinocromo, um pigmento vermelho encontrado nas bolachas-da-praia e nos ouriços-do-mar.

Equinocromo (vermelho)

Outro derivado da antraquinona, quimicamente semelhante à alizarina, é o ácido carmínico, a principal molécula corante da cochonilha, o outro corante vermelho usado desde a Antiguidade. Obtido dos corpos esmagados do besouro cochonilha-do-carmim, *Dactylopius coccus*, o ácido carmínico possui numerosos grupos OH.

Ácido carmínico (escarlate)

A cochonilha foi um corante do Novo Mundo, usado pelos astecas muito antes da chegada do conquistador espanhol Hernán Cortés em 1519. Cortés introduziu o besouro na Europa, mas sua fonte foi mantida em segredo até o século XVIII, para proteger o monopólio espanhol sobre esse precioso corante escarlate. Mais tarde, os soldados britânicos passaram a ser conhecidos como os "casacos vermelhos" por causa de seus paletós tingidos com cochonilha. Contratos feitos com tintureiros ingleses para a produção de tecidos dessa cor característica ainda estavam em vigor no início do século XX. Presumivelmente esse foi mais um exemplo de apoio do governo à indústria de tinturas, porque na época as colônias britânicas nas Índias Ocidentais eram grandes produtoras de cochinilha.

A cochonilha, também chamada carmim, era cara. Eram necessários cerca de 70 mil corpos de inseto para produzir menos de meio quilo do corante. Os pequenos besouros secos lembravam um pouco grãos, por isso o nome "grãos de escarlate" era muitas vezes aplicado ao conteúdo das sacas de matéria-prima enviadas das plantações de cactos das regiões tropicais do México e das Américas Central e do Sul para extração na Espanha. Hoje o maior produtor do corante é o Peru, com cerca de 400 toneladas anuais, mais ou menos 85% da produção mundial.

Os astecas não foram o único povo a usar extratos de inseto como corantes. Os egípcios antigos tingiam suas roupas (e as mulheres, seus lábios) com um suco vermelho espremido do corpo do inseto quermes (*Coccus ilicis*). O pigmento vermelho assim obtido é sobretudo ácido quermésico, com uma molécula extraordinariamente semelhante à do ácido carmínico da cochinilha do Novo Mundo. Ao contrário do ácido carmínico, porém, o ácido quermésico nunca se tornou de uso generalizado.

Ácido carmínico (escarlate)   Ácido quermésico (vermelho vivo)

Embora o ácido quermésico, a cochinilha e a púrpura de Tiro fossem derivados de animais, eram as plantas que forneciam a maior parte das matérias corantes para os tintureiros. O azul do índigo e das ísatis e o vermelho da garança eram os mais comumente usados. A terceira cor primária restante era um alaranjado vivo feito do açafrão, *Crocus sativus*. O açafrão é obtido de estigmas de flores, a parte que capta pólen para o ovário. Nativa do Mediterrâneo Oriental, essa espécie de açafrão foi usada pela antiga civilização minoana de Creta pelo menos desde 1900 a.C. Era também abundante em todo o Oriente Médio e foi usada nos tempos romanos como condimento, remédio e perfume, além de fornecer o corante.

Depois de se espalhar pela Europa, o cultivo de açafrão declinou durante a Revolução Industrial, por duas razões. Primeiro, os três estigmas de cada flor colhida a mão tinham de ser removidos um a um. Era um processo que exigia muita mão de obra, e grande parte dos operários, nessa época, se mudara para as cidades para trabalhar em fábricas. A segunda razão foi química. Embora o açafrão produzisse um tom vivo e belo, em especial quando aplicado à lã, a cor não se fixava particularmente bem. Quando se desenvolveram as tinturas feitas pelo homem, a outrora grande indústria do açafrão desapareceu.

O açafrão continua cultivado na Espanha, onde cada flor ainda é colhida a mão da maneira tradicional e no momento tradicional, logo após o nascer do sol. Atualmente, a maior parte da colheita é usada para dar sabor e colorido à comida em pratos tradicionais como a *paella* espanhola e a *bouillabaise* francesa. Por causa da maneira como é colhido, o açafrão é hoje o mais caro condimento do mundo; para produzir apenas 30g, são necessários 13 mil estigmas.

A molécula responsável pelo alaranjado característico do açafrão é conhecida como *crocetina*, e sua estrutura lembra a da cor laranja do betacaroteno, ambas com a mesma cadeia de sete ligações duplas alternadas, indicadas no diagrama pelas chaves.

Crocetina cor de açafrão   Betacaroteno cor de cenoura

Embora a arte de tingir tenha certamente começado como um ofício caseiro, e na verdade continue a sê-lo em alguma medida até hoje, o tingimento foi registrado como empreitada comercial por milhares de anos. Um papiro egípcio de 236 a.C. traz uma descrição de tintureiros — "fedendo a peixe, com olhos cansados e mãos que trabalhavam incessantemente". Guildas de tintureiros estavam bem estabelecidas nos tempos medievais, e a indústria floresceu juntamente com o comércio da lã no norte da Europa e a produção da seda na Itália e na

França. O índigo, cultivado com trabalho escravo, foi um importante produto de exportação em partes do sul dos Estados Unidos durante o século XVIII. À medida que o algodão se tornou uma mercadoria importante na Inglaterra, também cresceu muito a demanda de tintureiros.

Corantes sintéticos

A partir do final do século XVIII, foram criados corantes sintéticos que mudaram as práticas seculares dos artesãos. O primeiro feito pelo homem foi o ácido pícrico, a molécula trinitrada usada em munições na Primeira Guerra Mundial.

Ácido pícrico (trinitrofenol)

Exemplo de composto fenólico, a substância foi sintetizada pela primeira vez em 1771 e usada como corante tanto para lã quanto para seda a partir de cerca de 1788. Embora produzisse um tom amarelo maravilhosamente intenso, o ácido pícrico tinha, como muitos compostos nitrados, um inconveniente: seu potencial explosivo, algo com que os tintureiros não precisavam se preocupar quando estavam lidando com corantes amarelos naturais. Duas outras desvantagens do ácido pícrico eram fixar-se muito mal e ser de difícil obtenção.

A alizarina sintética tornou-se disponível em boa quantidade e qualidade em 1868. O índigo sintético tornou-se disponível em 1880. Além disso, surgiram corantes inteiramente feitos pelo homem que davam tons vivos e límpidos, não desbotavam e produziam resultados constantes. Em 1856, aos 18 anos, William Henry Perkin havia sintetizado um corante artificial que transformou radicalmente a indústria das tinturas. Perkin era aluno do curso de química no Royal College de Londres; seu pai era um construtor que tinha pouco tempo para a química porque pensava que ela não podia levar a um futuro financeiramente seguro. Mas Perkin demonstrou que o pai estava errado.

Durante os feriados da Páscoa de 1856, o rapaz resolveu sintetizar quinina, o medicamento antimalárico, num minúsculo laboratório que montara em casa.

Um professor seu no Royal College, um químico alemão chamado August Hofmann, estava convencido de que a quinina poderia ser sintetizada a partir de materiais encontrados no coltar, o mesmo resíduo oleoso que, alguns anos depois, forneceria fenol ao cirurgião Joseph Lister. A estrutura da quinina não era conhecida, mas suas propriedades antimaláricas a tornavam escassa para uma demanda crescente. O Império Britânico e outras nações europeias estavam expandido suas colônias por áreas da Índia tropical, da África e do sudeste da Ásia infestadas pela malária. O único remédio preventivo e curativo que se conhecia para o mal era a quinina, obtida da casca cada vez mais escassa de uma árvore da América do Sul, a cinchona.

Uma síntese química da quinina seria um grande feito, mas nenhum dos experimentos de Perkin teve bom resultado. Uma de suas tentativas, no entanto, produziu uma substância preta que se dissolveu em etanol para produzir uma solução de cor púrpura forte. Quando Perkin jogou algumas tiras de seda em sua mistura, o tecido absorveu a cor. Testando a seda tingida com água quente e com sabão, descobriu que a cor era firme. Expôs os retalhos à luz e eles não desbotaram — continuaram de um púrpura-lavanda brilhante. Ciente de que a púrpura era uma cor rara e cara na indústria das tinturas, e que um corante púrpura com boa fixação, tanto no algodão quanto na seda, poderia ser um produto comercialmente viável, Perkin enviou uma amostra de tecido tingido para uma importante companhia de tinturas na Escócia. A resposta foi animadora: "Se sua descoberta não encarecer demais os produtos, não há dúvida de que há muito tempo não surge algo tão valioso."

Isso era todo o incentivo de que Perkin precisava. Abandonou o curso de química do Royal College e, com a ajuda financeira do pai, patenteou sua descoberta, construiu uma pequena fábrica para produzir seu corante em maiores quantidades a um custo razoável e investigou os problemas associados à tintura tanto da lã e do algodão quanto da seda. Em 1859, o *malva*, como o púrpura de Perkin foi chamado, já fazia furor no mundo da moda. Tornou-se a cor predileta de Eugênia, a imperatriz da França, e da corte francesa. A rainha Vitória usou um vestido malva no casamento de sua filha e para inaugurar a Exposição de Londres de 1862. Com a aprovação real britânica e francesa, a popularidade da cor foi às alturas; a década de 1860 foi muitas vezes chamada a década malva. De fato, o malva foi usado para imprimir os selos postais britânicos até o final da década de 1880.

A descoberta de Perkin teve amplas consequências. Como a primeira síntese em vários passos de um composto orgânico, foi rapidamente acompanhada por muitos processos semelhantes que levaram a diversos pigmentos coloridos a partir dos resíduos de coltar da indústria do gás de hulha. Hoje eles são coletivamente conhecidos como corantes à base de coltar, ou anilinas. No final do século XIX os tintureiros dispunham de cerca de duas mil cores sintéticas em seu repertório. A indústria dos corantes químicos havia realmente substituído o empreendimento milenar de extração de corantes de fontes naturais.

Embora Perkin não tenha ganho dinheiro com a molécula de quinina, fez uma vasta fortuna com a *malveína*, nome que deu à molécula que produzia o belo e intenso tom púrpura de malva, e com suas descobertas posteriores de outras moléculas corantes. Foi o primeiro a mostrar que o estudo da química podia ser extremamente lucrativo, obrigando o pai, sem dúvida, a corrigir sua opinião pessimista original. A descoberta de Perkin realçou também a importância da química orgânica estrutural, ramo da química que determina a maneira exata como os vários átomos se conectam numa molécula. Era preciso conhecer as estruturas químicas dos novos corantes, assim como as estruturas dos corantes naturais mais antigos, como a alizarina e o índigo.

O experimento original de Perkin baseou-se em suposições químicas incorretas. Na época fora determinado que a quinina tinha a fórmula $C_{20}H_{24}N_2O_2$, mas pouco se sabia sobre a estrutura da substância. Perkin sabia também que um outro composto, a aliltoluidina, tinha a fórmula química $C_{10}H_{13}N$, e pareceu-lhe possível que a combinação de duas moléculas de aliltoluidina, na presença de um agente oxidante como o dicromato de potássio para suprir oxigênio extra, pudesse formar exatamente a quinina.

$$2C_{10}H_{13}N \;\; + \;\; 3O \;\; \rightarrow \;\; C_{20}H_{24}N_2O_2 \;\; + \;\; H_2O$$

Aliltoluidina   "Oxigênio"   Quinina   Água

Da perspectiva de uma fórmula química, a ideia de Perkin pode não parecer despropositada, mas sabemos hoje que essa reação não ocorreria. Sem conhecimento das estruturas reais da aliltoluidina e da quinina, não é possível conceber a série de passos químicos necessária para transformar uma molécula em outra. Foi por isso que a molécula que Perkin criou, a malveína, era quimicamente muito diferente da molécula da quinina, que ele pretendera sintetizar.

Até hoje a estrutura da malveína permanece um pouco misteriosa. Os materiais que Perkin usou, isolados do coltar, não eram puros, e pensa-se atualmente que sua cor púrpura foi obtida de uma mistura de compostos muito proximamente relacionados. Presume-se que a estrutura a seguir é a principal responsável por essa cor:

Parte da molécula de malveína, o principal componente da cor malva de Perkin.

Ao decidir fabricar o corante malva comercialmente, Perkin sem dúvida dava um salto no escuro. Era um jovem estudante que se iniciava na química, com pouco conhecimento sobre a indústria dos corantes e absolutamente nenhuma experiência em produção química em grande escala. Além disso, sua síntese tinha um rendimento muito baixo, alcançava na melhor das hipóteses 5% da quantidade teoricamente possível, e havia dificuldades reais associadas à obtenção de um suprimento regular das matérias-primas de coltar. Para um químico mais tarimbado esses problemas teriam sido desestimulantes, e é provável que possamos atribuir o sucesso de Perkin em parte ao fato de não ter permitido que sua falta de experiência o dissuadisse da empreitada. Sem nenhum processo de fabricação comparável para lhe servir de guia, teve de arquitetar e testar novos aparelhos e procedimentos. Foram encontradas soluções para os problemas associados ao aumento de escala de sua síntese química: grandes vasos de vidro foram feitos, pois o ácido necessário ao processo atacaria recipientes de ferro; empregaram-se aparelhos resfriadores para impedir o superaquecimento durante as reações químicas; riscos como explosões e liberação de fumaça tóxica foram controlados. Em 1873 Perkin vendeu sua fábrica após operá-la durante 15 anos. Aposentou-se como um homem rico e passou o resto da vida estudando química no laboratório que tinha em casa.

O legado dos corantes

O ramo dos corantes, que hoje produz sobretudo pigmentos quimicamente sintetizados, tornou-se o precursor de um empreendimento químico que iria acabar produzindo antibióticos, explosivos, perfumes, tintas de pintar, tinta de caneta e para impressão, pesticidas e plásticos. A jovem indústria da química orgânica desenvolveu-se não na Inglaterra — onde nasceu o malva — ou na França — onde tinturas e tingimento foram de importância crucial durante séculos. Foi a Alemanha que criou um enorme império químico orgânico juntamente com a tecnologia e a ciência que lhe serviam de base. A Grã-Bretanha já possuía uma indústria química forte, fornecendo as matérias-primas necessárias para alvejar e imprimir, e para a manufatura de cerâmica, porcelana, vidro, para curtimento, fabricação de cerveja e destilação, mas esses compostos eram sobretudo inorgânicos: potassa, cal, sal, soda, ácido, enxofre, giz e argila.

Foram várias as razões por que a Alemanha — e, em menor medida, a Suíça — tornou-se um ator importante no campo dos produtos químicos sintéticos orgânicos. Na altura da década de 1870, muitos fabricantes de corantes britânicos e franceses haviam sido obrigados a se afastar do negócio em consequência de uma série interminável de disputas em torno de matérias corantes e processos de tingimento. O maior empresário da Grã-Bretanha, Perkin, havia se aposentado, e não aparecera ninguém com o conhecimento químico, as habilidades para a manufatura e o talento para os negócios necessários para substituí-lo. Em consequência, a Grã-Bretanha, talvez não percebendo que isso era contrário a seus próprios interesses, tornou-se um exportador de matérias-primas para a crescente indústria sintética de corantes. Tendo em vista que ganhara supremacia industrial importando matéria-prima e convertendo-a em produtos acabados para exportação, seu não reconhecimento da utilidade do coltar e da importância da indústria da química sintética foi um grande erro que beneficiou a Alemanha.

Outra importante razão para o crescimento da indústria alemã de corantes foi o esforço conjunto da indústria e das universidades. Ao contrário de outros países em que a pesquisa química continuou como prerrogativa das universidades, os acadêmicos alemães tendiam a trabalhar em estreita associação com os químicos industriais. Essa prática foi decisiva para o sucesso da indústria do país. Sem conhecimento das estruturas moleculares de compostos orgânicos, e uma compreensão científica dos passos químicos envolvidos nas reações de sínteses orgânicas, os cientistas não poderiam ter desenvolvido a tecnologia sofisticada que conduziu aos produtos farmacêuticos atuais.

A indústria química cresceu na Alemanha a partir de três companhias. Em 1861, a primeira delas, Badische Anilin und Soda Fabrik (BASF), foi fundada em Ludwigshafen, às margens do rio Reno. Embora originalmente criada para produzir compostos inorgânicos, como carbonato de sódio e soda cáustica, a BASF logo se tornou ativa na indústria dos corantes. Em 1868, dois pesquisadores alemães, Carl Graebe e Carl Liebermann, anunciaram a primeira alizarina sintética. O principal químico da BASF, Heinrich Caro, entrou em contato com os químicos de Berlim e, em colaboração com eles, produziu uma síntese comercialmente viável de alizarina. No início do século XX, a BASF estava produzindo cerca de duas mil toneladas desse importante corante e a caminho de se tornar o que é hoje — uma das cinco maiores companhias químicas do mundo.

A segunda grande companhia química alemã, a Hoechst, foi estabelecida apenas um ano depois da BASF com o propósito de produzir magenta, um corante vermelho brilhante também conhecido como fucsina. Os químicos da Hoechst, porém, patentearam sua própria síntese para a alizarina, que se provou muito lucrativa. O índigo sintético, produto de anos de pesquisa e considerável investimento financeiro, foi também muito lucrativo tanto para a BASF quanto para a Hoechst.

A terceira grande companhia química alemã também participou do mercado da alizarina sintética. Embora o nome Bayer esteja mais comumente associado à aspirina, a Bayer and Company, fundada em 1861, começou fabricando corantes de anilina. A aspirina fora sintetizada em 1853, mas só por volta de 1900 os lucros provenientes de corantes sintéticos, especialmente a alizarina, permitiram à Bayer and Company diversificar sua produção, passando a fabricar produtos farmacêuticos e colocando a aspirina na praça.

Na década da 1860, essas três companhias respondiam por apenas uma pequena porcentagem dos corantes sintéticos produzidos no mundo, mas na altura de 1881 já eram responsáveis por metade da produção mundial. Na virada do século XX, embora a produção de corantes sintéticos em todo o mundo tivesse aumentado enormemente, a Alemanha já havia conquistado quase 90% do mercado. Esse predomínio na fabricação de corantes foi acompanhado por uma liderança decisiva na química orgânica, assim como por um papel preponderante no desenvolvimento da indústria alemã. Com a deflagração da Primeira Guerra Mundial, o governo alemão pôde arregimentar as companhias fabricantes de corantes para se tornarem sofisticados produtores de explosivos, gases venenosos, remédios, fertilizantes e outros produtos químicos necessários à manutenção da guerra.

Após a Primeira Guerra Mundial, a economia e a indústria química alemãs se viram em dificuldades. Em 1925, na esperança de minorar a estagnação do mercado, as principais companhias químicas alemãs se consolidaram num conglomerado gigante, o Interessengemeinschaft Farbenindustrie Aktiengesellschaft (Sindicato da Corporação da Indústria de Matérias Corantes), geralmente conhecido como IG Farben. Literalmente, *Interessengemeinschaft* significa "comunidade de interesse", e esse conglomerado era sem sombra de dúvida do interesse da comunidade alemã de fabricantes de produtos químicos. Reorganizada e revitalizada, a IG Farben, que passou a ser o maior cartel químico do mundo, investiu seus lucros e seu poder econômico consideráveis em pesquisa, diversificou sua produção e desenvolveu novas tecnologias, com a meta de conquistar futuramente o monopólio da indústria química.

Com o início da Segunda Guerra Mundial, a IG Farben, já um dos importantes patrocinadores do Partido Nazista, tornou-se um ator de vulto na máquina de guerra de Adolf Hitler. À medida que o exército alemão avançava pela Europa, a IG Farben ia assumindo o controle de fábricas e locais de manufatura de produtos químicos nos países ocupados. Uma grande fábrica química para produzir óleo e borracha sintéticos foi construída no campo de concentração de Auschwitz, na Polônia. Os internos do campo, além de trabalhar na fábrica, eram submetidos a experimentações com novas drogas.

Terminada a guerra, nove executivos da IG Farben foram julgados e condenados por pilhagem e roubo em territórios ocupados. Quatro executivos foram condenados por impor trabalho escravo e tratar desumanamente prisioneiros de guerra e civis. O crescimento e a influência da IG Farben foram sustados; o grupo químico gigante foi dividido, de modo que as maiores companhias passaram a ser novamente a BASF, a Hoechst e a Bayer. Essas três companhias continuaram a prosperar e constituem hoje uma porção bastante grande da indústria química orgânica, produzindo desde plásticos e têxteis até produtos farmacêuticos e petróleo sintético.

As moléculas corantes mudaram a história. Procuradas a partir de suas fontes naturais durante milhares de anos, elas criaram algumas das primeiras indústrias da humanidade. À medida que a demanda de cor cresceu, prosperaram também guildas e fábricas, cidades e comércio. Mas o advento de corantes sintéticos transformou o mundo. Os meios tradicionais de obtenção de corantes naturais desapareceram. Em seu lugar, menos de um século depois de Perkin ter sintetizado o malva pela primeira vez, conglomerados químicos gigantes dominaram não só o mercado dos corantes mas também a florescente indústria da química orgânica. Isso, por sua vez, forneceu o capital financeiro e o conhecimento químico para as enormes produções atuais de antibióticos, analgésicos e outros compostos farmacêuticos.

O malva de Perkin foi somente um dos compostos sintéticos de corante envolvidos nessa extraordinária transformação, mas muitos químicos o consideram a molécula que converteu a química orgânica, de atividade acadêmica, em importante indústria global. Do malva ao monopólio, o corante inventado por um adolescente britânico em férias teve poderosa influência no curso dos acontecimentos mundiais.

10

• • • • •

Remédios milagrosos

Provavelmente William Perkin não ficaria surpreso se pudesse adivinhar que sua síntese do malva se tornaria a base do imenso empreendimento comercial dos corantes. Afinal, ele teve tanta certeza de que a fabricação de malva seria lucrativa que persuadiu o pai a financiar seu sonho — e foi extremamente bem-sucedido na vida. Mas com certeza nem ele poderia ter previsto que seu legado incluiria um dos maiores desdobramentos da indústria dos corantes: os produtos farmacêuticos. Esse aspecto da química orgânica sintética superaria de longe a produção de corantes, mudaria a prática da medicina e salvaria milhões de vidas.

Em 1856, ano em que Perkin preparou a molécula do malva, a expectativa de vida média na Grã-Bretanha estava em torno dos 45 anos. Esse número não se alterou de maneira acentuada no resto do século XIX. Na altura de 1900, a expectativa de vida média nos Estados Unidos crescera apenas para 46 anos para os homens e 48 para as mulheres. Um século mais tarde, em contraposição, esses números haviam subido para 72 anos para os homens e 79 para as mulheres.

Esse aumento tão espetacular após séculos e séculos de expectativas de vida muito inferiores só pode ser explicado por algo de assombroso. Um dos principais fatores no aumento de duração da vida foi a introdução, no século XX, de moléculas da química medicinal, em particular das moléculas milagrosas conhecidas como antibióticos. Literalmente milhares de diferentes compostos farmacêuticos foram sintetizados ao longo do século XX, e centenas deles mudaram a vida de muitas pessoas. Trataremos da química e do desenvolvimento de apenas dois tipos de produto farmacêutico: o analgésico aspirina e dois exemplos de antibióticos. Os lucros gerados pela aspirina ajudaram a convencer as companhias químicas de que os fármacos eram promissores; os primeiros antibióticos — medicamentos à base de sulfa e penicilina — continuam prescritos até hoje.

Durante milhares de anos as ervas medicinais foram usadas para tratar feridas, curar doenças e aliviar dores. Todas as sociedades humanas desenvolveram remédios tradicionais característicos, muitos dos quais deram origem a compostos extremamente úteis ou foram quimicamente modificados para produzir os remédios modernos. A quinina, que é extraída da cinchona, uma árvore da América do Sul originalmente usada pelos índios do Peru para tratar febres, continua sendo usada como antimalárico. As digitális, entre as quais se inclui a dedaleira, ainda prescrita hoje como estimulante do coração, foi usada por muito tempo na Europa Ocidental para tratar de males cardíacos. As propriedades analgésicas da seiva das cápsulas de sementes de um tipo de papoula eram muito conhecidas da Europa até a Ásia, e a morfina extraída dessa mesma fonte continua desempenhando um papel importante no alívio da dor.

Historicamente, no entanto, quase não se conheciam remédios para tratar infecções bacterianas. Até relativamente pouco tempo atrás, ferimento produzido por um pequeno corte ou por uma minúscula perfuração podia, se infectado, pôr a vida em risco. Metade dos soldados feridos na Guerra Civil Norte-Americana morreu de infecções bacterianas. Graças aos procedimentos antissépticos e a moléculas como a do fenol, introduzidos por Joseph Lister, essa proporção foi menor durante a Primeira Guerra Mundial. Mas, embora o uso de antissépticos ajudasse a evitar infecções provocadas pela cirurgia, pouco contribuía para deter uma infecção depois que ela se iniciava. A grande pandemia de gripe em 1918-19 matou mais de 20 milhões de pessoas no mundo todo, muito mais que a Primeira Guerra Mundial. A gripe espanhola em si mesma era virótica, mas a causa real da morte era em geral uma infecção secundária de pneumonia bacteriana. Contrair tétano, tuberculose, cólera, febre tifoide, lepra, gonorreia ou qualquer de um grande número de outras doenças significava com frequência uma sentença de morte. Em 1798, um médico inglês, Edward Jenner, conseguiu demonstrar, usando o vírus da varíola, o processo de produção artificial de imunidade a uma doença, embora a ideia de que era possível adquirir imunidade dessa maneira fosse conhecida desde tempos anteriores e em outros países. A partir das últimas décadas do século XIX, métodos semelhantes para assegurar imunidade contra bactérias também foram investigados, e gradualmente tornou-se possível a inoculação para muitas doenças bacterianas. Na altura da década de 1940, o temor da terrível dupla escarlatina e difteria havia se reduzido em países nos quais se dispunha de programas de vacinação.

Aspirina

No início do século XX, as indústrias químicas alemã e suíça prosperavam graças ao investimento na fabricação de matérias corantes. Mas esse sucesso foi mais que apenas financeiro. Juntamente com os lucros advindos das vendas de corantes veio uma nova riqueza de conhecimento químico, de experimentos com reações de grande escala e de técnicas de separação e purificação que seriam vitais para a expansão da indústria química no novo campo dos fármacos. A Bayer and Company, a firma alemã que começou com corantes de anilina, foi uma das primeiras a reconhecer as possibilidades comerciais da produção química de medicamentos — em particular da aspirina, hoje o remédio que foi usado pelo maior número de pessoas no mundo inteiro.

Em 1893, Felix Hofmann, um químico que trabalhava para a companhia Bayer, decidiu investigar as propriedades de compostos relacionados com o ácido salicílico, uma molécula obtida de outra, a salicina, de propriedades analgésicas e isolada originalmente da casca de árvores do gênero do salgueiro (*Salix*), em 1827. As propriedades curativas do salgueiro e plantas relacionadas, como os choupos, eram conhecidas havia séculos. Hipócrates, o famoso médico da Grécia Antiga, havia usado extratos de casca de salgueiro para baixar febres e aliviar dores. Embora a molécula da salicina incorpore um anel de glicose em sua estrutura, o amargor da parte restante anula qualquer doçura de açúcar.

A molécula de salicina

Como a molécula de indicã, que contém glicose e produz o índigo, a salicina se decompõe em duas partes: glicose e álcool salicilado, que podem ser oxidados em ácido salicílico. Tanto o álcool salicilado quanto o ácido salicílico são classificados como fenóis porque têm um grupo OH preso diretamente ao anel de benzeno.

Álcool salicilado → oxidação → Ácido salicílico

Essas moléculas são também semelhantes, em estrutura, ao isoeugenol, eugenol, e zingerona do cravo-da-índia, da noz-moscada e do gengibre. É provável que, como elas, a salicina atue como pesticida natural para proteger o salgueiro. O ácido salicílico é produzido também a partir das flores da rainha-dos-prados, ou *Spiraea ulmaria*, uma planta perene dos brejos, nativa da Europa e da Ásia Ocidental.

O ácido salicílico, a porção ativa da molécula de salicina, não só baixa a febre e alivia a dor. Atua também como anti-inflamatório. É muito mais potente que a salicina, que ocorre naturalmente, mas pode ser muito irritante para o revestimento do estômago, o que reduz seu valor medicinal. O interesse de Hofmann em compostos relacionados com o ácido salicílico foi despertado por sua preocupação com o pai, cuja artrite reumatoide era pouco aliviada pela salicina. Na esperança de que as propriedades anti-inflamatórias do ácido salicílico fossem conservadas, mas as corrosivas reduzidas, Hofmann deu ao pai um derivado do ácido salicílico — o ácido acetilsalicílico (AAS), preparado pela primeira vez 40 anos antes por um outro químico alemão. No AAS, o grupo acetil (CH_3CO) substitui o H do grupo fenólico OH do ácido salicílico. A molécula de fenol é corrosiva; talvez Hofmann tenha raciocinado que a conversão do OH preso ao anel aromático num grupo acetil poderia mascarar suas características irritantes.

Ácido salicílico

Ácido acetilsalicílico. A seta mostra onde o grupo acetil substitui H do grupo fenol.

O experimento de Hofmann foi compensador — para seu pai e para a companhia Bayer. A forma acetilada do ácido salicílico demonstrou-se eficaz e bem tolerada. Em 1899, suas poderosas propriedades anti-inflamatórias e analgésicas convenceram a companhia Bayer a comercializar pequenas embalagens de "aspirina" em pó. O nome é uma combinação do *a* de *acetil* e do *spir* de *Spiraea ulmaria*, a rainha-dos-prados. O nome da companhia Bayer tornou-se sinônimo de aspirina, marcando sua entrada no mundo da química medicinal.

À medida que a popularidade da aspirina crescia, as fontes naturais a partir das quais o ácido salicílico era produzido — a rainha-dos-prados e o salgueiro —

deixaram de ser suficientes para atender à demanda mundial. Foi introduzido um novo método sintético em que a molécula de fenol era usada como matéria-prima. As vendas de aspirina aumentaram muito. Durante a Primeira Guerra Mundial, a subsidiária norte-americana da companhia Bayer original comprou todo o fenol que conseguiu, tanto de fontes nacionais quanto internacionais, assegurando uma provisão suficiente para a fabricação de aspirina. Os países que abasteceram a Bayer com fenol tiveram assim reduzida sua capacidade de fabricar ácido pícrico (trinitrofenol), um explosivo também preparado com essa matéria-prima (ver Capítulo 5). Podemos somente especular sobre o efeito que isso teve no curso da Primeira Guerra Mundial, mas é possível que a produção de aspirina tenha reduzido a disponibilidade de ácido pícrico para munições e apressado o desenvolvimento de explosivos baseados em TNT.

Fenol   Ácido salicílico   Trinitrofenol (ácido pícrico)

Hoje a aspirina é, entre todos os medicamentos, o mais utilizado para o tratamento de doenças e ferimentos. Há muito mais de 400 preparados contendo aspirina, e mais de 18 milhões de quilos de aspirina são produzidos nos Estados Unidos por ano. Além de aliviar a dor, baixar a temperatura do corpo e reduzir inflamações, a aspirina tem também a propriedade de afinar o sangue. Pequenas doses de aspirina vêm sendo recomendadas como prevenção contra derrames e a trombose venosa profunda, o mal conhecido como "a síndrome da classe econômica" entre os passageiros de viagens longas de avião.

A saga da sulfa

Por volta da mesma época do experimento de Hofmann com seu pai — método muito pouco recomendável de testar uma droga —, o médico alemão Paul Ehrlich realizava também seus próprios experimentos. Ehrlich era, segundo todas as descrições, uma personalidade realmente excêntrica. Dizem que fumava 25 charutos por dia e passava horas a fio discutindo filosofia nas cervejarias.

Mas sua excentricidade era acompanhada por uma determinação e uma perspicácia que lhe valeram o Prêmio Nobel de Medicina em 1908. Apesar de não ter nenhuma formação em química experimental ou em bacteriologia aplicada, Ehrlich observou que diferentes corantes de coltar manchavam alguns tecidos e alguns micro-organismos, mas não outros. Raciocinou que, se um micro-organismo absorvia um corante, e outro não, essa diferença poderia permitir que um corante tóxico matasse o tecido que o absorvia sem causar dano aos tecidos não manchados. Era de se esperar que o micro-organismo infectante fosse eliminado enquanto o hospedeiro ficaria incólume. Ehrlich chamou essa teoria de abordagem da "bala mágica", em alusão à molécula corante que teria por alvo o tecido que era capaz de corar.

Ehrlich obteve seu primeiro sucesso com um corante chamado vermelho tripan I, que teve uma ação muito próxima da que esperava contra tripanossomos — um parasita protozoário — em camundongos de laboratório. Lamentavelmente, não foi eficaz contra o tipo de tripanossomo responsável pela doença humana conhecida como doença africana do sono, que Ehrlich alimentara a esperança de curar.

Sem se deixar dissuadir, Ehrlich prosseguiu. Havia demonstrado que seu método podia funcionar e sabia que era apenas uma questão de encontrar a bala mágica adequada para a doença certa. Começou a investigar a sífilis, enfermidade causada por uma bactéria em forma de saca-rolhas conhecida como espiroqueta. São abundantes as teorias sobre como a sífilis teria chegado à Europa, e uma das mais amplamente aceitas é a de que ela viera do Novo Mundo com os marinheiros de Colombo. Mas uma forma de "lepra" relatada na Europa antes da época de Colombo era sabidamente muito contagiosa e de contaminação venérea. Como a sífilis, também às vezes respondia a tratamento com mercúrio. Como nenhuma dessas observações corresponde ao que hoje sabemos sobre a lepra, é possível que a doença assim descrita fosse na realidade sífilis.

Na época em que Ehrlich começou a procurar uma bala mágica contra essa bactéria, há mais de 400 anos se afirmava que a sífilis podia ser curada com mercúrio. Dificilmente, porém, essa substância poderia ser considerada uma bala mágica para a sífilis, porque não raro matava os pacientes. As vítimas sucumbiam de parada cardíaca, desidratação e sufocação durante o processo de aquecimento num forno, respirando vapores de mercúrio. Quando alguém sobrevivia a esse procedimento, não escapava dos sintomas típicos de envenenamento por mercúrio: perda do cabelo e dos dentes, baba incontrolável, anemia, depressão e insuficiência renal e hepática.

Em 1909, após testar 605 produtos químicos diferentes, Ehrlich encontrou por fim um composto ao mesmo tempo eficaz e seguro. O produto "Número 606", um composto aromático que continha arsênico, revelou-se ativo contra a espiroqueta da sífilis. A Hoechst Dyeworks — companhia com que Ehrlich colaborava — o pôs à venda em 1910 sob o nome salvarsan. Comparado à tortura do tratamento com mercúrio, era uma grande melhoria. Apesar de provocar alguns efeitos colaterais tóxicos e de nem sempre curar a sífilis, mesmo quando se faziam vários tratamentos, o salvarsan reduziu enormemente a incidência da doença em toda parte em que foi usado. Para a Hoechst Dyeworks, mostrou-se extremamente lucrativo, fornecendo-lhe capital para diversificar sua produção de fármacos.

Depois do sucesso do salvarsan, os químicos passaram a procurar outras balas mágicas, testando o efeito de dezenas de milhares de compostos sobre micro-organismos, depois introduzindo ligeiras mudanças em suas estruturas químicas e testando-os novamente. Nada deu certo. Ao que parecia, a promessa do que Ehrlich denominara "quimioterapia" não se cumpriria. Foi então que, no início da década de 1930, Gerhard Dogmak, um médico que trabalhava com o grupo de pesquisa da IG Farben, teve a ideia de usar um corante chamado vermelho prontosil para tratar a filha, que estava quase desenganada, vítima de uma infecção estreptocócica contraída em consequência de uma simples alfinetada. Ele andara fazendo experimentos com vermelho prontosil no laboratório da IG Farben e, embora a substância não tivesse mostrado nenhuma atividade contra bactérias cultivadas em laboratório, realmente inibira o crescimento de estreptococos em camundongos de laboratório. Certamente pensando que nada tinha a perder, Dogmak administrou à filha, por via oral, uma dose do corante ainda experimental. A recuperação dela foi rápida e completa.

A princípio se supôs que a ação de corar — a própria mancha que produzia nas células — era responsável pelas propriedades do vermelho prontosil. Mas os pesquisadores não demoraram a perceber que os efeitos antibacterianos da substância nada tinham a ver com sua ação corante. A molécula de vermelho prontosil decompõe-se no corpo humano para produzir sulfanilamida, e é ela que tem o efeito antibiótico.

Vermelho prontosil → decomposição no corpo → Sulfanilamida

Era por isso, evidentemente, que o vermelho prontosil havia sido inativo em tubos de teste (*in vitro*), mas não em animais (*in vivo*). Descobriu-se que a sulfanilamida era eficaz contra muitas doenças além das infecções estreptocócicas, entre as quais pneumonia, escarlatina e gonorreia. Após reconhecer a sulfanilamida como agente antibacteriano, os químicos logo passaram a sintetizar compostos semelhantes, na esperança de que ligeiras modificações em sua estrutura molecular aumentassem a eficácia e reduzissem os efeitos colaterais. A compreensão de que o vermelho prontosil não era a molécula ativa foi de extrema importância. Como se pode ver pelas suas estruturas, a molécula de vermelho prontosil, muito mais complexa que a de sulfanilamida, é mais difícil de sintetizar e modificar.

Entre 1935 e 1946, foram feitas mais de cinco mil variações da molécula de sulfanilamida. Muitas se revelaram superiores a ela, cujos efeitos colaterais podem incluir reações alérgicas — erupções na pele e febre — e dano ao fígado. Os melhores resultados das variações da estrutura da sulfanilamida foram obtidos quando um dos átomos de hidrogênio de SO_2NH_2 foi substituído por outro grupo.

Obtêm-se melhores resultados substituindo um destes átomos de hidrogênio.

Todas as moléculas resultantes fazem parte da família de drogas antibióticas conhecida coletivamente como *sulfanilamidas* ou *sulfas*. Alguns dos muitos exemplos são:

Sulfapiridina — usada para pneumonia

Sulfatiazole — usada para infecções gastrointestinais

$$H_2N-\underset{}{\underset{}{\bigcirc}}-\overset{O}{\underset{O}{\overset{\|}{S}}}-\overset{H}{\underset{}{N}}-\overset{O}{\underset{}{\overset{\|}{C}}}-CH_3$$

Sulfacetamida — usada para infecções do trato urinário

Logo as sulfas eram apregoadas como remédios milagrosos e panaceias. Embora hoje, quando muitos tratamentos eficazes contra bactérias estão disponíveis, isso possa nos parecer indevidamente exagerado, os resultados obtidos com esses compostos nas primeiras décadas do século XX pareceram extraordinários. Por exemplo, após a introdução das sulfanilamidas, o número de casos de morte por pneumonia reduziu-se em 25 mil de um ano para outro, apenas nos Estados Unidos.

Na Primeira Guerra Mundial, entre 1914 e 1918, morrer por causa da infecção de uma ferida era tão provável quanto morrer de um ferimento recebido nos campos de batalha. O principal problema nas trincheiras e em qualquer hospital do exército era uma forma de gangrena conhecida como gangrena gasosa. Causada por uma espécie muito virulenta da bactéria *Clostridium*, o mesmo gênero responsável pelo botulismo, intoxicação alimentar fatal, a gangrena gasosa costumava se desenvolver em feridas profundas causadas por bombas e artilharia, em que havia perfuração ou esmagamento de tecidos. Na ausência de oxigênio, essas bactérias se multiplicam rapidamente. Um pus marrom e fétido é exsudado, e gases das toxinas bacterianas emergem na superfície da pele, gerando um mau cheiro característico. Antes do desenvolvimento dos antibióticos só havia um tratamento para a gangrena gasosa — a amputação do membro infectado acima do local da infecção, na esperança de remover todo o tecido gangrenado. Se a amputação não fosse possível, a morte era inevitável. Durante a Primeira Guerra Mundial, graças a antibióticos como sulfapiridina e sulfatiazol — ambos eficazes contra a gangrena —, milhares de feridos foram poupados de amputações mutiladoras, para não falar da morte.

Hoje sabemos que a eficácia desses compostos contra infecções bacterianas está ligada ao tamanho e à forma da molécula de sulfanilamida, que impedem que as bactérias produzam um nutriente essencial, o ácido fólico. Este, uma das vitaminas B, é necessário para o crescimento das células humanas. Está amplamente distribuído em alimentos como vegetais folhosos (daí a palavra fólico, de folhas), fígado, couve-flor, levedura, trigo e carne de boi. Como nosso corpo não fabrica ácido fólico, é essencial ingeri-lo no que comemos. Algumas bactérias, por outro lado, não exigem ácido fólico suplementar, porque são capazes de fabricar o seu próprio.

A molécula de ácido fólico é bastante grande e parece complicada:

Ácido fólico com a parte do meio, derivada da molécula do ácido p-aminobenzoico, destacada.

Considere apenas a parte de sua estrutura mostrada dentro da caixa tracejada na figura acima. Essa parte do meio da molécula de ácido fólico é derivada (em bactérias que produzem seu próprio ácido fólico) de uma molécula menor, o ácido *p*-aminobenzoico. Este é, portanto, um nutriente essencial para esses microorganismos.

As estruturas químicas do ácido *p*-aminobenzoico e da sulfanilamida são notavelmente semelhantes em forma e tamanho, e é essa similaridade que explica a atividade antimicrobiana da sulfanilamida. Os comprimentos (como indicado pelos colchetes) dessas duas moléculas, medidos desde o hidrogênio do grupo NH_2 até o átomo de oxigênio duplamente ligado, diferem em menos de 3%. Têm também quase a mesma largura.

Sulfanilamida   Ácido *p*-aminobenzoico

As enzimas bacterianas envolvidas na sintetização do ácido fólico parecem incapazes de distinguir as moléculas do ácido *p*-aminobenzoico que lhe são necessárias das moléculas parecidas de sulfanilamida. Assim, as bactérias tentam sem sucesso usar sulfanilamida em vez de ácido *p*-aminobenzoico e acabam morrendo por não conseguirem produzir ácido fólico em quantidade suficiente. Graças ao ácido fólico que absorvemos de nossa comida, nós não somos negativamente afetados pela ação da sulfanilamida.

Tecnicamente, as sulfas baseadas em sulfanilamida não são verdadeiros antibióticos. Estes são propriamente definidos como "substâncias de origem microbiana que, em quantidades muito pequenas, têm atividade antimicrobiana". A sulfanilamida não é derivada de uma célula viva. É feita pelo homem e é propriamente classificada como um antimetabólito, um produto químico que inibe o crescimento de micróbios. Mas hoje o termo *antibiótico* é usado comumente para todas as substâncias, naturais ou artificiais, que matam bactérias.

Embora não tenham sido realmente os primeiros antibióticos sintéticos — essa honra cabe à molécula salvarsan, que combate a sífilis, descoberta por Ehrlich —, as sulfas foram o primeiro grupo de compostos que se tornou de uso geral na luta contra a infecção bacteriana. Elas não apenas salvaram as vidas de centenas de milhares de soldados feridos e vítimas da pneumonia, como foram também responsáveis por uma queda assombrosa das mortes de mulheres no parto, porque a bactéria estreptococo que causa a febre puerperal também se mostrou suscetível a elas. Mais recentemente, no entanto, o uso das sulfas decresceu no mundo todo por várias razões: preocupação com seus efeitos de longo prazo, a evolução de bactérias resistentes à sulfanilamida e o desenvolvimento de antibióticos novos e mais potentes.

Penicilinas

Os primeiros antibióticos propriamente ditos, da família da penicilina, ainda hoje são de uso generalizado. Em 1877, Louis Pasteur foi o primeiro a demonstrar que se podia usar um micro-organismo para matar outro. Pasteur mostrou que era possível impedir o crescimento de uma cepa de antrax na urina pela adição de algumas bactérias comuns. Mais tarde, Joseph Lister, após convencer o mundo da medicina do valor do fenol como antisséptico, investigou as propriedades dos mofos, tendo supostamente curado um abscesso persistente de um de seus pacientes com compressas embebidas num extrato do fungo *Penicillium*.

Apesar desses resultados positivos, novas investigações das propriedades curativas dos mofos foram esporádicas até 1928, quando um médico escocês chamado Alexander Fleming, que trabalhava na St. Mary's Hospital Medical School da Universidade de Londres, descobriu que um fungo da família *Penicillium* havia contaminado culturas das bactérias estafilococos que estudava. Observou que uma colônia do fungo ficou transparente e se desintegrou (sofrendo a chamada *lise*). Diferentemente de outros antes dele, Fleming ficou intrigado o bastante para empreender novos experimentos sobre o tema. Supôs que algum composto produzido pelo mofo era responsável pelo efeito antibiótico sobre as bactérias estafilococos, e seus experimentos confirmaram isso. Em testes de laboratório, um caldo filtrado, feito com amostras cultivadas do que hoje sabemos se tratar de *Penicillium notatum*, mostrou-se incrivelmente eficaz contra estafilococos cultivados em recipientes de vidro. Mesmo que fosse diluído 800 vezes, o extrato de fungo continuava ativo contra as células bacterianas. Além do mais, camundongos injetados com a substância — que Fleming passara a chamar de *penicilina* — não demonstravam sofrer nenhum efeito tóxico. Ao contrário do fenol, a penicilina não era irritante e podia ser aplicada diretamente em tecidos infectados. Parecia também ser um inibidor bacteriano mais poderoso que o fenol. Era ativa contra muitas espécies de bactérias, entre as quais as que causam meningite, gonorreia e infecções estreptocócicas, por exemplo, da garganta.

Fleming publicou seus resultados numa revista médica, mas eles despertaram pouco interesse. Seu caldo de penicilina era muito diluído, e suas tentativas de isolar o ingrediente ativo não foram bem-sucedidas; hoje sabemos que a penicilina é facilmente inativada por muitos produtos químicos comuns de laboratório e também por solventes e calor.

A penicilina não foi submetida a testes clínicos por mais de uma década, tempo em que as sulfanilamidas se tornaram a mais importante arma contra infecções bacterianas. Em 1939 o sucesso das sulfas estimulou um grupo de químicos, microbiólogos e médicos na Universidade de Oxford a trabalhar num método para produzir e isolar penicilina. O primeiro teste clínico com a substância em estado natural foi feito em 1941. Infelizmente, os resultados lembraram muito o desfecho da velha piada: "O tratamento foi um sucesso, mas o paciente morreu." Penicilina intravenosa foi administrada a um paciente, um policial que sofria de infecções estafilocócicas e estreptocócicas graves. Depois de 24 horas, observou-se uma melhora; cinco dias mais tarde a febre desaparecera e a infecção diminuía. Mas nessa altura toda a penicilina disponível — mais ou menos uma colher de chá do extrato não refinado — havia sido usada. A infecção do homem continuava virulenta. Expandiu-se descontroladamente e ele logo morreu. Um segundo paciente também morreu. Na terceira tentativa, contudo, fora produzida penicilina suficiente para eliminar por completo uma infecção estreptocócica de um menino de 15 anos. Depois desse sucesso a penicilina curou a septicemia estafilocócica numa outra criança, e o grupo de Oxford ficou certo de ter uma substância vitoriosa nas mãos. A penicilina provou-se ativa contra uma série de bactérias e não tinha efeitos colaterais severos, como a toxicidade para os rins que fora relatada com as sulfanilamidas. Estudos posteriores indicaram que algumas penicilinas inibem o crescimento de estreptococos numa diluição de 1 para 50 milhões, concentração espantosamente pequena.

Nessa época a estrutura química da penicilina ainda não era conhecida, sendo portanto impossível fabricá-la sinteticamente. Continuava necessário extraí-la de fungos, e a sua produção em grandes quantidades era um desafio para microbiólogos e bacteriologistas, mas não para os químicos. O laboratório do Departamento de Agricultura dos Estados Unidos em Peoria, Illinois, especializado no cultivo de micro-organismos, tornou-se o centro de um grande programa de pesquisa. Em julho de 1943, as companhias farmacêuticas norte-americanas produziram 800 milhões de unidades do novo antibiótico Apenas um ano depois, a produção mensal chegou a 130 bilhões de unidades.

Estima-se que, durante a Segunda Guerra Mundial, mil químicos em 39 laboratórios nos Estados Unidos e na Grã-Bretanha trabalharam nos problemas associados à determinação da estrutura química da penicilina e à busca de uma maneira de sintetizá-la. Finalmente, em 1946, a estrutura do antibiótico foi determinada, embora só se tenha conseguido sintetizá-lo em 1957.

A estrutura da penicilina pode não ser tão grande nem parecer tão complicada como a de outras moléculas que analisamos, mas, para os químicos, trata-se de uma molécula extremamente inusitada, porque contém um anel de quatro membros, conhecido nesse caso como o anel β-lactâmico.

Estrutura da molécula de penicilina G. A seta indica o anel β-lactâmico de quatro membros.

Moléculas com anéis de quatro membros existem na natureza, mas não são comuns. Os químicos são capazes de fazer compostos assim, mas isso pode ser muito difícil. A razão disso é que, em um anel de quatro membros um quadrado —, os ângulos são de 90°, ao passo que normalmente os ângulos de ligação preferidos para átomos de carbono e nitrogênio em ligação simples são de quase 109°. Para um átomo de carbono duplamente ligado, o ângulo de ligação preferido tem cerca de 120°.

O carbono em ligação simples e os átomos de nitrogênio estão arranjados no espaço tridimensionalmente, ao passo que o carbono duplamente ligado a um átomo de oxigênio está num mesmo plano.

Em compostos orgânicos, um anel de quatro membros não é plano; curva-se ligeiramente, mas nem isso pode reduzir o que os químicos chamam de *tensão do anel*, uma instabilidade que resulta sobretudo do fato de que os átomos são forçados a ter ângulos de ligação diferentes demais. Mas é precisamente essa instabilidade do anel de quatro membros que explica a atividade antibiótica das moléculas de penicilina. As bactérias produzem uma enzima essencial para formação de suas paredes celulares. Na presença dessa enzima, o anel β-lactâmico da molécula de penicilina se abre, reduzindo a tensão do anel. Nesse processo, um grupo OH na enzima bacteriana é *acilado* (o mesmo tipo de reação que converte o ácido salicílico em aspirina). Nessa reação de acilação, a penicilina prende a molécula aberta do anel à enzima bacteriana. Observe que o anel de cinco membros continua intacto, mas o de quatro se abriu.

A molécula de penicilina se liga à enzima bacteriana nessa reação de acilação.

Essa acilação desativa a enzima que forma as paredes celulares. Sem poder construí-las, as novas bactérias não conseguem crescer num organismo. As células animais têm uma membrana celular, e não uma parede celular, e por isso não possuem a mesma enzima formadora de paredes que essas bactérias. Em consequência, não somos afetados pela reação de acilação com a molécula de penicilina.

A instabilidade do anel de quatro membros β-lactâmico da penicilina é também a razão por que as penicilinas, diferentemente das sulfas, precisam ser guardadas em baixas temperaturas. Depois que o anel se abre — um processo acelerado pelo calor —, a molécula deixa de ser um antibiótico eficaz. As próprias bactérias parecem ter descoberto o segredo da abertura do anel. Cepas resistentes à penicilina desenvolveram uma enzima adicional que abre o anel β-lactâmico da penicilina antes que ele tenha chance de desativar a enzima responsável pela formação de paredes celulares.

A estrutura da molécula mostrada a seguir é a da penicilina G, produzida pela primeira vez a partir de fungo em 1940 e ainda muito usada. Diversas outras moléculas de penicilina foram isoladas a partir de fungos, e algumas foram sintetizadas quimicamente a partir das versões desse antibiótico que ocorrem na natureza. A estrutura das diferentes penicilinas varia apenas na parte da molécula que aparece circulada.

Penicilina G. A parte variável da molécula está delimitada pelo círculo.

A ampicilina, uma penicilina sintética eficaz contra bactérias resistentes à penicilina G, é apenas ligeiramente diferente. Tem um grupo NH_2 preso.

Ampicilina

O grupo lateral na amoxilina, hoje um dos remédios mais prescritos nos Estados Unidos, é muito parecido com o da ampicilina, mas tem um OH extra. O grupo lateral pode ser muito simples, como na penicilina O, ou muito complicado, como na cloxacilina.

$$HO-\underset{}{\bigcirc}-\underset{NH_2}{CH}- \qquad CH_2=CHCH_2SCH_2- \qquad$$

A estrutura dos grupos laterais na parte circulada da molécula para amoxilina (à esquerda), penicilina O (no centro) e cloxacilina (à direita).

Estas são apenas quatro das cerca de dez diferentes penicilinas ainda em uso atualmente (existem muitas outras que deixaram de ser utilizadas clinicamente). As modificações estruturais, no mesmo sítio (circulado) da molécula, podem ser muito variáveis, mas o anel β-lactâmico de quatro membros está sempre presente. É esse pedaço da estrutura molecular que pode ter salvado a sua vida, caso você já tenha tomado penicilina.

Embora seja impossível obter estatísticas precisas da mortalidade em séculos passados, os demógrafos estimaram os tempos de vida médios em algumas sociedades. De 3500 a.C. até por volta de 1750 d.C., período de mais de cinco mil anos, a expectativa de vida nas sociedades europeias oscilou entre 30 e 40 anos; na Grécia clássica, por volta de 680 a.C., chegou a se elevar até 41 anos; na Turquia, em 1400 d.C., era de apenas 31 anos. Esses números não causam estranheza aos que vivem nos países subdesenvolvidos do mundo em nossos dias. As três principais razões para essas taxas elevadas de mortalidade — provisão inadequada de alimentos, saneamento deficiente e doenças epidêmicas — estão estreitamente relacionadas entre si. A má nutrição leva a uma susceptibilidade maior a infecções; o saneamento deficiente produz condições propícias a doenças.

Nas partes do mundo com agricultura eficiente e bom sistema de transporte, o abastecimento de alimentos melhorou. Ao mesmo tempo, medidas mais eficazes de higiene pessoal e de saúde pública — abastecimento de água limpa, sistema de tratamento de esgoto, coleta do lixo, controle de verminoses e programas de imunização e vacinação em massa — resultaram em menor número de epidemias e numa população mais saudável, mais capaz de resistir à doença. Em razão desses melhoramentos, as taxas de mortalidade no mundo desenvolvido vêm caindo constantemente desde a década de 1860. Mas o golpe decisivo contra aquelas bactérias que durante um sem-número de gerações causaram incalculável desgraça e morte foi dado pelos antibióticos.

A partir da década de 1930, o efeito dessas moléculas sobre as taxas de mortalidade por doenças infecciosas foi nítido. Depois da introdução das sulfas para o tratamento da pneumonia, uma complicação comum com o vírus do sarampo, a taxa de mortalidade por sarampo declinou rapidamente. Pneumonia, tuberculose, gastrite e difteria, que figuram entre as principais causas de morte nos Estados Unidos, em 1900, hoje estão fora da lista. Ali onde incidentes isolados de doenças bacterianas — peste bubônica, cólera, tifo e antrax — ocorreram, os antibióticos contiveram o que na sua ausência teria podido se alastrar. Os atos de bioterrorismo de hoje centram-se na preocupação pública com grandes epidemias bacterianas. Em condições normais, nosso arsenal de antibióticos seria capaz de fazer face a um ataque desse tipo.

Outra forma de bioterrorismo, aquela praticada pelas próprias bactérias à medida que se adaptam ao uso crescente — a até abusivo — que fazemos dos antibióticos, é atemorizante. As cepas resistentes a antibióticos de algumas bactérias comuns, mas potencialmente letais, estão se espalhando. Mas, à medida que os bioquímicos aprenderem mais sobre as vias metabólicas das bactérias — e do ser humano — e sobre como os antibióticos mais antigos funcionavam, deverá ser possível sintetizar novos antibióticos capazes de agir sobre reações bacterianas específicas. Compreender as estruturas químicas e como elas interagem com células vivas é essencial para a manutenção de uma vantagem na luta sem fim contra bactérias que causam doenças.

11

A pílula

Em meados do século XX os antibióticos e antissépticos eram de uso corrente e haviam reduzido de maneira impressionante as taxas de mortalidade, em particular entre mulheres e crianças. As famílias não mais precisavam ter um enorme número de filhos para ter certeza de que alguns iriam chegar à idade adulta. Enquanto o espectro da perda de filhos para doenças infecciosas diminuía, crescia a demanda por medidas que limitassem o tamanho da família por meio da contracepção. Em 1960 surgiu uma molécula anticoncepcional que desempenhou papel fundamental no perfil da sociedade contemporânea.

Estamos nos referindo, é claro, à noretindrona, o primeiro anticoncepcional oral, mais conhecido como "a pílula". Atribui-se a essa molécula o mérito — ou a culpa, segundo o ponto de vista adotado — pela revolução sexual da década de 1960, o movimento de liberação das mulheres, a ascensão do feminismo, o aumento da porcentagem de mulheres que trabalham e até a desagregação da família. Apesar da divergência das opiniões acerca de seus benefícios ou malefícios, essa molécula desempenhou importante papel nas enormes modificações por que passou a sociedade nos 40 anos, aproximadamente, transcorridos desde que a pílula foi criada.

Lutas pelo acesso legal à informação sobre o controle da natalidade e aos anticoncepcionais, travadas na primeira metade do século XX por reformadores notáveis como Margaret Sanger, nos Estados Unidos, e Marie Stopes, na Grã-Bretanha agora nos parecem distantes. Os jovens de hoje muitas vezes não acreditam ao ouvir que, nas primeiras décadas do século XX, simplesmente dar informação sobre controle da natalidade era crime. Mas a necessidade estava claramente presente: as elevadas taxas de mortalidade materno-infantil registradas nas áreas pobres das cidades frequentemente estavam em correlação com famílias numerosas. As famílias de classe média já usavam os métodos anticoncepcionais disponíveis na época, e as mulheres da classe operária ansiavam pelo acesso ao mesmo tipo de informação e de recursos. Cartas escritas para os defensores do controle da natalidade por mães de famílias numerosas relatavam sua desolação diante de mais uma gravidez indesejada. Na altura da década de 1930, crescia a aceitação pública do controle da natalidade, muitas vezes designado com a expressão mais aceitável de *planejamento familiar*. Clínicas e pessoal médico envolviam-se na prescrição de métodos anticoncepcionais, e as leis, pelo menos em alguns lugares, começaram a ser alteradas. Mesmo onde uma legislação restritiva continuava valendo, os processos tornaram-se menos frequentes, em especial quando as questões ligadas à contracepção eram abordadas de maneira discreta.

A antiga busca de um anticoncepcional oral

Ao longo dos séculos e em todas as culturas, as mulheres ingeriram muitas substâncias na esperança de evitar a concepção. Nenhuma delas realizava esse objetivo, exceto, talvez, quando deixavam a mulher tão doente que ela se tornava incapaz de conceber. Alguns remédios eram bastante simples: infusão de folhas de salsa e menta, ou de folhas ou casca de pilriteiro, hera, salgueiro, goivo, murta ou choupo. Misturas contendo ovos de aranha ou de cobra também eram aconselhadas. Frutas, flores, feijão, caroços de abricó e poções mistas de ervas faziam parte de outras recomendações. Em certa época o mulo teve um papel destacado na contracepção, supostamente por ser o produto estéril do cruzamento de uma égua com um jumento. Dizia-se que a mulher se tornaria estéril se comesse o rim ou o útero de uma mula. Para a esterilidade masculina, a contribuição do animal não era menos saborosa — o homem devia comer os testículos queimados de um mulo castrado. O envenenamento por mercúrio pode ter sido um meio eficaz, para a mulher, de assegurar a esterilidade caso ela ingerisse um remédio chinês do século VII à base de azougue (um nome antigo do mercúrio) frito em óleo — isto é, se o remédio não a matasse primeiro. Soluções de diferentes sais de cobre eram ingeridas como anticoncepcionais na Grécia Antiga e em partes da Europa no século XVIII. Um estranho método medieval recomendava que a mulher cuspisse três vezes na boca de uma rã. A mulher ficaria estéril, não a rã!

Esteroides

Embora a fricção de certas substâncias em várias partes do corpo para evitar a gravidez pudesse de fato ter propriedades espermicidas, o advento de anticoncepcionais orais em meados do século XX marcou o primeiro meio químico verdadeiramente seguro e eficaz de contracepção. A noretindrona é um dos compostos de um grupo conhecido como *esteroides*, um nome químico perfeito que hoje se costuma aplicar a drogas ilegalmente usadas por alguns atletas para melhorar seu desempenho. Não há dúvida de que essas drogas são esteroides, mas muitos outros compostos que nada têm a ver com proezas atléticas também são; usaremos o termo *esteroide* no sentido químico mais amplo.

Em muitas moléculas, alterações mínimas de estrutura podem resultar em grandes mudanças nos efeitos. Mais do que em qualquer uma, isso acontece com as estruturas dos hormônios sexuais: os hormônios sexuais masculinos (androgênios), os hormônios sexuais femininos (estrogênios) e os hormônios da gravidez (progesteronas).

Todos os compostos classificados como esteroides têm o mesmo padrão molecular básico: uma série de quatro anéis condensados da mesma maneira. Três deles têm seis carbonos cada um, e o quarto tem cinco. Esses anéis são chamados A, B, C e D — o anel D sempre possui cinco membros.

Os quatro anéis básicos da estrutura dos esteroides, mostrando as designações A, B, C e D.

O colesterol, o mais disseminado de todos os esteroides animais, é encontrado na maioria dos tecidos animais, com níveis especialmente altos em gemas de ovo e nos cálculos biliares humanos. É uma molécula com reputação imerecidamente negativa. Precisamos de colesterol em nosso organismo; ele desempenha um papel vital como molécula precursora de todos os nossos outros esteroides, inclusive os ácidos biliares (compostos que nos permitem digerir gorduras e óleos) e os hormônios sexuais. Aquilo de que não precisamos é colesterol extra em nossa dieta, porque nós mesmos sintetizamos o suficiente. A estrutura molecular do colesterol mostra os quatro anéis básicos condensados, bem como os grupos laterais, entre os quais vários grupos metil (CH$_3$, às vezes escritos como H$_3$C, só para se encaixarem melhor no desenho).

O colesterol, o esteroide animal mais disseminado.

A testosterona, o principal hormônio sexual masculino, foi isolada pela primeira vez, de testículos de touros adultos, em 1935; o primeiro hormônio sexual masculino a ser isolado, porém, foi a androsterona, uma variação metabolizada e menos potente da testosterona que é excretada na urina. Como se pode ver pela comparação das duas estruturas, há muito pouca diferença entre elas, sendo a androsterona uma versão oxidada, em que um átomo de oxigênio duplamente ligado substitui o OH da testosterona.

A androsterona e a testosterona.

Em 1931 um hormônio masculino foi isolado pela primeira vez: 15mg de androsterona foram obtidos de 15 mil litros de urina coletados de policiais belgas, em tese um grupo exclusivamente masculino na época.

Mas o primeiro hormônio sexual jamais isolado foi feminino, a estrona, obtida em 1929 da urina de mulheres grávidas. Como a androsterona e a testosterona, a estrona é uma variação metabolizada do principal e mais potente hormônio sexual feminino, o estradiol. Um processo de oxidação semelhante transforma um OH do estradiol num oxigênio duplamente ligado.

Estradiol → (metabolizado e excretado) → Estrona

A estrona difere do estradiol em uma única posição (indicada pela seta mais escura).

Essas moléculas estão presentes em nossos corpos em quantidades muito pequenas: usaram-se quatro toneladas de ovários de porca para extrair apenas 12mg do primeiro estradiol que se isolou.

É interessante considerar como o hormônio masculino testosterona e o hormônio feminino estradiol são similares estruturalmente. Apenas um pequeno número de mudanças na estrutura molecular faz uma enorme diferença.

Testosterona   Estradiol

Se você tiver um CH_3 a menos, um OH em vez de um O duplamente ligado e algumas ligações C=C a mais, quando chegar à puberdade, em vez de características sexuais secundárias masculinas (pelos na face e no corpo, voz grossa, músculos mais fortes), desenvolverá seios e quadris mais largos e começará a menstruar.

A testosterona é um esteroide anabólico, o que significa que promove o crescimento muscular. Testosteronas artificiais — compostos manufaturados que também estimulam o crescimento do tecido muscular — têm estruturas semelhantes à da testosterona. Foram desenvolvidas para uso em caso de lesões ou doenças que causam deterioração muscular debilitante. Em doses terapêuticas, essas drogas ajudam a reabilitar, tendo um efeito masculinizante mínimo. Mas quando esteroides sintéticos, como Dianabol e Estanozolol, são usados em doses dez a vinte vezes maiores que as recomendáveis por atletas desejosos de "ganhar músculos", os efeitos colaterais podem se tornar devastadores.

Dianabol   Testosterona   Estanozolol

Os esteroides sintéticos Dianabol e Estanozolol comparados com a testosterona natural.

Maior risco de câncer do fígado e de doença cardíaca, níveis aumentados de agressividade, acne, esterilidade e testículos atrofiados são apenas alguns dos perigos associados ao abuso dessas moléculas. Pode parecer um pouco estranho que um esteroide androgênico sintético, que promove características secundárias masculinas, faça os testículos diminuírem, mas quando testosteronas artificiais são fornecidas de uma fonte fora do corpo, os testículos — que não precisam mais funcionar — atrofiam.

A mera semelhança estrutural entre uma molécula e a testosterona não significa por si só que ela age como hormônio masculino. A progesterona, o principal hormônio da gravidez, não só tem uma estrutura mais próxima da estrutura da testosterona e da androsterona do que o Estanozolol, como é também mais parecida com os hormônios sexuais masculinos que os estrogênios. Na progesterona, um grupo CH_3CO (circulado no diagrama) substitui o OH da testosterona.

Progesterona

Esta única variação na estrutura química entre a progesterona e a testosterona leva a uma vasta diferença no que a molécula faz. A progesterona envia sinais à mucosa que reveste o útero para que ela se prepare para a implantação de um ovo fertilizado. Uma mulher grávida não concebe novamente durante a gravidez porque um fornecimento contínuo de progesterona coíbe novas ovulações. Essa é a base biológica da contracepção química: uma fonte externa de progesterona, ou de uma substância semelhante à progesterona, é capaz de coibir a ovulação.

O uso da molécula de progesterona como anticoncepcional envolve grandes problemas. Ela precisa ser injetada; sua eficácia quando tomada por via oral é muito reduzida, presumivelmente porque ela reage com ácidos estomacais ou outras substâncias químicas digestivas. Outro problema (como vimos no caso do isolamento de miligramas de estradiol a partir de toneladas de ovários de porca) é que esteroides naturais ocorrem em quantidades muito pequenas em animais. A extração a partir dessas fontes simplesmente não é viável.

A solução para esses problemas está na síntese de uma progesterona artificial que conserve sua atividade quando ministrada oralmente. Para que tal síntese seja possível em larga escala, precisa-se dispor de um material inicial em que o sistema esteroide com quatro anéis, com grupos CH_3 em posições determinadas, já esteja presente. Em outras palavras, a síntese de uma molécula que imite o papel da progesterona requer uma fonte conveniente de grandes quantidades de um outro esteroide cuja estrutura possa ser alterada no laboratório com as reações certas.

A espantosa aventura de Russell Marker

Formulamos o problema químico aqui, mas convém enfatizar que estamos tratando dele em retrospecto. A síntese da primeira pílula para o controle da natalidade foi resultado da tentativa de resolver um conjunto de enigmas muito diferente. Os químicos envolvidos não tinham muita ideia de que acabariam produzindo uma molécula que promoveria mudança social, daria às mulheres controle sobre suas vidas e alteraria os papéis tradicionais de gênero. Russell Marker, o químico norte-americano cujo trabalho foi decisivo para o desenvolvimento da pílula, não representou uma exceção; o objetivo de sua experimentação química não era produzir uma molécula anticoncepcional, mas encontrar uma maneira economicamente viável de produzir outra molécula esteroide — a cortisona.

A vida de Marker foi um conflito incessante com a autoridade e a tradição, o que talvez seja condizente com o homem cujos feitos na química ajudaram a identificar a molécula que também teria de lutar contra a tradição e a autoridade. Ele fez o curso secundário e depois a faculdade contra o desejo do pai, um agricultor meeiro, e em 1923 formou-se bacharel em química pela Universidade de Maryland. Embora sempre afirmasse que continuou os estudos para "escapar do trabalho da fazenda", a capacidade e o interesse de Marker no campo da química devem ter influenciado também em sua decisão de fazer estudos de pós-graduação.

Com a tese de doutorado pronta e já publicada no *Journal of the American Chemical Society*, Marker foi informado de que precisava fazer um outro curso, em físico-química, como requisito adicional para a obtenção do doutorado. Ele achou que isso representaria a perda de um tempo precioso, que poderia ser mais proveitosamente passado no laboratório. Apesar das repetidas advertências de seus professores sobre a falta de oportunidades para uma carreira em pesquisa química sem o grau de doutor, deixou a universidade. Três anos depois ingressou no corpo de pesquisadores do prestigioso Rockefeller Institute, em Manhattan, e seus talentos obviamente sobrepujaram a desvantagem de não ter concluído o doutorado.

Ali Marker começou a se interessar por esteroides, em particular pelo desenvolvimento de um método para produzi-los em quantidades grandes o bastante para que os químicos pudessem fazer experimentos sobre as formas de alterar a estrutura dos vários grupos laterais nos quatro anéis desses compostos. Na época, o custo da progesterona isolada da urina de éguas grávidas — mais de um dólar o grama — estava acima dos recursos dos pesquisadores. As pequenas quantidades extraídas dessa fonte eram usadas sobretudo por abastados proprietários de cavalos de corrida para evitar abortos acidentais entre seus valiosos animais reprodutores.

Marker sabia da presença de compostos contendo esteroides em muitas plantas, entre as quais a dedaleira, o lírio-do-vale, a salsaparrilha e a espirradeira. Embora até então não tivesse sido possível isolar delas apenas o sistema esteroide de quatro anéis, a quantidade desses compostos encontrada em plantas era muito maior que em animais. Pareceu a Marker que esse era obviamente o caminho a seguir; mais uma vez, porém, ele se confrontou com a tradição e a autoridade. A tradição no Rockefeller Institute prescrevia que a química vegetal era seara do Departamento de Farmacologia, e não do de Marker. A autoridade, na pessoa do presidente do instituto, proibiu-o de trabalhar com esteroides vegetais.

Marker deixou o Rockefeller Institute. Sua posição seguinte foi a de pesquisador bolsista no Pennsylvania State College, onde continuou a trabalhar com esteroides, acabando por colaborar com a companhia farmacêutica Parke-Davis.

Foi a partir do mundo vegetal que Marker finalmente conseguiu produzir a grande quantidade de esteroides de que precisava para seu trabalho. Começou com raízes da trepadeira salsaparrilha (usada para aromatizar a cerveja *root beer* e outras bebidas similares), que sabidamente continham certos compostos chamados *saponinas* por causa de sua capacidade de formar soluções saponáceas ou espumosas na água. As saponinas são moléculas complexas, embora nem de longe tão grandes quanto moléculas polímeras como a celulose ou a lignina. A salsaponina — saponina da salsaparrilha — consiste em três unidades de açúcar presas a um sistema de anéis esteroide, que por sua vez está ligado no anel D a dois outros anéis.

Estrutura da salsaponina, a molécula de saponina da planta salsaparrilha.

Sabia-se que remover os três açúcares — duas unidades de glicose e uma unidade de açúcar diferente chamada ramnose — era simples. Com ácido, as unidades de açúcar se partem no ponto indicado pela seta na estrutura.

Salsaponina $\xrightarrow[\text{ou enzimas}]{\text{reação com ácidos}}$ Salsapogenina + 2 glicose + Ramnose

Era a porção restante da molécula, uma *sapogenina*, que apresentava problemas. Para obter o sistema de anéis esteroide da salsapogenina era necessário remover o grupamento lateral circulado no diagrama a seguir. Segundo o bom senso prevalecente na química da época, isso não podia ser feito, pelo menos sem destruir outras partes da estrutura esteroide.

A salsapogenina, a sapogenina da planta salsaparrilha.

Marker, porém, tinha certeza de que isso era possível, e estava certo. O processo que desenvolveu produziu o sistema esteroide básico de quatro anéis que, com apenas alguns passos a mais, resultou em pura progesterona sintética, quimicamente idêntica à produzida pelo corpo da mulher. Além disso, depois que o grupo lateral era removido, tornava-se possível a síntese de muitos outros compostos esteroides. Esse processo — a remoção do grupamento lateral da sapogenina do sistema esteroide — continua sendo usado hoje na indústria multibilionária dos hormônios sintéticos. É conhecido como "degradação de Marker".

O desafio seguinte de Marker foi encontrar uma planta que contivesse mais daquela matéria-prima que a salsaparrilha. Sapogeninas esteroides, derivadas mediante a remoção de unidades de açúcar das saponinas-mães, podem ser encontradas em muitas plantas além da salsaparrilha, entre elas o trílio, a iúca, a dedaleira, o agave e o espargo. Sua procura, envolvendo centenas de plantas tropicais e subtropicais, acabou levando Marker a uma espécie de *Dioscorea*, um inhame silvestre que cresce nas montanhas da província mexicana de Veracruz. O ano de 1942 se iniciava, e os Estados Unidos estavam envolvidos na Segunda Guerra Mundial. As autoridades mexicanas não emitiam autorizações para coleta de plantas, e Marker foi aconselhado a não se aventurar na área para coletar o inhame. Conselhos desse tipo não o haviam detido antes, e ele não se deixou dissuadir dessa vez. Viajando em ônibus locais, acabou chegando à área onde lhe haviam dito que a planta crescia. Ali, colheu dois sacos das raízes negras de 30cm de *cabeza de negro*, como os inhames eram chamados no lugar.

De volta a Pensilvânia, extraiu uma sapogenina muito parecida com a da salsaparrilha. A única diferença era uma ligação dupla extra (indicada pela seta) presente na diosgenina, a sapogenina do inhame silvestre.

A diosgenina do inhame mexicano difere da sapogenina da salsaparrilha, a salsapogenina, apenas por uma ligação dupla (indicada pela seta).

Depois que a degradação de Marker removeu o grupo lateral não desejado, outras reações químicas produziram uma generosa quantidade de progesterona. Marker estava convencido de que a maneira de obter boas quantidades de hormônios esteroides a um custo razoável seria montar um laboratório no México e usar a fonte abundante de esteroides representada pelo inhame mexicano.

Mas se a solução parecia prática e sensata para Marker, não causou a mesma impressão nas grandes companhias farmacêuticas que ele tentou conquistar para seu projeto. Mais uma vez, a tradição e a autoridade se interpuseram em seu caminho. O México não tinha nenhum histórico de realização de sínteses químicas complicadas como aquela, disseram-lhe os diretores das companhias. Incapaz de conseguir apoio financeiro de companhias estabelecidas, Marker decidiu ingressar, ele mesmo, no ramo da produção de hormônios. Demitiu-se do Pennsylvania State College e acabou se mudando para a Cidade do México, onde, em 1944, fundou, em sociedade com outros pesquisadores, o Syntex (de *Synthesis* e México), a companhia farmacêutica que se tornaria líder mundial em produtos esteroides.

Mas a relação de Marker com a Syntex não seria duradoura. Desentendimentos com relação a pagamentos, lucros e patentes o levaram a se afastar. Outra companhia que fundou, a Botanica-Mex, acabou sendo comprada por companhias farmacêuticas europeias. A essa altura Marker havia descoberto outra espécie de *Dioscorea* ainda mais rica na molécula diosgenina, que continha o esteroide. Esses inhames, outrora conhecidos apenas por serem usados como veneno para peixe por agricultores locais — o peixe ficava atordoado, mas continuava comível —, são hoje cultivados como produto agrícola comercial no México.

Marker sempre se mostrara relutante em patentear seus procedimentos, pensando que suas descobertas deveriam estar ao alcance de todos. Em 1949,

Ao desenvolver a série de passos químicos conhecida como degradação de Marker, Russell Marker abriu para os químicos acesso a inúmeras moléculas esteroides vegetais.

se sentia tão desgostoso e decepcionado com seus colegas químicos e com a motivação do lucro que agora lhe parecia impulsionar toda a pesquisa química que destruiu todas as suas anotações de laboratório e registros de experimentos, numa tentativa de se afastar por completo do campo da química. Apesar desses esforços, as reações químicas em que foi o pioneiro são hoje reconhecidas como o trabalho que tornou possível a pílula do controle da natalidade.

A síntese de outros esteroides

Em 1949, um jovem austríaco que emigrara para os Estados Unidos começou a trabalhar nos laboratórios da Syntex na Cidade do México. Carl Djerassi acabara de terminar seu doutorado na Universidade de Wisconsin, com uma tese que envolvia a conversão química de testosterona em estradiol. A Syntex queria encontrar uma maneira de converter a agora relativamente abundante progesterona do inhame selvagem na molécula de cortisona. A cortisona é um dos pelo menos 38 diferentes hormônios isolados a partir do córtex adrenal (a parte externa das glândulas adrenais adjacentes aos rins). É um poderoso agente anti-inflamatório, especialmente eficaz no tratamento da artrite reumatoide. Como outros esteroides, está presente em quantidades diminutas em tecidos animais. Embora pudesse ser feita em laboratório, os métodos disponíveis eram muito dispendiosos. A síntese exigia 32 passos, e era preciso isolar a matéria-prima, o ácido desoxicólico, a partir da bile do boi — que não era nada abundante.

Usando a degradação de Marker, Djerassi mostrou como era possível produzir cortisona a um custo muito mais baixo a partir de uma fonte vegetal como a diosgenina. Um dos maiores obstáculos à produção de cortisona é prender o oxigênio duplamente ligado no carbono número 11 no anel C, uma posição que não é substituível nos ácidos biliares ou nos hormônios sexuais.

Cortisona. O C=O em C#11 está indicado pela seta.

Mais tarde foi descoberto um método original de prender oxigênio nessa posição com uso do fungo *Rhizopus nigricans*. O resultado dessa combinação de fungos e química foi a produção de cortisona a partir de progesterona num total de somente oito etapas — uma microbiológica e sete químicas.

Progesterona → oxidação microbiológica → 7 passos → Cortisona

Depois de produzir cortisona, Djerassi sintetizou tanto estrona quanto estradiol a partir da diosgenina, dando à Syntex uma posição de destaque como grande fornecedora mundial de hormônios e esteroides. Seu projeto seguinte foi fazer uma progestina artificial, um composto que teria propriedades semelhantes às da progesterona, mas que poderia ser tomado por via oral. O objetivo não era criar uma pílula anticoncepcional. Nessa altura, a progesterona, já disponível a um custo razoável — menos de um dólar o grama —, era usada para tratar mulheres com histórico de abortos. Tinha de ser injetada em doses bastante grandes. Suas leituras da literatura científica levaram Djerassi a suspeitar que a substituição no anel D de um grupo por uma ligação tripla carbono-carbono (≡) poderia permitir à molécula conservar sua eficácia quando ingerida por via oral. Um relatório havia mencionado que a remoção de um grupo CH_3 — o carbono designado como número 19 — parecia aumentar a potência em outras moléculas semelhantes à progesterona. A molécula que Djerassi e sua equipe produziram e patentearam em novembro de 1951 era oito vezes mais potente que a progesterona e podia ser tomada por via oral. Foi denominada noretindrona — o *nor* indica a falta de um grupo CH_3.

A estrutura da progesterona natural comparada com a da progestina artificial noretindrona

Críticos da pílula anticoncepcional destacaram que ela foi desenvolvida por homens para ser tomada por mulheres. De fato, os químicos envolvidos na síntese da molécula que se tornou a pílula eram homens, mas, como Djerassi, hoje por vezes chamado "o Pai da Pílula", diria anos mais tarde: "Nem em nossos sonhos mais desvairados imaginávamos que essa substância acabaria se tornando o ingrediente ativo de quase metade dos anticoncepcionais usados no mundo inteiro." A noretindrona foi concebida como um tratamento hormonal para manter a gravidez ou aliviar a irregularidade menstrual, especialmente em casos que envolviam grave perda de sangue. Ainda no início da década de 1950, duas mulheres tornaram-se as forças motoras responsáveis pela mudança do papel dessa molécula, de um tratamento limitado da infertilidade para um fator cotidiano nas vidas de incontáveis milhões de mulheres.

As mães da pílula

Margaret Sanger, a fundadora do International Planned Parenthood, foi presa em 1917 por ter dado anticoncepcionais para mulheres imigrantes numa clínica do Brooklyn. Ao longo de toda a sua vida, ela acreditava apaixonadamente que era um direito da mulher controlar seu próprio corpo e sua fertilidade. Katherine McCormick foi uma das primeiras mulheres a se graduar em biologia pelo Massachusetts Institute of Technology. Além disso, após a morte do marido, ficou extremamente rica. Fazia mais de 30 anos que ela conhecia Margaret Sanger, chegara até a ajudá-la a contrabandear diafragmas contraceptivos ilegais para os Estados Unidos e dera ajuda financeira para a causa do controle da natalidade. As duas mulheres estavam na casa dos 70 anos quando viajaram para Shrewsbury, em Massachusetts, para um encontro com Gregory Pincus, especialista em fertilidade feminina e um dos fundadores de uma pequena organização sem fins lucrativos chamada Worcester Foundation for Experimental Biology. Sanger desafiou o dr. Pincus a produzir um "anticoncepcional perfeito", seguro, barato e confiável, que pudesse ser "engolido como uma aspirina". McCormick apoiou a iniciativa da amiga com suporte financeiro e, ao longo dos 15 anos seguintes, deu uma contribuição de mais de três milhões de dólares para a causa.

Em primeiro lugar, Pincus e seus colegas da Worcester Foundation verificaram que a progesterona realmente inibia a ovulação. Seu experimento foi feito com coelhos; só depois de entrar em contato com outro pesquisador de reprodução, o dr. John Rock, da Universidade de Harvard, ele ficou sabendo que já estavam disponíveis resultados semelhantes com pessoas. Rock era um ginecologista que trabalhava para a superação de problemas de fertilidade de suas pacientes. Seu ponto de partida para usar a progesterona no tratamento da infertilidade era o pressuposto de que o bloqueio da fertilidade pela inibição da ovulação durante alguns meses promoveria um "efeito de ricochete" depois que as injeções de progesterona fossem suspensas.

Em 1952, o estado de Massachusetts tinha uma das legislações mais restritivas para o controle da natalidade nos Estados Unidos. Não era ilegal praticá-lo, mas exibir, vender, receitar, fornecer anticoncepcionais e até informações sobre contracepção eram crimes. Essa lei só foi revogada em março de 1972. Dadas essas limitações legais, Rock era compreensivelmente cauteloso ao explicar o tratamento com injeções de progesterona a seus pacientes. Como o procedimento ainda era experimental, o consentimento tácito do paciente era em especial necessário. Assim, explicava-se a inibição da ovulação, mas a ênfase recaía sobre seu caráter de efeito temporário e colateral para atingir o objetivo de promover a fertilidade.

Nem Rock nem Pincus pensavam que injeções de doses bastante grandes de progesterona funcionariam como anticoncepcional de longo prazo. Pincus começou a contactar companhias farmacêuticas para descobrir se alguma das progesteronas artificiais desenvolvidas até então poderia ser mais potente em doses menores, e também eficaz por via oral. Veio a resposta: havia duas progestinas sintéticas que correspondiam aos requisitos. A companhia farmacêutica G.D. Searle, com sede em Chicago, havia patenteado uma molécula muito semelhante àquela sintetizada por Djerassi na Syntex. Seu noretinodrel diferia da noretindrona apenas pela posição de uma ligação dupla. Supõe-se que a molécula eficaz seja a noretindrona; os ácidos estomacais supostamente mudavam a posição da ligação dupla de noretinodrel para aquela de seu isômero estrutural — fórmula igual, arranjo diferente —, a noretindrona.

[Estruturas químicas: Noretinodrel e Noretindrona]

As setas indicam as posições da ligação dupla, a única diferença entre o noretinodrel da Searle e a noretindrona da Syntex.

Concedeu-se uma patente a cada um desses compostos. Se a transformação de uma molécula na outra pelo organismo constituía ou não uma infração da lei das patentes, esta é uma questão legal que nunca foi examinada.

Pincus tentou ambas as moléculas para a supressão da ovulação em coelhos na Worcester Foundation. O único efeito colateral foi a ausência de coelhinhos. Rock passou então a testar cautelosamente o noretinodrel, agora rebatizado de Enovid, com suas pacientes. A versão de que continuava investigando a infertilidade e as irregularidades menstruais foi mantida, embora com algum grau de verdade. Suas pacientes continuavam procurando ajuda para esses problemas, e ele estava, para todos os efeitos, fazendo os mesmos experimentos que antes — bloqueando a ovulação durante alguns meses para tirar proveito do aumento da fertilidade que parecia ocorrer, pelo menos para algumas mulheres, depois do tratamento. No entanto, ele empregava progestinas artificiais, administradas oralmente e em doses mais baixas que a progesterona sintética. O efeito de ricochete parecia continuar o mesmo. A cuidadosa monitorização de suas pacientes mostrava que o Enovid impedia a ovulação com 100% de eficácia.

Agora precisavam de testes de campo, e estes foram realizados em Porto Rico. Nos últimos anos, os críticos condenaram o "experimento de Porto Rico" por ter, supostamente, explorado mulheres pobres, sem instrução e mal informadas. Mas Porto Rico estava muito à frente de Massachusetts em termos de esclarecimento sobre o controle da natalidade, embora possuísse uma população predominantemente católica. Em 1937 — 35 anos antes de Massachusetts — Porto Rico havia feito emendas em sua legislação de modo a tornar legal a distribuição de anticoncepcionais. Havia clínicas de planejamento familiar, conhecidas como clínicas pré-natais, e médicos da escola de medicina de Porto Rico, bem como autoridades da área de saúde e enfermeiras, apoiavam a ideia de testar um anticoncepcional em campo.

As mulheres escolhidas para o estudo passaram por cuidadosa triagem e foram submetidas a meticulosa monitorização durante todo o processo. Podiam ser pobres e sem instrução, mas eram pragmáticas. Talvez não compreendessem as complexidades do ciclo hormonal feminino, mas certamente entendiam os riscos de ter mais filhos. Para uma mulher de 36 anos com 13 filhos, ganhando a vida com dificuldade numa roça de subsistência e morando numa choça de dois cômodos, os possíveis efeitos colaterais de uma pílula anticoncepcional pareceriam muito mais seguros que mais uma gravidez indesejada. Não faltaram voluntárias em Porto Rico em 1956. Nem faltariam em outros estudos feitos no Haiti e na Cidade do México.

Mais de duas mil mulheres participaram dos testes nesses países. Entre elas, a taxa de falha na prevenção da gravidez foi de cerca de 1%, comparada a algo entre 30 e 40% no caso de outras formas de contracepção. Os testes clínicos da contracepção oral foram um sucesso; a ideia, lançada por duas mulheres mais velhas que haviam visto muito da miséria e do tormento da fertilidade descontrolada, era viável. Ironicamente, se os testes tivessem sido realizados em Massachusetts seriam ilegais, mesmo que as mulheres testadas estivessem informadas de seus objetivos.

Em 1957, o remédio Enovid recebeu aprovação limitada da Food and Drug Administration (FDA) como tratamento para irregularidades menstruais. As forças da tradição e da autoridade ainda prevaleciam; embora as propriedades contraceptivas da pílula fossem indiscutíveis, considerava-se pouco provável que as mulheres quisessem tomar uma pílula anticoncepcional diariamente, e que seu custo relativamente alto (cerca de dez dólares por mês) seria um fator dissuasivo.

No entanto, dois anos depois de sua aprovação pela FDA, meio milhão de mulheres estavam tomando Enovid para suas "irregularidades menstruais".

Por fim G.D. Searle solicitou a aprovação do Enovid como contraceptivo oral, o que foi obtido formalmente em maio de 1960. Em 1965, quase quatro milhões de mulheres norte-americanas tomavam "a pílula", e 20 anos mais tarde estimava-se que nada menos que 80 milhões de mulheres no mundo inteiro estavam se beneficiando da molécula que os experimentos de Marker com um inhame mexicano haviam tornado possível.

A dose de 10mg usada nos testes de campo (outro item das críticas atuais aos testes de Porto Rico) logo foi reduzida para 5mg, depois para 2mg, mais tarde a menos ainda. Descobriu-se que a combinação da progestina sintética com uma pequena porcentagem de estrogênio diminuía os efeitos colaterais (ganho de peso, náusea, pequenos sangramentos fora do período menstrual e oscilações do humor). Em 1965, a molécula da Syntex, noretindrona, produzida por suas licenciadas Parke-Davis e Ortho, uma divisão da Johnson & Johnson, tinha a maior fatia do mercado dos anticoncepcionais.

Por que não foi desenvolvida uma pílula anticoncepcional para homens? Tanto Margaret Sanger — cuja mãe morreu de tuberculose aos 50 anos, após ter 11 filhos e vários abortos espontâneos — quanto Katherine McCornick desempenharam papéis decisivos no desenvolvimento da pílula. Ambas acreditavam que o controle sobre a concepção deveria caber à mulher. Não se sabe se teriam apoiado pesquisas para uma pílula do homem. Se os pioneiros dos contraceptivos orais tivessem sintetizado uma molécula a ser tomada pelos homens, não estariam os críticos dizendo agora que "químicos homens desenvolveram um método para dar o controle sobre a contracepção aos homens"? Provavelmente.

A dificuldade com a contracepção oral para homens é biológica. A noretindrona (e as outras progestinas artificiais) apenas imitam o que a progesterona natural diz ao corpo para fazer — isto é, parar de ovular. Os homens não têm um ciclo hormonal. Impedir, em caráter temporário, a produção de milhões de espermatozoides é muito mais difícil que evitar o desenvolvimento de um óvulo uma vez por mês.

Apesar disso, várias moléculas diferentes estão sendo investigadas para possíveis pílulas anticoncepcionais masculinas, em resposta a uma necessidade percebida de dividir a responsabilidade pela contracepção mais igualmente entre os gêneros. Uma abordagem não hormonal envolve a molécula gossipol, o polifenol tóxico extraído do óleo de semente de algodão que mencionamos no Capítulo 7.

Gossipol

Na década de 1970, testes feitos na China mostraram que o gossipol é eficaz em suprimir a produção de espermatozoides, mas a incerteza quanto à reversibilidade do processo e a quedas dos níveis de potássio, que levam a irregularidades do ritmo cardíaco, representaram problemas. Testes recentes realizados na China e também no Brasil, usando doses menores de gossipol (de 10 a 12,5mg diariamente), indicaram que esses efeitos colaterais podem ser controlados. No momento, planejam-se testes mais amplos dessa molécula.

Aconteça o que acontecer no futuro com novos e melhores métodos de controle da natalidade, parece improvável que outra molécula contraceptiva possa mudar a sociedade com a mesma amplitude em que a pílula o fez. Essa molécula não ganhou aceitação universal; questões de moralidade, valores familiares, possíveis problemas de saúde, efeitos de longo prazo e outras preocupações relacionadas continuam sendo matéria de debate. Mas é praticamente indiscutível que a maior mudança produzida pela pílula — o controle pela mulher de sua própria fertilidade — levou a uma revolução social. Nos últimos 40 anos, em países nos quais a noretindrona e moléculas similares se tornaram amplamente disponíveis, a taxa de natalidade caiu, as mulheres lograram melhores níveis de instrução e ingressaram na força de trabalho em números sem precedentes: as mulheres deixaram de ser exceção na política, nas profissões e nos negócios.

A noretindrona foi mais que uma mera medicação para o controle da fertilidade. Sua introdução assinalou o início de uma consciência, não só da fertilidade e da contracepção, mas de abertura e oportunidades, permitindo às mulheres expressar-se sobre assuntos que haviam sido tabus durante séculos e agir com relação a eles, como o câncer, a violência na família ou o incesto. As mudanças de atitude ocorridas em apenas 40 anos são espantosas. Podendo escolher se e quando querem ter filhos ou constituir família, as mulheres hoje governam países, pilotam jatos de caça, realizam cirurgias cardíacas, disputam maratonas, tornam-se astronautas, dirigem companhias e conduzem o mundo.

12

Moléculas de bruxaria

De meados do século XIV até o fim do XVIII, um grupo de moléculas contribuiu para a desgraça de milhares de pessoas. Talvez nunca venhamos a saber exatamente quantas, em quase todos os países da Europa, foram queimadas na fogueira, enforcadas ou torturadas como bruxas durante esses séculos. As estimativas variam de 40 mil a milhões. Embora, entre os acusados de bruxaria, houvesse homens, mulheres e crianças, aristocratas, camponeses e clérigos, em geral os dedos eram apontados para as mulheres — sobretudo pobres e idosas. Propuseram-se muitas explicações para o fato de as mulheres terem se tornado as principais vítimas das ondas de histeria e delírio que ameaçaram populações inteiras durante centenas de anos. Especulamos que certas moléculas, embora não inteiramente responsáveis por esses séculos de perseguição, desempenharam neles um papel substancial.

A crença na feitiçaria e na magia sempre fez parte da sociedade humana, muito antes que as caças às bruxas começassem, no final da Idade Média. Ao que parece, entalhes da Idade da Pedra representando figuras femininas eram venerados por seus poderes mágicos de propiciar a fertilidade. O sobrenatural está presente de modo abundante nas lendas de todas as civilizações antigas: divindades que assumem formas animais, monstros, deusas com o poder de enfeitiçar, magos, espectros, duendes, fantasmas, criaturas temíveis, metade animal e metade homem, e deuses que habitavam o céu, as florestas, os lagos, oceanos e as profundezas da terra. A Europa pré-cristã, um mundo cheio de magia e superstição, não era exceção.

À medida que o cristianismo se espalhou pela Europa, muitos antigos símbolos pagãos foram incorporados aos rituais e celebrações da Igreja. Em alguns países ainda são celebrados, como o Halloween, ou dia das bruxas, a grande festa celta dos mortos, que assinalava o início do inverno, no dia 31 de outubro, embora 1º de novembro, dia de Todos os Santos, tenha sido uma tentativa da Igreja para desviar as atenções das festividades pagãs. A noite de Natal foi originalmente o dia festivo romano da Saturnália. A árvore de Natal e muitos outros símbolos (o azevinho, a hera, as velas) que hoje associamos ao Natal têm origem pagã.

Trabalho e tribulação

Antes de 1350 a bruxaria era vista como a prática da feitiçaria, uma maneira de tentar controlar a natureza em nosso próprio interesse. Usar sortilégios na crença de que podiam proteger safras ou pessoas, fazer encantamentos para influenciar ou prover, e invocar espíritos eram lugares-comuns. Na maior parte da Europa a feitiçaria era aceita como parte da vida, e a bruxaria só era considerada um crime se produzisse danos. As vítimas de *maleficium* ou de maldades produzidas por meio do oculto podiam empreender ações legais contra um bruxo, mas se fossem incapazes de provar sua acusação tornavam-se, elas próprias, passíveis de punição e tinham de pagar as custas do processo. Por esse método, evitavam-se acusações vãs. Raramente bruxos eram condenados à morte. A bruxaria não era nem uma religião organizada, nem uma oposição organizada à religião. Não era sequer organizada. Era apenas parte do folclore.

Por volta de meados do século XIV, porém, uma nova atitude em face da bruxaria tornou-se manifesta. O cristianismo não se opunha à magia, contanto que fosse sancionada pela Igreja e reconhecida como milagre. Quando conduzida fora da Igreja, porém, era considerada obra de Satã. Os feiticeiros estavam em conluio com o diabo. A Inquisição, um tribunal da Igreja Católica originalmente estabelecido por volta de 1233 para lidar com hereges — sobretudo no sul da França — expandiu seu mandato para lidar com a bruxaria. Segundo algumas autoridades, depois que os hereges haviam sido praticamente eliminados, os inquisidores, precisando de novas vítimas, voltaram os olhos para a feitiçaria. O número de bruxos potenciais em toda a Europa era grande; a fonte possível de ganhos para os inquisidores, que partilhavam as propriedades e os bens confiscados com as autoridades locais, devia também ser enorme. Logo bruxos estavam sendo condenados, não pela prática de malefícios, mas por terem supostamente estabelecido um pacto com o diabo.

Esse crime era considerado tão horrendo que, em meados do século XV, as normas ordinárias do direito não se aplicavam mais a julgamentos de bruxos. Uma acusação isolada era tratada como prova. A tortura não era apenas admitida, era usada rotineiramente; uma confissão sem tortura era considerada pouco confiável — ideia que hoje parece estranha.

Os atos atribuídos aos bruxos — promover rituais orgíacos, fazer sexo com demônios, voar em vassouras, matar crianças, comer bebês — eram em sua maior parte absurdos, o que não impedia que se acreditasse neles fervorosamente. Cerca de 90% dos acusados de bruxaria eram mulheres, e seus acusadores podiam ser tanto mulheres como homens. Se os chamados caçadores de bruxas revelavam uma paranoia subjacente voltada contra as mulheres e a sexualidade feminina é uma questão por discutir. Sempre que um desastre natural acontecia — uma inundação, uma seca, uma safra perdida —, não faltavam testemunhas para atestar que alguma pobre mulher, ou mais provavelmente um grupo delas, havia sido vista cabriolando com demônios num sabá (ou reunião de bruxas), ou voando pelos campos com um espírito malévolo — na forma de um animal, como um gato — a seu lado.

O furor tomou conta igualmente de países católicos e protestantes. No auge da paranoia da caça às bruxas, de cerca de 1500 a 1650, quase não sobrou uma mulher viva em algumas aldeias da Suíça. Em certas regiões da Alemanha houve algumas aldeias cuja população inteira foi queimada na fogueira. Na Inglaterra e na Holanda, contudo, a perseguição frenética às bruxas nunca se tornou tão encarniçada como em outras partes da Europa. A tortura não era permitida sob as leis inglesas, embora suspeitos de bruxaria fossem submetidos à prova da água. Amarrada e jogada num poço, uma bruxa de verdade flutuava e era então resgatada e devidamente punida — por enforcamento. Caso afundasse e se afogasse, considerava-se que fora inocente da acusação de bruxaria — um consolo para a família, mas de pouca valia para a própria vítima.

O terror da caça às bruxas só amainou aos poucos. Mas os acusados eram tantos que o bem-estar econômico ficou ameaçado. À medida que o feudalismo batia em retirada, e despontava o Iluminismo — e que vozes de homens e mulheres de coragem que se arriscavam a ir para a forca ou para a fogueira por se oporem àquela loucura foram se elevando —, a mania que assolara a Europa durante séculos foi se reduzindo gradativamente. Nos Países Baixos, a última execução de uma bruxa ocorreu em 1610, e na Inglaterra, em 1685. As últimas bruxas executadas na Escandinávia — 85 mulheres idosas queimadas na fogueira em 1699 — foram condenadas com base exclusivamente em depoimentos de crianças pequenas, que afirmaram ter voado com elas para sabás.

No século XVIII, a execução por bruxaria havia cessado: na Escócia em 1727, na França em 1745, na Alemanha em 1755, na Suíça em 1782 e na Polônia em

Azulejo de Delft, na Holanda (primeira metade do século XVIII), mostrando o julgamento de uma bruxa. A acusada à direita, com as pernas visíveis acima da água, está afundando e seria proclamada inocente. A mão de Satã poderia estar sustentando a acusada que flutua à esquerda, a qual — com a culpa agora provada — seria arrancada da água para ser queimada viva na fogueira.

1793. Mas embora a Igreja e o Estado tivessem deixado de executar bruxos, o tribunal da opinião pública mostrou-se menos disposto a abandonar o temor e a aversão à bruxaria adquiridos em séculos de perseguição. Em comunidades rurais mais remotas, as velhas crenças continuaram dominando, e não poucos suspeitos de bruxaria perderam a vida — ainda que não por ditame oficial — de maneira violenta.

Muitas mulheres acusadas de bruxaria eram herboristas competentes no uso de plantas locais para curar doenças e mitigar dores. Muitas vezes também forneciam poções do amor, faziam encantamentos e desfaziam bruxarias. O poder de curar que algumas de suas ervas realmente tinham era visto como tão mágico quanto os encantamentos e rituais que cercavam as demais cerimônias que realizavam.

Usar e receitar remédios à base de ervas era, na época — como agora —, um negócio arriscado. As diversas partes de uma planta contêm níveis diferentes de compostos eficazes; plantas colhidas em lugares diferentes podem variar em poder curativo; e a quantidade necessária de uma planta para produzir uma dose apropriada pode variar segundo a época do ano. Muitas plantas podem ser de pouca valia num elixir, enquanto outras contêm medicações extremamente eficazes mas também mortalmente venenosas. As moléculas dessas plantas podiam aumentar a reputação de uma herborista como feiticeira, mas o sucesso podia ele próprio acabar sendo fatal para essas mulheres. As herboristas com maior capacidade de curar podiam ser as primeiras rotuladas de feiticeiras.

Ervas curativas, ervas nocivas

O ácido salicílico, do salgueiro e da rainha-do-brejo, plantas comuns em toda a Europa, foi conhecido séculos antes que a Bayer and Company começasse a comercializar a aspirina em 1899 (ver Capítulo 10). A raiz de aipo silvestre era receitada para prevenir cãibras, acreditava-se que a salsa induzia abortos e utilizava-se a hera para aliviar os sintomas da asma. Um extrato da dedaleira comum, *Digitalis purpurea*, contém moléculas que há muito se sabe terem poderoso efeito sobre o coração — os *glicosídeos cardíacos*. Essas moléculas diminuem e regularizam o ritmo cardíaco e fortalecem os batimentos, uma combinação potente em mãos inexperientes. (Elas também são saponinas, muito semelhantes àquelas encontradas na salsaparrilha e nos inhames mexicanos a partir dos quais a pílula anticoncepcional noretindrona foi sintetizada; ver Capítulo 11.) Um exemplo de glicosídeo cardíaco é a molécula de digoxina, um dos medicamentos mais amplamente prescritos nos Estados Unidos e um bom exemplo de fármaco baseado na medicina popular.

Estrutura da molécula de digoxina. As três unidades de açúcar são diferentes das presentes na salsaparrilha ou no inhame mexicano. A molécula de digitoxina não tem o grupo OH, indicado pela seta, no sistema de anéis esteroide.

Em 1795, o médico britânico William Withering usou extratos de dedaleira para tratar insuficiência cardíaca congestiva após ouvir rumores sobre as capacidades curativas da planta. Mas passou-se bem mais de um século antes que os químicos conseguissem isolar a molécula responsável por isso.

No extrato de *Digitalis* havia outras moléculas muito semelhantes à digoxina; por exemplo, a molécula de digitoxina, a que falta apenas o OH, como indicado no desenho da estrutura. Moléculas glicosídeas cardíacas semelhantes são encontradas em outras plantas, em geral espécies das famílias do lírio e do ranúnculo, mas a dedaleira continua como principal fonte do medicamento atual. Nunca foi muito difícil para os herboristas encontrar plantas que atuassem como tônicos cardíacos em seus próprios jardins e em brejos locais. Os egípcios e os romanos antigos usavam um extrato da cebola-albarrã, um exemplar da família dos jacintos, como tônico cardíaco e (em doses maiores) como raticida. Hoje sabemos que essa cebola do mar também contém uma molécula glicosídea cardíaca diferente.

Todas essas moléculas têm uma mesma característica estrutural, e provavelmente é ela a responsável pelo efeito cardíaco. Todas têm um anel de lactona de cinco membros preso à extremidade do sistema asteroide e um OH extra entre os anéis C e D do sistema esteroide:

Parte não açúcar da molécula de digoxina, com o OH extra que afeta o coração e o anel de lactona indicados pelas setas. Esse anel de lactona é encontrado também na molécula de ácido ascórbico (vitamina C).

Moléculas que afetam o coração não são encontradas somente em plantas. Compostos tóxicos semelhantes em estrutura aos glicosídeos cardíacos são encontrados em animais. Eles não contêm açúcares, nem são usados como estimulantes do coração. Na verdade, são venenos convulsivos e têm pouco valor medicinal. A fonte dessas peçonhas são animais anfíbios — extratos de sapos e rãs foram usados para envenenar pontas de flecha em muitas partes do mundo. Curiosamente, segundo o folclore, era o sapo, depois do gato, o animal que mais frequentemente acompanhava as bruxas como encarnação de um espírito malévolo. Muitas poções preparadas por pretensas bruxas continham partes de sapos. A molécula *bufotoxina*, o componente ativo do veneno do sapo europeu comum, *Bufo vulgaris*, é uma das mais tóxicas moléculas conhecidas. Sua estrutura mostra notável similaridade, no sistema de anéis esteroide, com a molécula de digitoxina, tendo o mesmo OH extra entre os anéis C e D e um anel de lactona de seis membros, em vez de cinco.

A bufotoxina do sapo comum é estruturalmente semelhante à digitoxina da dedaleira em torno da parte esteroide da molécula.

A bufotoxina, no entanto, é um veneno, e não um restaurador para o coração. Dos glicosídeos cardíacos da dedaleira aos venenos do sapo, as supostas bruxas tinham acesso a um poderoso arsenal de compostos tóxicos.

Além da predileção pelos sapos, um dos mitos mais persistentes acerca de bruxas é que elas são capazes de voar, em geral em vassouras, para ir a um sabá — um encontro marcado para a meia-noite, supostamente uma paródia orgíaca da missa cristã. Muitas mulheres acusadas de bruxaria confessavam, sob tortura, que voavam para os sabás. Isso não é surpreendente — nós também provavelmente confessaríamos a mesma coisa se submetidos as mesmas torturas perpetradas na busca da verdade. O que surpreende é que muitas das mulheres acusadas de bruxaria confessassem, *antes* de serem torturadas, o feito impossível de voar para um sabá numa vassoura. Como semelhante confissão não tendia a ajudá-las a escapar da tortura, é bastante possível que essas mulheres realmente acreditassem que haviam voado pela chaminé, montadas numa vassoura, e se entregado depois a toda sorte de perversões sexuais. Pode haver uma excelente explicação química para a crença delas — um grupo de compostos conhecidos como alcaloides.

Os alcaloides são compostos vegetais que têm um ou mais átomos de nitrogênio, em geral como parte de um anel de átomos de carbono. Já encontramos algumas moléculas alcaloides — a piperina na pimenta, a capsaicina no chile, no índigo, na penicilina e no ácido fólico. Pode-se afirmar que, como grupo, os alcaloides tiveram mais impacto sobre o curso da história da humanidade que qualquer outra família de substâncias químicas. Com frequência os alcaloides são fisiologicamente ativos no ser humano, em geral afetando o sistema nervoso central, e de hábito são extremamente tóxicos. Alguns desses compostos que ocorrem na natureza têm sido usados como remédio há milhares de anos. Derivados feitos de alcaloide formam a base de muitos de nossos fármacos modernos, como a molécula codeína, que alivia a dor, o anestésico local benzocaína e a cloroquina, um agente antimalárico.

Já mencionamos o papel que as substâncias químicas desempenham na proteção de plantas. Estas não podem correr do perigo nem se esconder ao primeiro sinal do predador; meios físicos de proteção, como os espinhos, nem sempre detêm certos herbívoros. As substâncias químicas são uma forma de proteção passiva, mas muito eficiente, tanto contra animais como contra fungos, bactérias e vírus. Os alcaloides são fungicidas, inseticidas e pesticidas naturais. Estima-se que, em média, cada um de nós ingere todo dia cerca de 1,5g de pesticida natural dos vegetais e produtos vegetais presentes em nossa dieta. A estimativa para resíduos de pesticidas sintéticos é de cerca de 0,15mg por dia — cerca de dez mil vezes menos que a dose de pesticidas naturais!

Em pequenas quantidades, os efeitos fisiológicos dos alcaloides são muitas vezes agradáveis ao homem. Muitos deles foram usados medicinalmente durante séculos. A arecaidina, um alcaloide encontrado na noz-de-areca, da palmeira arequeira, *Areca catechu*, tem uma longa história de uso na África e no Oriente como estimulante. Nozes-de-areca esmagadas são enroladas nas folhas da arequeira e mascadas. Os usuários dessas nozes são facilmente reconhecíveis pelas manchas escuras características que têm nos dentes e pelo hábito de cuspir copiosas quantidades de saliva vermelho-escura. A efedrina, da *Ephedra sinica* ou planta *ma huang*,* está em uso na fitoterapia chinesa há milhares de anos e atualmente é usada no Ocidente como descongestionante e broncodilatador. Os membros da família da vitamina B, como tiamina (B_1), riboflavina (B_2) e niacina (B_4), são todos classificados como alcaloide A reserpina, usada no tratamento da pressão sanguínea alta e como tranquilizante. Ela é isolada de uma planta da Índia, a *Rauwolfia serpentina*.

---

* Cânhamo (*ma*) amarelo (*huang*) em chinês mandarim. (N.T.)

Só a toxicidade bastou para assegurar a fama de alguns alcaloides. O componente venenoso da cicuta, *Conium maculatum*, responsável pela morte do filósofo Sócrates em 399 a.C., é o alcaloide coniina. Sócrates, condenado por pretensa irreligiosidade e corrupção dos rapazes de Atenas, recebeu a sentença de morte por ingestão de uma poção feita da fruta e das sementes da cicuta. A coniina é um dos alcaloides de estrutura mais simples, mas pode ser tão letal quanto outros, de estruturas mais complexas, como a estricnina, extraída das sementes da árvore asiática *Strychnos nux-vomica*.

Estruturas da coniina (à esquerda) e da estricnina (à direita).

Em seus "unguentos do voo" — óleos e pomadas que supostamente as faziam voar —, as bruxas costumavam incluir extratos de mandrágora, beladona e meimendro. Todas estas plantas pertencem à família *Solanaceae*, ou das beladonas. A mandrágora, *Mandragora officinarum*, com sua raiz ramificada que, ao que se diz, parece a forma humana, é nativa da região mediterrânea. É usada desde a Antiguidade como meio de restaurar a vitalidade sexual e como soporífico. Várias lendas curiosas envolvem a mandrágora. Dizia-se que, quando arrancada do solo, ela emitia gemidos lancinantes. Quem quer que estivesse nas vizinhanças corria risco, tanto por causa do fedor que então se desprendia da planta quanto por causa de seus gritos fantasmagóricos. Uma passagem de *Romeu e Julieta*, de Shakespeare, indica quanto essa característica era de conhecimento geral; em certo momento, Julieta diz: "... com cheiros repugnantes e guinchos como mandrágoras arrancadas da terra/ Que mortais, ouvindo-os, enlouquecem." A mandrágora, diziam, crescia debaixo das forcas, germinadas pelo sêmen que o réu ali pendurado deixava escapar.

A segunda planta usada nos unguentos do voo era a beladona (*Atropa belladonna*). O nome vem da prática, comum entre mulheres na Itália, de pingar nos olhos o suco espremido das bagas pretas dessa planta. Pensavam que a dilatação da pupila daí resultante tornava-as mais belas, daí *belladonna*, "bela mulher" em italiano. Quantidades maiores da mortal beladona, se ingeridas, podiam acabar induzindo um sono semelhante à morte. É provável que também isso fosse de conhecimento geral, e talvez essa tenha sido a poção tomada por Julieta. Shakespeare escreveu na peça: "Através de todas as tuas veias correrá/ Um humor frio e letárgico, pois nenhuma pulsação restará", mas ao fim "Nessa semelhança emprestada de morte constrita/ Permanecerás por quarenta e duas horas,/ E então despertarás como de um sonho bom."

O terceiro membro da família das beladonas, o meimendro, era provavelmente a *Hyoscyamus niger*, embora seja possível que outras espécies fossem também usadas nas poções das bruxas. O meimendro tem uma longa história como soporífero, mitigante da dor (em particular da dor de dente), anestésico e possivelmente como veneno. Ao que parece, as propriedades dessa planta também eram muito conhecidas: mais uma vez Shakespeare apenas refletia o conhecimento comum de seu tempo quando fez Hamlet ouvir do fantasma do pai: "Teu tio roubou,/ Com suco de execrável *hebona* num frasquinho,/ E nos meus ouvidos derramou/ O destilado venenoso." A palavra *hebona* foi associada tanto ao teixo quanto ao meimendro,* mas de um ponto de vista químico o meimendro parece fazer mais sentido.

Tanto a mandrágora quanto a beladona e o meimendro contêm vários alcaloides muito semelhantes. Os dois principais, a hiosciamina e a hioscina, estão presentes nas três plantas em diferentes proporções. Uma forma de hiosciamina é conhecida como atropina e continua sendo usada até hoje, em diferentes soluções, para dilatar a pupila em exames oftalmológicos. Grandes concentrações produzem visão embaçada, agitação e até delírio. Um dos primeiros sintomas do envenenamento por atropina é a secagem dos fluidos corporais. Tira-se proveito dessa propriedade prescrevendo atropina em casos em que o excesso de saliva ou secreção mucosa podem interferir numa cirurgia. A hioscina, também conhecida com escopolamina, ganhou uma fama provavelmente imerecida como soro da verdade.

Combinada com a morfina, a escopolamina é usada na forma do anestésico conhecido como "sono crepuscular"; o que não está claro, porém, é se, sob seu efeito, balbuciamos a verdade ou simplesmente balbuciamos. Apesar disso, como os escritores de romances policiais sempre gostaram da ideia de um soro

---

* *Henbane*, em inglês. (N.T.)

Atropina da hiosciamina

Escopolamina (hioscina)

Única diferença entre esses dois alcaloides

da verdade, ela provavelmente continuará a ser mencionada como tal. A escopolamina, como a atropina, tem propriedades antissecretórias e euforizantes. Em pequenas quantidades, combate a náusea dos viajantes. Os astronautas dos EUA usam a escopolamina como tratamento para a náusea produzida pelo que chamamos de ausência de gravidade no espaço.

Por mais esquisito que pareça, o composto venenoso atropina atua como antídoto para grupos de compostos ainda mais tóxicos. Gases que afetam o sistema nervoso, como o sarin — liberado por terroristas no metrô de Tóquio em abril de 1995 — e inseticidas organofosfatos, como o paration, atuam impedindo a remoção normal de uma molécula mensageira que transmite um sinal por meio de sinapses. Quando essa molécula mensageira não é removida, as terminações nervosas são estimuladas continuamente, o que leva a convulsões; e, se o coração ou os pulmões forem afetados, à morte. A atropina bloqueia a produção dessa molécula mensageira, de tal modo que, se administrada na dose correta, é um remédio eficaz para o envenenamento por sarin ou paration.

O que hoje sabemos acerca dos dois alcaloides atropina e escopolamina, e que obviamente as bruxas da Europa também sabiam, é que nenhum dos dois é particularmente solúvel em água. Além disso, é provável que elas soubessem que a ingestão desses compostos podia levar à morte em vez de provocar as desejadas sensações eufóricas e embriagantes. Por isso, extratos de mandrágora, beladona e meimendro eram dissolvidos em gorduras ou óleos, e essas graxas aplicadas à pele. Hoje a absorção pela pele — liberação transdérmica — é um método padrão para certos medicamentos. O adesivo de nicotina para os que estão tentando deixar de fumar, alguns remédios para náusea de viagem e terapias de reposição hormonal usam essa via.

Como os registros de unguentos para voar mostram, essa técnica era conhecida também centenas de anos atrás. Hoje sabemos que a absorção mais eficiente ocorre onde a pele é mais fina e há vasos sanguíneos situados logo abaixo da superfície; por isso, supositórios vaginais e retais são utilizados quando se quer assegurar a rápida absorção de medicamentos. As bruxas deviam conhecer também esse fato da anatomia, pois diz-se que os unguentos eram friccionados no corpo inteiro ou esfregados sob os braços e, recatadamente, "em outros locais pilosos". Segundo alguns relatos, as bruxas aplicavam a graxa no longo cabo de uma vassoura e, montando nela, esfregavam a mistura contendo atropina e escopolamina nas membranas genitais. As conotações sexuais desses relatos são óbvias, e o mesmo se pode dizer de gravuras antigas de bruxas nuas ou parcialmente vestidas montadas em vassouras, aplicando-se unguentos e dançando em torno de caldeirões.

A explicação química é, evidentemente, que as supostas bruxas não voavam em vassouras para os sabás. As viagens eram fantasiosas, ilusões provocadas pelos alcaloides alucinatórios. Relatos modernos de estados alucinogênicos provocados pela escopolamina e a atropina soam incrivelmente semelhantes às aventuras das bruxas à meia-noite: a sensação de voar ou deixar o próprio corpo, de ver as coisas girando em volta e ter encontros com feras. O estágio final do processo é um sono profundo, quase comatoso.

Não é difícil imaginar como, numa época mergulhada na feitiçaria e na superstição, usuários de unguentos para voar podiam acreditar que realmente haviam viajado pelo céu noturno e tomado parte em danças dissolutas e festanças ainda mais extravagantes. As alucinações provocadas pela atropina e a escopolamina foram descritas como particularmente vívidas. Uma bruxa não teria nenhuma razão para suspeitar de que os efeitos de seu unguento do voo existiam apenas em sua mente. Tampouco é difícil imaginar de que maneira o conhecimento desse segredo maravilhoso era transmitido — e este devia ser considerado um segredo realmente maravilhoso. A vida para a maioria das mulheres nesse tempo era árdua. O trabalho era interminável, doença e pobreza estavam sempre presentes, e o controle de uma mulher sobre seu próprio destino era algo inaudito. Algumas horas de liberdade, percorrendo o céu rumo a uma reunião onde as próprias fantasias sexuais eram encenadas, para depois acordar em segurança na sua cama, deviam ser uma grande tentação para a mulher. Lamentavelmente, porém, a fuga temporária da realidade possibilitada pelas moléculas da atropina e da escopolamina muitas vezes era fatal, pois as mulheres acusadas de bruxaria que confessavam essas proezas imaginárias à meia-noite eram queimadas na fogueira.

Juntamente com a mandrágora, a beladona e o meimendro, havia outras plantas nos unguentos para voar: dedaleira, salsa, acônito, cicuta e estramônio são listados em relatos históricos. Há alcaloides tóxicos no acônito e na cicuta, glicosídeos tóxicos na dedaleira, miristicina alucinogênica na salsa, e atropina e escopolamina no estramônio. Este é uma *Datura*; algumas plantas desse gênero são chamadas em inglês *devil's apple, angel's trumpet e stinkweed*.* Hoje amplamente distribuído nas partes mais quentes do mundo, o gênero *Datura* fornecia alcaloides tanto para bruxas na Europa quanto para ritos de iniciação e outras ocasiões cerimoniais na Ásia e na América. O folclore associado com o uso de *Datura* nesses países revela alucinações que envolviam animais, um aspecto muito comum dos voos das bruxas. Em partes da Ásia e da África, sementes de *Datura* são incluídas em misturas para fumar. A absorção na corrente sanguínea pelos pulmões é um método muito rápido de "ficar no barato" com um alcaloide, como os fumantes europeus de tabaco descobririam mais tarde, no século XVI. Casos de envenenamento por atropina são relatados ainda hoje — há quem consuma flores, folhas ou sementes de *Datura* em busca da embriaguez.

Várias plantas da família da beladona foram introduzidas na Europa, trazidas do Novo Mundo logo após as viagens de Colombo. Algumas que continham alcaloides — o tabaco (*Nicotiana*) e pimentas (*Capsicum*) — ganharam aceitação imediata, mas, surpreendentemente, outras espécies da família — tomates e batatas — foram de início encarados com grande desconfiança.

Outros alcaloides quimicamente semelhantes à atropina são encontrados nas folhas de várias espécies de *Erythroxylon*, a árvore da coca, nativa de partes da América do Sul. A coca não é membro da família da beladona — situação inusitada, pois substâncias químicas relacionadas são normalmente encontradas em espécies relacionadas. Historicamente, porém, as plantas foram classificadas com base em traços morfológicos. Revisões atuais consideram os componentes químicos e dados do DNA.

O principal alcaloide da coca é a cocaína. As folhas da planta foram usadas como estimulante por centenas de anos nos altiplanos do Peru, Equador e Bolívia. Elas são misturadas com uma pasta de cal, depois enfiadas entre a gengiva e a bochecha, onde os alcaloides, lentamente liberados, ajudam a vencer o cansaço, a fome e a sede. Estimou-se que a quantidade de cocaína absorvida dessa maneira não chega a um grama por dia, o que não vicia. Esse método tradicional de uso

---

* De maneira igualmente sugestiva, plantas do gênero *Datura* têm em português nomes como erva-dos-mágicos, figueira-do-demo e palha-fede. (N.T.)

Cocaína   Atropina

do alcaloide da coca é semelhante ao que fazemos do alcaloide cafeína no café e no chá. Mas cocaína extraída e purificada é coisa bem diferente.

Isolada na década de 1880, a cocaína foi considerada um santo remédio. Tinha propriedades anestésicas locais de eficácia espantosa. O psiquiatra Sigmund Freud considerava-a uma panaceia e receitava-a por suas propriedades estimulantes. Usou-a também para tratar o vício da morfina. Mas logo se tornou óbvio que a própria cocaína viciava enormemente, mais que qualquer outra substância conhecida. Ela produz uma euforia rápida e extrema, seguida por uma depressão igualmente extrema, deixando o usuário ansioso por um novo estado de euforia. As consequências desastrosas do abuso da cocaína sobre a saúde humana e a sociedade moderna são bem conhecidas. A estrutura da cocaína é, no entanto, a base para várias moléculas extremamente úteis, desenvolvidas como anestésicos tópicos e locais. Benzocaína, novocaína e lidocaína são compostos que imitam a ação da cocaína como anuladora da dor, bloqueando a transmissão de impulsos nervosos, mas falta-lhes a capacidade que a cocaína tem de estimular o sistema nervoso ou perturbar o ritmo cardíaco. Muitos de nós pudemos nos beneficiar dos efeitos desses compostos, ficando insensíveis à dor na cadeira do dentista ou na emergência de um hospital.

Os alcaloides da cravagem

Outro grupo de alcaloides de estrutura bastante diferente foi provavelmente o responsável, embora de maneira indireta, por milhares de mortes de bruxas na fogueira na Europa. Mas esses compostos não eram usados em unguentos alucinógenos. Os efeitos de algumas das moléculas alcaloides desse grupo podem ser tão devastadores que comunidades inteiras, afligidas por horrendos sofrimentos, supunham que a catástrofe era o resultado de um encantamento maléfico praticado por bruxas locais. Esse grupo de alcaloides é encontrado na cravagem,* *Claviceps purpurea*, fungo que infecta muitos cereais, mas especialmente o centeio. O ergotismo, ou envenenamento pela cravagem, era até pouco tempo o responsável pelo maior número de mortes entre os agentes microbianos, depois de bactérias e vírus. Um desses alcaloides, a ergotamina, induz abortos espontâneos em seres humanos e no gado, enquanto outros causam distúrbios neurológicos. Os sintomas de ergotismo variam segundo a quantidade dos diferentes alcaloides presentes, mas podem incluir convulsões, ataques apopléticos, diarreia, letargia, comportamento maníaco, alucinações, distorção dos membros, vômito, espasmos, formigamento, entorpecimento das mãos e dos pés e uma sensação de queimadura que se torna extremamente dolorosa à medida que a gangrena, resultante da circulação reduzida, vai se estabelecendo. Nos tempos medievais, a doença era conhecida por vários nomes: *holy fire*, *Saint Anthony's fire*, *occult fire* ou *Saint Vitus dance*, ou dança-de-são-vito. A referência ao fogo relaciona-se com a dor terrível, como a de uma queimadura com ferro em brasa e ao escurecimento das extremidades causado pela progressão da gangrena. Era frequente a perda das mãos, dos pés ou dos genitais. Atribuíam-se a santo Antônio poderes especiais contra o fogo e a epilepsia, o que fazia dele o santo a apelar para alívio do ergotismo. A "dança"-de-são-vito refere-se a espasmos e contorções convulsivas decorrentes dos efeitos neurológicos de alguns alcaloides da cravagem.

Não é difícil imaginar uma situação em que grande número de moradores de uma aldeia ou vila era acometido de ergotismo. Um período particularmente chuvoso pouco antes da colheita estimulava o crescimento do fungo no centeio; o armazenamento inadequado do cereal em condições úmidas promovia maior crescimento. Uma pequena porcentagem de cravagem na farinha é suficiente para causar ergotismo. À medida que um número crescente de moradores exibia os temíveis sintomas, as pessoas podiam começar a conjecturar por que sua comunidade fora escolhida para a calamidade, em especial quando as aldeias vizinhas não mostravam nenhum sinal da doença. A ideia de que sua aldeia fora enfeitiçada devia lhes parecer bastante plausível. Como no caso de muitos desastres naturais, a culpa era muitas vezes lançada sobre a cabeça inocente de uma

---

* Também conhecida como esporão-do-centeio ou fungão, a cravagem é chamada em inglês com a palavra francesa *ergot*; daí ergotamina, ergotismo etc. (N.T.)

mulher idosa, alguém que não tinha mais utilidade como procriadora e que talvez não tivesse nenhum apoio familiar. Mulheres assim com frequência moravam nos arredores da comunidade, talvez sobrevivendo de seus conhecimentos como herboristas e não dispondo nem da soma modesta necessária para comprar farinha do moleiro na vila. Esse nível de pobreza podia salvar uma mulher do ergotismo, mas, ironicamente, sendo talvez a única pessoa não atingida pelos venenos da cravagem, ela se tornava ainda mais vulnerável à acusação de bruxaria.

O ergotismo é conhecido há muito tempo. Sua causa foi sugerida em textos de tempos tão remotos quanto 600 a.C., quando os assírios notaram "uma pústula nociva na espiga dos cereais". Foi registrado na Pérsia, por volta de 400 a.C., que os alcaloides da cravagem podiam causar abortos. Na Europa, o conhecimento de que o fungo ou mofo nos cereais era a causa do problema parece ter-se perdido — se é que existiu algum dia — durante a Idade Média. Com invernos úmidos e armazenamento impróprio, fungos e mofos floresciam. E, diante da fome, provavelmente usava-se o grão infectado em vez de jogá-lo fora.

A primeira ocorrência de ergotismo registrada na Europa, em 857 d.C., é do vale do Reno, na Alemanha. Relatos documentados de 40 mil mortes na França no ano 994 são hoje atribuídos ao ergotismo, bem como de outras 12 mil em 1129. Surtos periódicos ocorreram ao longo dos tempos e continuaram até o século XX. Em 1926-27, mais de 11 mil pessoas foram acometidas de ergotismo numa área da Rússia próxima aos montes Urais. Duzentos casos foram registrados na Inglaterra em 1927. Na França, em 1951, quatro pessoas morreram de ergotismo na Provença, e centenas ficaram doentes depois que centeio contaminado foi moído e a farinha vendida para um padeiro, embora, ao que parece, o agricultor, o moleiro e o padeiro estivessem todos cientes do problema.

Em pelo menos quatro ocasiões argumenta-se que os alcaloides da cravagem desempenharam um papel na história. Durante uma campanha na Gália, no século I a.C., uma epidemia de ergotismo entre as legiões de Júlio César causou grande sofrimento, reduziu a eficácia de seu exército e possivelmente restringiu as ambições de César de ampliar o Império Romano. No verão de 1722, os cossacos de Pedro o Grande acamparam em Astracã, na foz do rio Volga no mar Cáspio. Tanto os soldados como seus cavalos comeram centeio contaminado. Consta que o ergotismo daí resultante matou 20 mil soldados e dizimou de tal forma o exército do czar que a campanha que ele planejara fazer contra os turcos foi abortada. Assim, a meta russa de ter um porto meridional no mar Negro foi frustrada pelos alcaloides da ergotina.

Na França, em julho de 1789, milhares de camponeses se sublevaram contra proprietários de terras abastados. Há indícios de que esse episódio, chamado *La Grande Peur* (*O Grande Medo*), foi mais que uma inquietação civil associada à Revolução Francesa. Registros atribuem o motim destrutivo a um surto de insanidade na população camponesa e citam "farinha estragada" como possível causa. A primavera e o verão de 1789 no norte da França haviam sido anormalmente úmidos e quentes — condições perfeitas para o crescimento da cravagem. Teria o ergotismo, muito mais prevalente entre os pobres, que comiam pão mofado por força da necessidade, sido um fator-chave da Revolução Francesa? Há também registros de que ele grassou no exército de Napoleão durante sua travessia das planícies russas no outono de 1812. Nesse caso, talvez os alcaloides da cravagem, juntamente com os botões de estanho das fardas, tenham tido alguma responsabilidade pelo colapso da Grande Armada na retirada de Moscou.

Muitos especialistas concluíram que o ergotismo foi em última análise responsável pelas acusações de bruxaria contra cerca de 250 pessoas (sobretudo mulheres) no ano de 1692 em Salem, no estado de Massachusetts. Há realmente indícios de envolvimento dos alcaloides da cravagem no episódio. Cultivava-se centeio na área no final do século XVII; registros mostram clima quente e chuvoso na primavera e no verão de 1691; e a aldeia de Salem localizava-se perto de prados alagadiços. Todos esses fatos apontam para a possibilidade de infestação fúngica do cereal usado para fazer a farinha da comunidade. Os sintomas manifestados pelas vítimas são compatíveis com o ergotismo: diarreia, vômitos, convulsões, alucinações, ataques apopléticos, fala desarticulada, distorções estranhas dos membros, formigamentos e perturbações sensórias agudas.

Parece provável que, pelo menos de início, o ergotismo tenha sido a causa da caça às bruxas em Salem; quase todas as 30 vítimas que declararam ter sido enfeitiçadas eram meninas ou mulheres jovens, sabidamente mais suscetíveis aos alcaloides da cravagem. Eventos posteriores, no entanto — entre os quais os julgamentos das pretensas bruxas e um crescente número de acusações, muitas vezes de pessoas de outras comunidades —, são mais sugestivos de histeria ou de pura e simples maldade.

Os sintomas de envenenamento pela cravagem não podem ser ligados e desligados. Um fenômeno comum nos julgamentos — vítimas sofriam um ataque convulsivo quando confrontadas com a bruxa acusada — não é compatível com o ergotismo. Sem dúvida, gostando da atenção que lhes era dada, e percebendo o poder que exercem, as pretensas vítimas denunciavam tanto os vizinhos que conheciam como moradores de sua vila de quem mal tinham ouvido falar. O sofrimento das verdadeiras vítimas da caça às bruxas de Salem — as 19 pessoas enforcadas (e uma morta por esmagamento sob um monte de pedras), as que foram torturadas e presas, as famílias destruídas — pode ser atribuído a moléculas de ergotina, mas a responsabilidade última deve ser atribuída à fraqueza moral humana.

Como a cocaína, os alcaloides da ergotina, embora tóxicos e perigosos, têm uma longa história de uso terapêutico, e as ergotinas continuam desempenhando um papel na medicina. Durante séculos, herboristas, parteiras e médicos as utilizaram para apressar partos ou induzir abortos. Atualmente alcaloides da ergotina ou modificações químicas desses compostos são usados como vasoconstritores para enxaquecas, para tratar hemorragias pós-parto e como estimulantes das contrações uterinas no parto.

Todos os alcaloides da ergotina têm uma característica química em comum: são derivados de uma molécula conhecida como ácido lisérgico. O grupo OH (indicado no diagrama a seguir por uma seta) do ácido lisérgico é substituído por um grupo lateral maior, como na molécula de ergotamina (usada para tratar enxaquecas) e na molécula ergovina (usada para tratar hemorragias pós-parto). A porção do ácido lisérgico está circulada nessas duas moléculas.

Ácido lisérgico   Ergotamina   Ergovina

Em 1938, já tendo preparado muitos derivados sintéticos do ácido lisérgico, alguns dos quais haviam comprovado sua utilidade, Albert Hofmann, um químico que trabalhava nos laboratórios de pesquisa da companhia farmacêutica suíça Sandoz, em Basileia, preparou um outro derivado. Como se tratava do 25º derivado que fazia, ele chamou a dietilamida do ácido lisérgico de LSD-25 — hoje conhecido, é claro, simplesmente como LSD. A princípio, nada de especial foi observado com relação às propriedades do LSD.

A dietilamida do ácido lisérgico (LSD-25), ou LSD como se tornou conhecido. A parte do ácido lisérgico está circulada.

Foi só em 1943, quando produziu o derivado de novo, que Hofmann experimentou inadvertidamente a primeira das que viriam a ser conhecidas na década de 1960 como viagens de ácido. Como o LSD não é absorvido pela pele, provavelmente Hofmann transferiu a substância dos dedos para a boca. Mesmo uma quantidade ínfima teria produzido o que ele descreveu como a experiência de "um fluxo ininterrupto de imagens fantásticas, formas extraordinárias com intenso e caleidoscópico jogo de cores".

Hofmann decidiu tomar deliberadamente LSD para testar sua suposição de que era esse composto que produzira as alucinações. A dosagem médica para derivados de ácido lisérgico como a ergotamina era de pelo menos alguns miligramas. Assim, certamente pensando que era prudente, ele engoliu apenas um quarto de miligrama, mas isso era pelo menos cinco vezes a quantidade necessária para produzir os hoje bem-conhecidos efeitos alucinógenos da substância. O LSD é dez mil vezes mais potente como alucinógeno que a mescalina, substância que ocorre na natureza, encontrada no peiote do Texas e do norte do México e usado durantes séculos por norte-americanos nativos em suas cerimônias religiosas.

Ficando tonto rapidamente, Hofmann pediu a seu assistente que o acompanhasse em sua volta para casa de bicicleta pelas ruas de Basileia. Nas horas que se seguiram ele passou pela completa série de experiências que mais tarde os usuários conheceriam como *bad trip*. Além de ter alucinações, ficou paranoico, com sentimentos alternados de intensa inquietação e paralisia, falava de maneira inarticulada e incoerente, sentiu medo de sufocar, teve a impressão de que saíra de seu corpo e percebeu visualmente os sons. A certa altura, Hofmann chegou mesmo a considerar a possibilidade de ter sofrido um dano cerebral permanente. Seus sintomas se aplacaram pouco a pouco, embora os distúrbios visuais tenham permanecido por algum tempo. Na manhã seguinte a essa experiência, Hofmann acordou sentindo-se normal, com memória completa do que havia acontecido e aparentemente sem quaisquer efeitos colaterais.

Em 1947, a companhia Sandoz começou a comercializar LSD como um instrumento em psicoterapia e em particular para o tratamento de esquizofrenia alcoólica. Na década de 1960 o LSD tornou-se uma droga apreciada pelos jovens do mundo inteiro. Foi promovido por Timothy Leary, um psicólogo e antigo membro do Center for Research in Personality da Universidade de Harvard, como a religião do século XXI e o caminho para a realização espiritual e criativa. Milhares seguiram seu conselho de "ligar-se, sintonizar, dar as costas à sociedade". Seria essa fuga da vida cotidiana induzida por um alcaloide tão diferente das sensações experimentadas pelas mulheres acusadas de bruxaria algumas centenas de anos antes? Embora separadas delas por séculos, as experiências psicodélicas nem sempre foram positivas. Para os *hippies* da década de 1960, tomar o derivado de alcaloide LSD podia levar a recorrências inesperadas dos efeitos da droga no futuro, psicose permanente e, em casos extremos, suicídio; para as bruxas da Europa, a absorção dos alcaloides atropina e escopolamina em seus unguentos do voo podia levar à fogueira.

A atropina e os alcaloides da ergotina não causaram a bruxaria. Seus efeitos, contudo, foram interpretados como prova contra grandes números de mulheres inocentes, em geral as mais pobres e as mais vulneráveis da sociedade. Os acusadores se baseavam numa alegação química: "Ela deve ser feiticeira pois diz que pode voar" ou "ela deve ser culpada pois a aldeia inteira está enfeitiçada". As atitudes que haviam permitido quatro séculos de perseguição a mulheres como bruxas não mudaram de imediato depois que as fogueiras se extinguiram. Teriam essas moléculas de alcaloide contribuído para uma herança perceptível de preconceitos contra as mulheres — uma visão que talvez ainda subsista em nossa sociedade?

Na Europa medieval, aquelas mesmas mulheres que foram perseguidas mantinham vivo o importante conhecimento das plantas medicinais, como o fizeram povos nativos de outras partes do mundo. Sem essas tradições ligadas às ervas talvez nunca tivéssemos produzido o arsenal de fármacos que temos atualmente. Mas hoje, se não executamos mais os que apreciam remédios potentes feitos com o mundo dos vegetais, estamos eliminando as próprias plantas. A contínua perda das florestas pluviais tropicais do mundo, hoje estimada em quase dois milhões de hectares a cada ano, pode nos privar da descoberta de outros alcaloides que poderiam ser ainda mais eficazes no tratamento de uma variedade de afecções e doenças.

Talvez nunca venhamos a descobrir que há moléculas com propriedades antitumor, ativas contra o HIV, ou que poderiam ser remédios milagrosos para a esquizofrenia, os males de Alzheimer e Parkinson nas plantas tropicais, que a cada dia mais se aproximam da extinção. De um ponto de vista molecular, o folclore do passado pode ser uma chave para nossa sobrevivência no futuro.

13

• • • • •

Morfina, nicotina e cafeína

Dada a tendência dos homens a desejar tudo que proporciona sensações agradáveis, não surpreende que três diferentes moléculas de alcaloides — a morfina da papoula, a nicotina do tabaco e a cafeína do chá, do café e do cacau — sejam requisitadas e apreciadas há milênios.

Mas, a despeito de todos os benefícios que proporcionaram à humanidade, essas moléculas também ofereceram perigo. Apesar, ou talvez por causa, de sua natureza viciadora, elas afetaram muitas e diferentes sociedades de diversas maneiras. Além disso, as três se reuniram de modo inesperado numa interseção da história.

As Guerras do Ópio

Embora a papoula hoje seja associada sobretudo ao Triângulo Dourado — a região de fronteira entre Burma, Laos e Tailândia —, a *Papaver somniferum* é nativa da região do Mediterrâneo Oriental. É possível que produtos da papoula tenham sido colhidos e apreciados desde tempos pré-históricos. Há indícios de que há mais de cinco mil anos as propriedades do ópio eram conhecidas no delta do rio Eufrates, tido como o local da primeira civilização humana reconhecível. Resquícios arqueológicos do uso de ópio pelo menos três mil anos atrás foram desenterrados em Chipre. O ópio estava incluído entre as ervas medicinais pelos gregos, fenícios, minoanos, egípcios, babilônios e outros povos da Antiguidade. Acredita-se que, por volta de 330 a.C., Alexandre Magno levou o ópio para a Pérsia e a Índia, de onde o cultivo se espalhou lentamente rumo ao leste, chegando à China lá pelo século VII.

Durante centenas de anos o ópio continuou visto como erva medicinal. Era bebido numa infusão amarga ou engolido na forma de uma pílula esmagada. Por volta do século XVIII, e particularmente do século XIX, artistas, escritores e poetas na Europa e nos Estados Unidos passaram a usar o ópio para alcançar um estado mental onírico que, segundo supunham, aumentava a criatividade. Mais barato que o álcool, o ópio começou a ser usado também pelos pobres. Durante esses anos, suas qualidades viciadoras, quando reconhecidas, raramente constituíam preocupação. Seu uso era tão difundido que se administravam doses de preparados de ópio até para recém-nascidos e criancinhas na primeira dentição; propagandeados como xaropes calmantes e cordiais, eles chegavam a conter até 10% de morfina. O láudano, uma solução de ópio em álcool frequentemente recomendada para mulheres, era amplamente consumido e podia ser comprado em qualquer farmácia sem receita médica. Essa foi uma forma socialmente aceitável de ópio até sua proibição, no princípio do século XX.

Na China, durante centenas de anos, o ópio havia sido uma erva medicinal respeitada. Mas a introdução de uma nova planta contendo alcaloides, o tabaco, provocou uma mudança da função do ópio na sociedade chinesa. Fumar era um hábito desconhecido na Europa até que Cristóvão Colombo, ao cabo de sua segunda viagem, em 1496, levou para lá o tabaco do Novo Mundo. O hábito de fumar se difundiu rapidamente, apesar de severas penalidades impostas à posse ou importação do tabaco em muitos países da Ásia e do Oriente Médio. Na China, em meados do século XVII, o último imperador da dinastia Ming proibiu o fumo do tabaco. É possível que os chineses tenham começado a fumar ópio como substituto do tabaco proibido, como sugerem alguns relatos. Segundo outros historiadores, foram os portugueses estabelecidos em pequenos entrepostos comerciais em Formosa (hoje Taiwan) e Amoy, no mar da China Oriental, que deram aos comerciantes chineses a ideia de misturar ópio ao tabaco.

O efeito de alcaloides como a morfina e a nicotina, absorvidos diretamente na corrente sanguínea pela fumaça inalada para os pulmões, é extraordinariamente rápido e intenso. No início do século XVIII, o hábito de fumar ópio estava disseminado por toda a China. Em 1729, um decreto imperial proibiu a importação e a venda de ópio no país, mas provavelmente era tarde demais. Fumar ópio já se tornara um costume cultural e existia uma vasta rede para a distribuição e comercialização do produto.

É aí que nosso terceiro alcaloide, a cafeína, entra na história. Antes do século XVIII, os comerciantes europeus haviam encontrado pouca satisfação em negociar com a China. Eram poucos os produtos que os chineses desejavam comprar do Ocidente, e entre eles certamente não estavam os bens manufaturados que os holandeses, britânicos, franceses e europeus de outras nações mercantis tinham interesse em vender. Por outro lado, havia demanda das exportações chinesas na Europa, em particular de chá. É provável que a cafeína, a molécula alcaloide suavemente viciadora presente no chá, tenha alimentado o insaciável apetite do Ocidente pelas folhas secas desse arbusto que fora cultivado na China desde a Antiguidade.

Os chineses estavam perfeitamente dispostos a vender seu chá, mas queriam ser pagos em moedas ou barras de prata. Para os ingleses, trocar o chá pela valiosa prata não era bem o que entendiam por negócio. Logo ficou claro que havia uma mercadoria, embora ilegal, que os chineses desejavam e não possuíam. Foi assim que a Grã-Bretanha entrou no ramo do ópio. A planta, cultivada em Bengala e outras partes da Índia britânica por agentes da Companhia Britânica das Índias Orientais, era vendida a comerciantes independentes, em seguida revendida a importadores da China, muitas vezes sob a proteção de funcionários chineses subornados. Em 1839, o governo chinês tentou pôr fim a esse comércio criminoso, embora florescente. Confiscou e destruiu o estoque de um ano de ópio que estava armazenado em depósitos em Cantão (atual Guangzhou) e em navios britânicos que esperavam para ser descarregados no porto da cidade. Passados apenas alguns dias, um grupo de marinheiros ingleses bêbados foi acusado de matar um agricultor local, o que deu à Inglaterra pretexto para declarar guerra à China. A vitória britânica na atualmente designada Primeira Guerra do Ópio (1839-42) alterou o equilíbrio comercial entre as nações. Exigiu-se que a China pagasse uma enorme quantia em reparações, que abrisse cinco portos ao comércio britânico e que cedesse aos ingleses a cidade de Hong Kong, que foi convertida em colônia da coroa britânica.

Quase 20 anos depois, outra derrota infligida à China na Segunda Guerra do Ópio, envolvendo tanto britânicos quanto franceses, arrancou mais concessões do país. Outros portos chineses foram abertos ao comércio exterior, europeus obtiveram permissão para residir no país e viajar por ele, os missionários cristãos passaram a ter liberdade de movimento e finalmente o comércio do ópio foi legalizado. Ópio, tabaco e chá foram assim responsáveis pelo rompimento de séculos de isolamento chinês. A China ingressou num período de sublevações e mudanças que culminou na Revolução de 1911.

Nos braços de Morfeu

O ópio contém 24 diferentes alcaloides. O mais abundante, a morfina, representa cerca de 10% do extrato de ópio *in natura*, uma secreção viscosa e seca das cápsulas da papoula. A morfina pura foi isolada pela primeira vez desse látex da papoula em 1803, por um boticário alemão, Friedrich Serturner. Ele chamou o composto que havia obtido de morfina, em alusão a Morfeu, o deus romano dos sonhos. A morfina é um narcótico, uma molécula que entorpece os sentidos (assim eliminando a dor) e induz o sono.

Intensas investigações químicas seguiram-se à descoberta de Serturner, mas a estrutura química da morfina só foi determinada em 1925. Essa demora de 122 anos não foi vista como improdutiva. Ao contrário, os químicos orgânicos muitas vezes consideram que a decifração real da estrutura da morfina foi tão benéfica para a humanidade quanto os bem conhecidos efeitos de alívio da dor proporcionados por essa molécula. Os métodos clássicos de determinação da estrutura, novos procedimentos laboratoriais e a compreensão da natureza tridimensional dos compostos de carbono, além de novas técnicas sintéticas, foram apenas alguns dos resultados dos longos esforços feitos para resolver esse enigma químico. As estruturas de outros importantes compostos foram deduzidas graças ao trabalho feito sobre a composição da morfina.

Estrutura da morfina. As linhas mais escuras das ligações em forma de cunha elevam-se acima do plano da página.

Nos dias atuais, a morfina e os compostos a ela relacionados continuam entre os mais eficazes analgésicos conhecidos. Lamentavelmente, o efeito analgésico parece estar correlacionado ao vício. A codeína, um composto semelhante encontrado em quantidades muito menores no ópio (cerca de 0,3 a 2%) vicia menos, mas também é um analgésico menos poderoso. A diferença estrutural é muito pequena; a codeína tem um CH_3O que substitui o HO na posição mostrada pela seta na estrutura a seguir.

Muito antes que a estrutura completa da morfina fosse conhecida, foram feitas tentativas de modificá-la quimicamente na esperança de produzir um composto que fosse um analgésico melhor, livre de propriedades viciadoras. Em 1898, no laboratório da Bayer and Company — a fabricante alemã de corantes

Codeína   Morfina

Estrutura da codeína. A seta aponta a única diferença entre a codeína e a morfina.

onde, cinco anos antes, Felix Hofmann havia tratado seu pai com ácido acetilsalicílico —, os químicos submeteram a morfina à mesma reação de acilação que convertera o ácido salicílico em aspirina. Eles raciocinavam logicamente: estava comprovado que a aspirina era um excelente analgésico e muito menos tóxico que o ácido salicílico.

Morfina   Diacetilmorfina

O derivado diacetil da morfina. As setas indicam onde CH_3CO substituiu os Hs nos dois HOs da morfina, produzindo heroína.

O produto da substituição dos Hs dos dois grupos OH da morfina por grupos CH_3CO foi, no entanto, coisa bem diferente. De início, os resultados pareceram promissores. A diacetilmorfina era um narcótico ainda mais poderoso que a morfina, tão eficaz que doses extremamente baixas produziam efeito. Mas sua eficácia mascarava um problema maior, óbvio quando se fica sabendo o nome pelo qual a diaceltilmorfina passou a ser comumente chamada. A princípio comercializada como Heroína — a designação se refere a um medicamento "heroico" —, ela é uma das substâncias mais poderosamente viciadoras de que se tem conhecimento. Os efeitos fisiológicos da morfina e da heroína são os mesmos: dentro do cérebro, os grupos diacetil da heroína são reconvertidos nos grupos OH originais da morfina. Mas a molécula de heroína é mais facilmente transportada pela corrente sanguínea através da barreira sangue-cérebro que a morfina, produzindo a euforia rápida e intensa pela qual anseiam os que se tornam viciados.

A Heroína da Bayer, que de início se supôs isenta dos efeitos colaterais comuns na morfina — como a náusea e a constipação — e, portanto, também do efeito viciador, foi comercializada como calmante da tosse e remédio para dores de cabeça, asma, enfisema e até tuberculose. Mas, à medida que os efeitos colaterais de sua "superaspirina" ficaram patentes, a Bayer and Company, sem fazer alarde, parou de anunciá-la. Quando as patentes originais para o ácido acetilsalicílico expiraram, em 1917, e outras companhias começaram a produzir aspirina, a Bayer moveu processos por violação de seu direito autoral sobre o nome. Mas, como não é de surpreender, nunca moveu nenhum processo por violação de seu direito autoral sobre o nome comercial Heroína que deu à diacetilmorfina.

Atualmente, a maior parte dos países proíbe a importação, fabricação ou posse de heroína. Mas isso de pouco adianta para sustar seu comércio ilegal. Os laboratórios montados para manufaturar heroína a partir de morfina muitas vezes têm grande dificuldade em se descartar do ácido acético, um dos subprodutos da reação de acilação. Essa substância tem um cheiro muito característico de vinagre, que é uma solução de 4% desse ácido. O cheiro costuma alertar as autoridades para a existência de um fabricante ilícito de heroína. Cães policiais especialmente treinados são capazes de detectar débeis traços de odor de vinagre abaixo do nível da sensibilidade humana.

A investigação sobre o motivo por que a morfina e alcaloides similares são tão eficazes contra a dor sugere que a morfina não interfere nos sinais nervosos enviados ao cérebro. O que ela faz é mudar seletivamente o modo como o cérebro recebe essas mensagens — isto é, o modo como o cérebro percebe a dor sinalizada. A molécula de morfina parece ser capaz de ocupar e bloquear um receptor da dor no cérebro. Essa teoria se relaciona à ideia de que uma molécula precisa ter determinada estrutura química para se ajustar a um receptor da dor.

A morfina imita a ação das endorfinas, compostos encontrados no cérebro em concentrações muito baixas que servem como mitigadores naturais da dor e cuja concentração aumenta em momentos de estresse. As endorfinas são polipeptídios, compostos que resultam da união de aminoácidos, extremidade com extremidade. Trata-se da mesma formação peptídica responsável pela estrutura de proteínas como a seda (ver Capítulo 6). Mas, enquanto a seda tem centenas ou até milhares de aminoácidos, as endorfinas consistem em apenas um pequeno número deles. Duas endorfinas que foram isoladas são pentapeptídios, o que significa que contêm cinco aminoácidos. Essas duas endorfinas pentapeptídicas e a morfina têm uma característica estrutural em comum: todas elas contêm uma unidade de β-feniletilamina, a mesma construção química que, segundo se supõe, seria responsável pela ação do LSD, da mescalina e de outras moléculas alucinogênicas sobre o cérebro.

A unidade de β-feniletilamina

Embora as moléculas pentapeptídicas da endorfina sejam sob outros aspectos bastante diferentes da molécula de endorfina, pensa-se que essa semelhança estrutural explicaria o local de ligação comum no cérebro.

Estrutura da molécula de morfina, mostrando a unidade de β-feniletilamina.

Mas a morfina e seus análogos têm atividade biológica diferente de outros alucinógenos pelo fato de serem também dotados de efeitos narcóticos — alívio da dor, indução do sono e componentes viciadores. Considera-se que estes se devem à presença da estrutura química da seguinte combinação, pela ordem:

1) um anel fenil ou aromático; 2) um átomo de carbono quaternário, (um átomo de carbono ligado diretamente a quatro outros átomos de carbono); 3) um grupo CH$_2$-CH$_2$ ligado a; 4) um átomo N terciário (um átomo de nitrogênio ligado diretamente a três outros átomos de carbono).

(1) O anel de benzeno, (2) átomo de carbono quaternário (em negrito), (3) os dois grupos CH$_2$ com os carbonos em negrito, e (4) o átomo de nitrogênio terciário (em negrito)

Combinada, esta série de requisitos — conhecida como a regra da morfina — tem a seguinte aparência:

Componentes essenciais da regra da morfina

Como se pode ver nos diagramas da morfina, todos os quatro requisitos estão presentes, assim como na codeína e na heroína.

Estrutura da morfina, mostrando como ela corresponde à regra da morfina para a atividade biológica.

A descoberta de que essa parte da molécula poderia explicar a atividade narcótica é mais um exemplo do papel do acaso na química. Ao injetar um composto feito pelo homem em ratos, os investigadores observaram que ele os fazia ficar com a cauda em determinada posição, efeito previamente observado com a morfina.

Meperidina

A molécula de meperidina não era particularmente parecida com a da morfina. O que havia de comum entre as duas era (1) um anel aromático ou fenil ligado a (2) um carbono quaternário, seguido pelo (3) grupo CH_2-CH_2 e depois um nitrogênio terciário; em outras palavras, o mesmo arranjo que viria a ser conhecido como a regra da morfina.

Regra da morfina assinalada para a meperidina ou estrutura do Demerol.

A testagem da meperidina revelou que ela tinha propriedades analgésicas. Conhecida em geral pelo nome comercial de Demerol, é frequentemente usada em lugar da morfina porque, embora menos eficaz, não tende a causar náusea. Mas é viciadora. Outro analgésico sintético e muito potente, a metadona, deprime o sistema nervoso como a heroína e a morfina, mas não produz a sonolência nem a euforia associadas aos opiatos. A estrutura da metadona não atende por completo aos requisitos da regra da morfina. Há um grupo CH_3 preso ao segundo átomo de carbono do -CH_2-CH_2-. Presume-se que essa pequenina mudança na estrutura seja responsável pela diferença na atividade biológica.

Estrutura da metadona. A seta mostra a posição do grupo CH_3, o único desvio em relação à regra da morfina, mas suficiente para mudar o efeito fisiológico.

A metadona, no entanto, ainda é viciadora. A dependência da heroína pode ser convertida em dependência da metadona, mas continua sendo uma questão controversa se esse é um método sensato de lidar com problemas associados ao vício em heroína.

Beber fumaça

A nicotina, o segundo alcaloide associado às Guerras do Ópio, era desconhecida na Europa quando Cristóvão Colombo aportou no Novo Mundo. Ali ele viu homens e mulheres que "bebiam", ou inalavam, a fumaça de rolos de folhas em brasa enfiadas em suas narinas. Fumar, cheirar rapé (inalar tabaco em pó) e mascar folhas de plantas do gênero *Nicotiana* era um hábito generalizado entre os índios da América do Sul, do México e do Caribe. O uso do tabaco era sobretudo cerimonial: dizia-se que a fumaça de tabaco sorvida de cachimbos ou de folhas enroladas, ou inalado diretamente de folhagem espalhada sobre brasas vivas, causava transes ou alucinações. Isso devia significar que o tabaco que usavam tinha concentrações muito mais altas de ingredientes ativos que as encontradas na espécie *Nicotiana tabacum* que foi introduzida na Europa e no resto do mundo. É mais provável que o tabaco que Colombo observou fosse *Nicotiana rustica*, a espécie utilizada pela civilização maia e conhecida por ser uma variedade mais potente.

O uso de tabaco difundiu-se rapidamente por toda a Europa, e a isso logo se seguiu o cultivo da planta. Jean Nicot, o embaixador da França em Portugal, homenageado na designação botânica da planta e no nome do alcaloide, era um entusiasta do tabaco, tal como outros notáveis do século XVI: sir Walter Raleigh na Inglaterra e Catarina de Médicis, rainha da França.

A gravura em cobre feita no Brasil (*cerca de 1593*) é a primeira a mostrar o tabaco na América do Sul. Uma planta é fumada através de um tubo comprido nessa festa indígena tupi.

O fumo não contava, no entanto, com aprovação universal. Editos papais proibiram o uso do tabaco na Igreja, e consta que o rei Jaime I da Inglaterra escreveu um panfleto em 1604 censurando "o costume repugnante aos olhos, odioso ao nariz, nocivo ao cérebro e perigoso para os pulmões".

Em 1634, o fumo foi legalmente proibido na Rússia. As punições para quem transgredia a lei eram extremamente severas — incisão nos lábios, açoitamento, castração ou exílio. Cerca de 50 anos mais tarde, não só a proibição foi revogada, como o czar Pedro o Grande, um fumante, passou a promover o uso do tabaco. Assim como os marinheiros espanhóis e portugueses levaram as pimentas chile, que continham o alcaloide capsaicina, para o mundo todo, também foram eles a introduzir o tabaco e o alcaloide nicotina em cada porto que visitavam. No decorrer do século XVII, o costume de fumar tabaco espalhou-se pelo Oriente, e penalidades draconianas, inclusive a tortura, pouco contribuíam para dirimir sua popularidade. Embora vários países, entre os quais Turquia, Índia e Pérsia, impusessem em certos períodos a cura suprema — a pena de morte — para o vício do tabaco, ele está tão difundido hoje nesses lugares quanto em qualquer outro.

Desde o início, a quantidade de tabaco cultivado na Europa foi insuficiente para satisfazer a demanda. Colônias espanholas e inglesas no Novo Mundo logo começaram a cultivar a planta para exportação. A plantação do tabaco exigia muita mão de obra; as ervas daninhas deviam ser mantidas sob controle, as plantas aparadas na altura certa, brotações próximas à base podadas, pragas removidas e as folhas colhidas manualmente e preparadas para a secagem. Esse trabalho, feito nas plantações principalmente por escravos, significa que a nicotina se acrescentou à glicose, à celulose e ao índigo como mais uma molécula envolvida na escravidão no Novo Mundo.

Há pelo menos dez alcaloides no tabaco, e o principal deles é a nicotina. O conteúdo de nicotina nas folhas de tabaco varia de 2 a 8%, dependendo do método de cultura, do clima, do solo e do processo usado para curar as folhas. Em doses muito pequenas, a nicotina é um estimulante do sistema nervoso central e do coração, mas com o tempo ou em doses muito maiores atua como depressor. Esse aparente paradoxo é explicado pela capacidade que a nicotina tem de imitar o papel de um neurotransmissor.

Estrutura da nicotina

A molécula de nicotina forma uma ponte na junção entre as células nervosas, o que de início intensifica a transmissão de um impulso nervoso. Mas essa conexão não é rapidamente eliminada entre um impulso e outro, de modo que o local de transmissão acaba começando a se obstruir. O efeito estimulante da nicotina é perdido, e a atividade muscular, particularmente a do coração, fica mais lenta. Assim, a circulação sanguínea se desacelera, e o oxigênio é fornecido ao cérebro numa taxa mais baixa, o que resulta num efeito geral sedativo. Isso explica por que usuários de nicotina falam que precisam de um cigarro para se acalmar, mas na verdade a nicotina é contraproducente em situações que exigem a mente alerta. Além disso, quem usa tabaco por longo tempo é mais suscetível a infecções, como a gangrena, que prosperam nas condições de baixo oxigênio geradas por uma circulação deficiente.

Em doses maiores, a nicotina é um veneno fatal. Uma dose de apenas 50mg pode matar um adulto em questão de minutos. Mas sua toxicidade depende não só da quantidade como da maneira pela qual ela entra no corpo. A nicotina é cerca de mil vezes mais potente quando absorvida pela pele do que quando tomada oralmente. Os ácidos estomacais presumivelmente decompõem a molécula de nicotina em certa medida. Quando se fuma, grande parte do conteúdo de alcaloide do tabaco é oxidado em produtos menos tóxicos pela temperatura elevada da queima. Isso não significa que fumar tabaco seja inócuo, apenas que, se essa oxidação da maior parte da nicotina e de outros alcaloides do tabaco não ocorresse, fumar apenas alguns cigarros seria invariavelmente fatal. De fato, a nicotina que permanece na fumaça do tabaco é particularmente perigosa, sendo absorvida diretamente na corrente sanguínea a partir dos pulmões.

A nicotina é um poderoso inseticida natural. Nas décadas de 1940 e 1950, muitos milhões de quilos de nicotina foram produzidos para serem usados como inseticida antes que os pesticidas sintéticos se desenvolvessem. No entanto, o ácido nicotínico e a piridoxina, com estruturas muito semelhantes à da nicotina, não são venenosos, ao contrário — ambos são vitaminas, nutrientes essenciais para nossa saúde e sobrevivência. Mais uma vez, uma pequena mudança na estrutura química faz uma enorme diferença nas propriedades.

Nicotina   Ácido nicotínico (niacina)   Piridoxina (vitamina B_6)

Nos seres humanos, a deficiência de ácido nicotínico (também conhecido como niacina) na dieta resulta na pelagra, doença que se caracteriza por um conjunto de três sintomas: dermatite, diarreia e demência. Ela é prevalente nos lugares em que a dieta é quase inteiramente composta de milho e de início foi tomada por uma doença infecciosa, possivelmente uma forma de lepra. Até que se descobrisse que a causa da pelagra era a carência de niacina, muitas de suas vítimas foram internadas em asilos. A doença era comum no sul dos Estados Unidos na primeira metade do século XX, mas os esforços de Joseph Goldberger, um médico que trabalhava no Serviço de Saúde Pública dos Estados Unidos, convenceram a comunidade médica de que se tratava realmente de uma doença de deficiência. O nome *ácido nicotínico* foi mudado para niacina quando os padeiros declararam que não queriam que seu pão branco enriquecido com vitaminas tivesse um nome tão parecido com nicotina.

A estrutura estimulante da cafeína

A cafeína, o terceiro alcaloide associado às Guerras do Ópio, também é uma droga psicoativa, mas pode ser adquirida sem restrições praticamente em qualquer lugar do mundo, e seu consumo é tão livre que bebidas incrementadas com quantidades extras de cafeína são fabricadas e anunciadas como tal. As estruturas da cafeína e dos alcaloides a ela muito proximamente associados, teofilina e teobromina, podem ser vistas a seguir.

Cafeína   Teofilina   Teobromina

A teofilina, encontrada no chá, e a teobromina, no cacau, só diferem da cafeína no número de grupos CH_3 presos aos anéis da estrutura: a cafeína tem três, e a teofilina e a teobromina têm dois cada uma, mas em posições diferentes. Essa mudança muito pequena na estrutura molecular explica o efeito fisiológico diferente dessas moléculas. A cafeína é encontrada naturalmente em grãos de café, folhas de chá e, em menor medida, na semente do fruto do cacaueiro, na noz-de-cola e outras fontes vegetais sobretudo da América do Sul, como folhas de mate, sementes de guaraná e casca de *yoco*.

A cafeína, poderoso estimulante do sistema nervoso central, é uma das drogas mais estudadas no mundo. Segundo as últimas das numerosas teorias sugeridas ao longo dos anos para explicar seus efeitos sobre a fisiologia humana, a cafeína bloqueia o efeito da adenosina no cérebro e em outras partes do corpo. A adenosina é um neuromodulador, uma molécula que diminui a taxa de descargas nervosas espontâneas e, assim, torna mais lenta a liberação de outros neurotransmissores, podendo portanto induzir o sono. Não se pode dizer que a cafeína nos desperte, embora tenhamos essa impressão. Seu efeito é na realidade impedir a adenosina de exercer seu papel normal de nos fazer dormir. Quando a cafeína ocupa receptores de adenosina em outras partes do corpo, sentimos uma agitação típica: o ritmo cardíaco aumenta, alguns vasos sanguíneos se estreitam, enquanto outros se dilatam, e certos músculos se contraem mais facilmente.

A cafeína é usada medicinalmente para aliviar e prevenir a asma, tratar enxaquecas, aumentar a pressão sanguínea, como diurético e para um grande número de outras afecções. Muitas vezes está presente em remédios adquiridos sem restrições e também em outros vendidos apenas com receita médica. Muitos estudos procuraram os aspectos negativos da cafeína, entre os quais sua relação com várias formas de câncer, doença cardíaca, osteoporose, úlceras, doença do fígado, síndrome pré-menstrual, doença dos rins, mobilidade dos espermatozoides, fertilidade, desenvolvimento fetal, hiperatividade, desempenho atlético e disfunção mental. Até agora não há dados conclusivos de que qualquer desses males possa estar associado ao consumo de quantidades moderadas de cafeína.

Mas a cafeína é tóxica. Estima-se que uma dose de cerca de 10g ingerida oralmente por um adulto de estatura mediana seria fatal. Como o conteúdo de uma xícara de café varia entre 80 e 180mg, dependendo do método de preparo, seria preciso tomar algo em torno de 55 a 125 xícaras ao mesmo tempo para receber uma dose letal. É óbvio que o envenenamento por cafeína é extremamente improvável, se não impossível. Por peso seco, as folhas de chá têm o dobro de cafeína que os grãos de café, mas como se usa menos chá por xícara e menos cafeína é extraída das folhas pelo método normal de fazer chá, uma xícara desta bebida tem metade da cafeína de uma xícara de café.

O chá contém também pequenas quantidades de teofilina, uma molécula com efeitos semelhantes aos da molécula de cafeína. A teofilina é amplamente usada hoje no tratamento da asma. É um broncodilatador, ou relaxante do tecido brônquico, melhor que a cafeína, e ao mesmo tempo tem menor efeito sobre o sistema nervoso central. A semente do cacau, fonte do chocolate, contém de 1 a 2% de teobromina. Essa molécula alcaloide estimula o sistema nervoso central menos ainda que a teofilina. Mas, como a quantidade de teobromina presente no cacau é sete ou oito vezes maior que a concentração de cafeína, o efeito ainda é nítido. Como a morfina e a nicotina, a cafeína (tal como a teofilina e a teobromina) é um composto viciador. Entre os sintomas da abstinência estão dores de cabeça, fadiga e sonolência, e até — quando a ingestão costumeira era excessiva — náusea e vômitos. A boa notícia é que a cafeína é eliminada do corpo de maneira relativamente rápida, no máximo em uma semana — embora poucos de nós tenhamos intenção de abandonar esse que é o vício predileto da humanidade.

É provável que o homem pré-histórico conhecesse plantas que continham cafeína. Eram quase certamente usadas na Antiguidade, mas não é possível saber qual delas — chá, cacau ou café — começou a ser usada em primeiro lugar. Reza a lenda que Shen Nung, o primeiro imperador mítico da China, introduziu a prática de ferver a água que sua corte bebia como precaução contra doenças. Um dia ele percebeu que folhas de um arbusto próximo haviam caído na água fervente que seus servos preparavam. A infusão resultante teria sido a primeira dos trilhões de xícaras de chá que, a esta altura, foram saboreados nos cinco milênios transcorridos desde então. Embora a lenda se refira ao consumo do chá em tempos muito remotos, a literatura chinesa não menciona a planta, nem sua capacidade de "nos fazer pensar melhor", até o século II a.C. Outras histórias chinesas tradicionais sugerem que talvez o chá tenha sido introduzido a partir do norte da Índia ou do sudeste da Ásia. Qualquer que tenha sido a sua origem, o chá foi parte da vida chinesa por muitos séculos. Em diversos países asiáticos, em particular o Japão, tornou-se também elemento importante da cultura nacional.

Os portugueses, que tinham um entreposto comercial em Macau, foram os primeiros europeus a estabelecer um comércio limitado à China e a adquirir o hábito de tomar chá. Foram os holandeses, porém, que levaram o primeiro fardo de chá para a Europa no início do século XVII. Lentamente, à medida que o volume de chá importado crescia e as taxas de importação eram gradualmente reduzidas, o preço foi caindo. Na altura do século XVIII, o chá começava a substituir a cerveja *ale* como bebida nacional da Inglaterra, e armava-se o palco para o papel que ele (e sua cafeína) desempenharia nas Guerras do Ópio e na abertura do comércio com a China.

O chá é muitas vezes considerado um fator importante para a Revolução Norte-Americana, embora seu papel tenha sido mais simbólico que real. Em 1763, os ingleses haviam conseguido expulsar os franceses da América do Norte e negociavam tratados com os nativos, controlando o estabelecimento de colônias e regulando o comércio. O desagrado dos colonos com o controle exercido pelo Parlamento britânico sobre o que eles consideravam assuntos locais ameaçava se transformar de irritação em rebelião. Particularmente exasperador era o alto nível de tributação sobre o comércio, tanto interno quanto externo. Embora o Ato do Selo de 1764-65, que levantava dinheiro exigindo a aposição de selos oficiais em todo tipo de documento, tivesse sido revogado, e embora as taxas sobre açúcar, papel, tinta e vidro tivessem sido eliminadas, o chá continuava sujeito a uma pesada tarifa alfandegária. Em 16 de dezembro de 1773, um carregamento de chá foi despejado no mar no porto de Boston por um grupo de cidadãos irados. O protesto foi realmente contra toda "tributação sem representação", e não dizia respeito propriamente ao chá, mas a Festa do Chá de Boston (Boston Tea Party), como foi chamada, é por vezes considerada o início da Revolução Norte-Americana.

Descobertas arqueológicas indicam que o cacau foi a primeira fonte de cafeína no Novo Mundo. Era usado no México em tempo tão remoto quanto 1500 a.C. As civilizações maia e tolteca posteriores também cultivaram essa fonte mesoamericana do alcaloide. Em 1502, ao retornar de sua quarta viagem ao Novo Mundo, Colombo presenteou o rei Fernando da Espanha com sementes de cacau. Mas foi só em 1528, quando Hernán Cortés tomou a bebida amarga dos astecas na corte de Montezuma II, que os europeus reconheceram o efeito estimulante de seus alcaloides. Cortés referia-se ao cacau pelo qualificativo asteca de "bebida dos deuses", de onde viria o nome do alcaloide nele predominante, a teobromina, encontrada nas sementes dos frutos de cerca de 30cm de comprimento da árvore tropical *Theobroma cacao*. Os nomes vêm do grego *theos*, que significa "deus", e *broma*, que significa "alimento".

Durante o resto do século XVII, o hábito de tomar chocolate, como a bebida veio a ser chamada, continuou privilégio dos ricos e dos aristocratas da Espanha. Por fim espalhou-se pela Itália, França e Holanda, e dali pelo resto da Europa. Assim, a cafeína presente no cacau, embora em concentrações menores, foi consumida na Europa antes do chá e do café.

O chocolate contém um outro composto interessante, a anadamina, que, como ficou demonstrado, se liga com o mesmo receptor no cérebro que o composto fenólico tetraidrocanabinol (THC), o ingrediente ativo da maconha, ainda que a estrutura da anandamida seja bastante diferente da estrutura do THC. Se a anandamida for responsável pela sensação agradável que muitos atribuem ao chocolate, poderíamos fazer uma pergunta provocativa: o que queremos considerar ilegal, a molécula de THC ou seu efeito sobre o humor? Se for o efeito sobre o humor, não deveria o chocolate ser considerado ilegal também?

A cafeína foi introduzida na Europa através do chocolate — só um século mais tarde, pelo menos, uma infusão mais concentrada do alcaloide, na forma do

Frutos do cacaueiro, *Theobroma cacao*.

café, chegou ao continente europeu; no Oriente Médio, porém, já era usado havia centenas de anos. O registro mais antigo de consumo do café que sobreviveu é de Rhazes, um médico árabe do século X, mas não há dúvida de que o café era conhecido muito antes dessa época, como sugere o mito etíope de Kaldi, o pastor de cabras. As cabras de Kaldi, ao mordiscar as folhas e as bagas de uma árvore que ele nunca notara antes, ficavam brincalhonas e começavam a dançar, de pé nas patas traseiras. Kaldi decidiu experimentar ele mesmo aquelas bagas de um vermelho vivo, e os efeitos lhe pareceram tão estimulantes quanto às suas cabras. Levou uma amostra para um islamita venerável do lugar que, condenando seu uso, jogou as bagas no fogo. Um aroma delicioso emanou das chamas. Os grãos torrados foram recolhidos dentre as cinzas e usados para fazer a primeira xícara

A anandamida (à esquerda) do chocolate e o THC (à direita) da maconha têm estruturas diferentes.

de café. Embora seja uma história bonita, há poucos indícios de que as cabras de Kaldi tenham sido realmente as descobridoras da árvore *Coffea arabica*. É possível, porém, que o café se origine de algum lugar nos altiplanos da Etiópia e que tenha se espalhado pelo nordeste na África e pela Arábia. A cafeína, na forma de café, nem sempre foi aceita, e algumas vezes chegou a ser proibida; mas isso não impediu que, antes do fim do século XV, peregrinos muçulmanos já a tivessem levado para todos os rincões do mundo islâmico.

Mais ou menos a mesma coisa ocorreu após a introdução do café na Europa durante o século XVII. A tentação exercida pela bebida acabou por sobrepujar a apreensão das autoridades da Igreja e do governo, bem como dos médicos. Atribuiu-se ao café, vendido nas ruas da Itália, em restaurantes de Veneza e Viena, em Paris e Amsterdã, na Alemanha e na Escandinávia, o mérito de tornar a população da Europa mais sóbria. Em certa medida ele tomou o lugar do vinho, no sul da Europa, e da cerveja, no norte. Os operários deixaram de consumir ale no desjejum. Em 1700 havia em Londres mais de duas mil *coffeehouses* — cafeterias —, frequentadas exclusivamente por homens, muitas das quais vieram a se associar exclusivamente a uma religião, a um ofício ou profissão. Marinheiros e comerciantes em geral se reuniam no café de Edward Lloyd para examinar escalas de navios mercantes, atividade que acabou por levar à subscrição de viagens comerciais e ao estabelecimento da famosa companhia de seguros Lloyd's of London. Ao que parece, foi nos cafés de Londres que vários bancos, jornais e revistas, bem como a Bolsa de Valores, ganharam vida.

O cultivo do café desempenhou enorme papel no desenvolvimento de regiões do Novo Mundo, em especial o Brasil e alguns países da América Central. De início, o cafeeiro foi cultivado no Haiti, a partir de 1734. Cinquenta anos mais tarde, metade do café consumido no mundo provinha dessa fonte. A situação política e econômica atual da sociedade haitiana é muitas vezes atribuída ao longo e sangrento levante de escravos que se iniciou em 1791 como revolta contra as condições aterradoras impostas aos homens que labutavam para produzir café e açúcar. Quando o comércio do café declinou nas Índias Ocidentais, plantações em outros países — Brasil, Colômbia, estados da América Central, Índia, Ceilão, Java e Sumatra — levaram seu produto para o mercado mundial, que crescia rapidamente.

No Brasil, em particular, o cultivo do café chegou a dominar a agricultura e o comércio. Enormes áreas de terra em que já se havia cultivado cana passaram a ser dedicadas ao cultivo de cafeeiros, na expectativa de angariar enormes lucros com a semente. A abolição da escravatura no país foi adiada por força do poder político dos cafeicultores, que precisavam de mão de obra barata. Só em 1850 foi proibida a importação de novos escravos para o Brasil. A partir de 1871 todos os filhos de escravos passaram a ser considerados legalmente livres, o que asseguraria a abolição final, embora gradativa, da escravidão no país. Em 1888, anos depois de cessado em outras nações ocidentais, a escravidão foi definitivamente abolida no Brasil.

O cultivo do café estimulou o crescimento econômico do Brasil à medida que se construíram estradas de ferro entre as regiões produtoras de café e portos importantes. Quando o trabalho escravo foi eliminado, milhares de novos imigrantes, sobretudo italianos pobres, chegaram para trabalhar nos cafezais, alterando assim a face étnica e cultural do país.

O plantio contínuo de café transformou radicalmente o ambiente físico do Brasil. Enormes faixas de terra foram limpas, a floresta natural derrubada ou queimada, e animais nativos eliminados para dar lugar aos vastos cafezais que cobriam a zona rural. Cultivado como monocultura, o cafeeiro exaure rapidamente o solo, exigindo que novas terras sejam plantadas enquanto as antigas se tornam cada vez menos produtivas. As florestas pluviais tropicais podem levar séculos para se regenerar. Sem cobertura vegetal apropriada, a erosão chega a remover o pouco solo fértil presente, destruindo de fato toda a esperança de renovação da floresta. A dependência excessiva de um só produto agrícola geralmente significa que as populações locais deixam de plantar produtos tradicionais, o que as torna ainda mais vulneráveis aos caprichos dos mercados mundiais. A monocultura é também extremamente susceptível a infestações devastadoras por pragas, como a ferrugem, que pode destruir uma plantação em questão de dias.

Padrão semelhante de exploração de pessoas e do meio ocorreu na maior parte dos países produtores de café na América Central. A partir das últimas décadas do século XIX, os indígenas maias da Guatemala, El Salvador, Nicarágua e México foram sistematicamente expulsos de suas terras à medida que a monocultura do café se espalhava pelos morros, cujas condições eram perfeitas para o cultivo do arbusto do cafeeiro. A mão de obra era obtida pela coerção da população deslocada; homens, mulheres e crianças trabalhavam longas horas por uma ninharia e, como trabalhadores forçados, tinham poucos direitos. A elite — os proprietários dos cafezais — controlava a riqueza do Estado e orientava as políticas governamentais na busca do lucro, fomentando décadas de amargura com a desigualdade social. A história de agitações políticas e revoluções violentas nesses países é em parte legado da demanda geral pelo café.

Desde o início, empregada como erva medicinal valiosa no Mediterrâneo Oriental, a papoula se espalhou pela Europa e a Ásia. Atualmente, o lucro gerado pelo tráfico ilegal de ópio continua a financiar o crime organizado e o terrorismo internacional. A saúde e a felicidade de milhões de pessoas foram destruídas, direta ou indiretamente, por alcaloides extraídos da papoula. Ao mesmo tempo, contudo, muitos outros milhões se beneficiaram com as aplicações médicas de suas assombrosas propriedades analgésicas.

Assim como o ópio foi alternadamente sancionado e proibido, também a nicotina foi ora encorajada, ora proibida. O tabaco foi em certas épocas considerado benéfico para a saúde e empregado como tratamento para numerosas doenças, mas em outras épocas e lugares seu uso foi proibido por lei como hábito perigoso e contrário aos bons costumes. Durante a primeira metade do século XX o tabaco foi mais que tolerado — passou a ser promovido em muitas sociedades. O hábito de fumar era defendido como um símbolo da mulher emancipada e do homem sofisticado. No início do século XXI, o pêndulo oscilou, e em muitos lugares a nicotina é tratada mais como os alcaloides do ópio: controlada, taxada, proscrita e proibida.

Em contraposição, a cafeína — embora sujeita em outros tempos a editos e injunções religiosas — hoje pode ser facilmente adquirida. Não há leis ou regulamentações que impeçam crianças ou adolescentes de consumir esse alcaloide. Na verdade, em muitas culturas os pais fornecem rotineiramente bebidas cafeinadas aos filhos. Agora os governos restringem o uso do alcaloide do ópio a fins médicos regulamentados, mas recolhem grandes ganhos com impostos sobre a venda de cafeína e nicotina, sendo improvável que venham a abrir mão de uma fonte tão lucrativa e certa de rendimentos proibindo qualquer um desses alcaloides.

Foi o desejo humano pelas três moléculas — morfina, nicotina e cafeína — que deu início aos eventos que culminaram nas Guerras do Ópio em meados do século XIX. Os resultados desses conflitos são vistos hoje como o início da transformação de um sistema social que havia sido a base da vida chinesa durante séculos. Mas o papel que esses compostos desempenharam na história foi ainda maior. Cultivados em terras distantes daquelas em que se originaram, ópio, tabaco, chá e café tiveram enorme impacto sobre populações locais e sobre aqueles que os cultivaram. Em muitos casos a ecologia dessas regiões foi transformada de modo radical, à medida que a flora nativa era destruída para dar lugar a hectares de campos de papoula e de tabaco e a morros verdejantes cobertos com arbustos de chá ou café. As moléculas alcaloides presentes nessas plantas estimularam o comércio, geraram fortunas, alimentaram guerras, sustentaram governos, financiaram golpes de Estado e escravizaram milhões — sempre por causa de nosso eterno anseio da rápida sensação de prazer produzida por uma substância química.

14

Ácido oleico

Uma definição química da condição primordial para que um produto seja um sucesso comercial é que consista em "moléculas extremamente desejadas e desigualmente distribuídas pelo mundo". Muitos dos compostos que consideramos — aqueles presentes em especiarias, chá, café, ópio, tabaco, borracha e corantes — correspondem a essa definição, o mesmo pode ser dito do ácido oleico, molécula encontrada em abundância no óleo espremido da pequena fruta verde da oliveira. O óleo de oliva, ou azeite, um item de comércio valorizado por milhares de anos, foi considerado o sangue das sociedades que se desenvolveram às margens do Mediterrâneo. Enquanto civilizações se ergueram e desmoronaram na região, a oliveira e seu óleo dourado sempre estiveram na base de sua prosperidade e no cerne de sua cultura.

O saber popular sobre a azeitona

São profusos os mitos e lendas sobre a oliveira e sua origem. Conta-se que Ísis, deusa dos antigos egípcios, ofereceu a azeitona e sua generosa colheita à humanidade. Segundo a mitologia romana, foi Hércules quem trouxe a oliveira do norte da África; a deusa romana Minerva teria ensinado a arte do cultivo da azeitona e da extração de seu óleo. Outra lenda diz que a azeitona remonta ao primeiro homem — a primeira oliveira teria crescido na terra que cobria o túmulo de Adão.

Os gregos antigos contavam a história de uma disputa entre Poseidon, o deus do mar, e Atena, a deusa da paz e da sabedoria. O vencedor seria aquele que desse o presente mais útil ao povo da cidade recém-construída na região conhecida como Ática. Poseidon bateu seu tridente numa rocha e apareceu uma fonte. A água começou a fluir, e da fonte surgiu um cavalo — símbolo da força e do poder e auxiliar inestimável na guerra. Quando chegou sua vez, Atena cravou sua lança no solo, e ela se transformou numa oliveira — símbolo da paz e provedora de alimento e combustível. O presente de Atena foi considerado o mais magnífico, e a nova cidade foi chamada de Atenas em sua homenagem. A azeitona é considerada um dom divino. Até hoje, no alto da Acrópole, em Atenas, cresce uma oliveira.

A origem geográfica da oliveira é discutível. Indícios fósseis do que se acredita ser um ancestral da árvore moderna foram encontrados tanto na Itália quanto na Grécia. O primeiro cultivo de oliveiras é em geral localizado em terras em torno do Mediterrâneo Oriental — em várias regiões das atuais Turquia, Grécia, Síria, Irã e Iraque. A oliveira, *Olea europaea*, a única espécie da família *Olea* estimada por seu fruto, é cultivada há pelo menos cinco mil anos e provavelmente há sete mil anos.

Das costas orientais do Mediterrâneo, o cultivo da azeitona espalhou-se pela Palestina e chegou ao Egito. Alguns estudiosos acreditam que esse cultivo começou em Creta, onde, em 2000 a.C., uma florescente indústria exportava o óleo para a Grécia, o norte da África e a Ásia Menor. Os gregos levaram a oliveira para a Itália, a França, a Espanha e a Tunísia à medida que suas colônias se desenvolviam. Quando o Império Romano se expandiu, o cultivo da azeitona também se espalhou por toda a bacia do Mediterrâneo. Durante séculos, o óleo de oliva foi o mais importante artigo comercial da região.

Além de seu papel óbvio de fornecer valiosas calorias como alimento, o azeite foi usado de muitas outras maneiras na vida cotidiana pelos povos que viviam às margens do Mediterrâneo. Lâmpadas cheias de azeite iluminavam as noites escuras. O óleo foi empregado para fins cosméticos tanto pelos gregos como pelos romanos, que o esfregavam na pele após o banho. Atletas consideravam essencial a massagem com azeite para manter os músculos flexíveis. Praticantes de luta livre acrescentavam uma camada de areia ou poeira ao azeite passado no corpo para permitir que os adversários os agarrassem. Rituais oficiados após eventos atléticos incluíam banhos e mais óleo de oliva, massageado na pele para mitigar e curar as escoriações. Mulheres usavam azeite para manter a pele com aparência jovem e os cabelos brilhantes. Pensava-se que ele ajudava a prevenir a calvície e a promover a força. Como muitos dos compostos responsáveis por fragrância e sabor presentes nas ervas são solúveis em óleo, costumava-se fazer infusões de louro, gergelim, rosa, funcho, menta, zimbro, salva e outras folhas e flores em azeite, produzindo misturas exóticas e extremamente apreciadas.

Oliveira no alto da Acrópole em Atenas.

Médicos da Grécia prescreviam azeite ou algumas dessas misturas para numerosos males, entre os quais náusea, cólera, úlceras e insônia. Muitas referências ao azeite, ingerido ou aplicado externamente, aparecem em antiquíssimos textos médicos egípcios. Até as folhas da oliveira eram usadas para fazer baixar as febres e aliviar os doentes de malária. Essas folhas, como hoje sabemos, contêm ácido salicílico, a mesma molécula que o salgueiro e a rainha-dos-prados, a partir do qual Felix Hofmann desenvolveu a aspirina em 1893.

A importância do azeite para o povo do Mediterrâneo reflete-se em seus escritos e até em suas leis. O poeta grego Homero chamou-o de "ouro líquido". O filósofo grego Demócrito acreditava que uma dieta de mel e azeite podia permitir a um homem viver cem anos, idade extremamente provecta numa época em que a expectativa de vida andava em torno dos 40 anos. No século VI a.C., o legislador ateniense Sólon — entre cujos feitos estão o estabelecimento de um código de leis, de tribunais populares, do direito de reunião e de um senado — introduziu leis para proteger as oliveiras. Somente duas árvores de um olivedo podiam ser abatidas por ano. Quem violasse a lei incorria em penalidades severas, entre as quais a execução.

Na Bíblia, há mais de cem referências a oliveiras e azeite. Por exemplo: a pomba leva um ramo de oliveira a Noé após o dilúvio; Moisés é instruído a preparar um bálsamo de especiarias e azeite; a Boa Samaritana derrama vinho e azeite sobre as feridas da vítima dos ladrões; as virgens prudentes mantêm suas lâmpadas cheias de azeite. Temos o Monte das Oliveiras em Jerusalém. O rei hebreu Davi designou guardas para proteger seus olivedos e armazéns. No século I d.C., o historiador romano Plínio mencionou que o melhor azeite da Itália estava no Mediterrâneo. Virgílio louvou a oliveira — "Cultivarás pois a rica oliveira, amada da Paz."

Com essa integração do saber popular sobre as azeitonas com a religião, a mitologia e a poesia, bem como com a vida cotidiana, não surpreende que a oliveira tenha se tornado o símbolo de muitas culturas. Na Grécia Antiga — supostamente porque uma provisão abundante de azeite para a alimentação e a iluminação significava a prosperidade que estava ausente nos tempos de guerra —, a oliveira tornou-se sinônimo de tempos de paz. Até hoje falamos em estender o ramo de oliveira quando queremos falar de uma tentativa de fazer as pazes. A oliveira era também considerada um símbolo da vitória, e os vencedores dos Jogos Olímpicos eram contemplados com uma coroa de folhas de oliveira e com uma provisão de óleo. Muitas vezes atacavam-se os olivedos durante a guerra, pois sua destruição, além de eliminar uma importante fonte de alimento do inimigo, infligia-lhe um golpe psicológico devastador. A oliveira representava sabedoria e também renovação; árvores que pareciam ter sido destruídas pelo fogo ou derrubadas não raro rebrotavam e vinham a dar frutos novamente.

Finalmente, a oliveira representava a força (o cajado de Hércules era um tronco de oliveira) e o sacrifício (a cruz na qual Cristo foi pregado era, segundo a tradição, feita da madeira de uma oliveira). Em várias épocas e em várias culturas a oliveira simbolizou poder e riqueza, virgindade e fertilidade. O óleo de oliva foi usado durante séculos para ungir reis, imperadores e bispos em suas coroações ou sagrações. Saul, o primeiro rei de Israel, teve azeite esfregado na testa em sua coroação. Centenas de anos mais tarde, do outro lado do Mediterrâneo, o primeiro rei dos francos, Clóvis, foi ungido com azeite em sua coroação, tornando-se Luís I. Outros 34 monarcas franceses foram ungidos com óleo do mesmo frasco em forma de pera, até que ele foi destruído durante a Revolução Francesa.

A oliveira é notavelmente resistente. Ela requer um clima com inverno curto e frio para dar fruto e sem geadas primaveris que matem suas flores. Um verão prolongado e quente e um outono ameno permitem que o fruto amadureça.

O mar Mediterrâneo refresca a costa africana e aquece as praias que ficam ao norte, tornando a região ideal para o cultivo da azeitona. No interior do continente, longe do efeito moderador de um grande corpo d'água, a oliveira não medra. A árvore é capaz de sobreviver onde quase não há chuva. Sua longa raiz principal penetra profundamente no solo em busca de água, e as folhas são estreitas e rijas, com uma parte interna ligeiramente felpuda e prateada — adaptações que impedem a perda de água por evaporação. A oliveira pode sobreviver a longos períodos de seca e crescer em solo rochoso ou terraços pedregosos. Geadas extremas e tempestades de gelo podem quebrar galhos e rachar troncos, mas a tenaz oliveira, mesmo parecendo destruída pelo frio, é capaz de se regenerar e lançar novos brotos verdejantes na primavera seguinte. Não espanta que as pessoas que dependeram da oliveira por milhares de anos tenham passado a venerá-la.

A química do azeite

Extrai-se óleo de muitos vegetais: nozes, amêndoas, milho, sementes de gergelim, de linho, de girassol, cocos, soja e amendoim, para citar só alguns. Os óleos — e as gorduras, seus primos quimicamente muito próximos de fonte animal — são apreciados há muito como alimento, para iluminação e para fins cosméticos e medicinais. Mas nenhum outro óleo ou gordura jamais se tornou parte tão essencial da cultura e da economia, entrelaçou-se tão estreitamente nos corações e nas mentes das pessoas, ou foi tão importante para o desenvolvimento da civilização ocidental quanto o óleo feito do fruto da oliveira, o azeite.

A diferença química entre o azeite e qualquer outro óleo ou gordura é muito pequena. Uma vez mais, porém, uma diferença muito pequena explica grande parte do curso da história humana. Não nos parece demasiado especulativo afirmar que sem o ácido oleico — assim chamado por causa de *oliva** e da molécula que distingue o azeite de outros óleos ou gorduras —, o desenvolvimento da civilização e da democracia ocidentais poderiam ter seguido um curso diferente.

Gorduras e óleos são conhecidos como triglicerídios, compostos de uma molécula de glicerol (também chamada glicerina) e três moléculas de ácido graxo.

---

* *Oliva* é o nome latino da oliveira e de seu fruto. (N.T.)

$$H_2C-OH$$
$$HC-OH$$
$$H_2C-OH$$

A molécula de glicerol

Os ácidos graxos são cadeias longas de átomos de carbono com um grupo ácido, COOH (ou HOOC) numa extremidade:

$$\boxed{HO-\underset{O}{\overset{\parallel}{C}}-}CH_2-CH_2-CH_2-CH_2-CH_2-CH_2-CH_2-CH_2-CH_2-CH_2-CH_3$$

Uma molécula de ácido graxo com 12 átomos de carbono.
O grupo ácido, à esquerda, está circulado.

Embora sejam moléculas simples, os ácidos graxos têm muitos átomos de carbono, por isso é em geral mais claro representá-los em formato de zigue-zague — cada interseção e cada extremidade de uma linha representam um átomo de carbono, enquanto os átomos de hidrogênio não são mostrados.

Este ácido graxo ainda tem 12 átomos de carbono.

Quando três moléculas de água (H_2O) são eliminadas entre o H de cada um dos três grupos OH, no glicerol, e o OH do HOOC de três diferentes moléculas de ácido graxo, forma-se uma molécula de triglicerídio. Esse processo de condensação — a união de moléculas pela perda de H_2O — é semelhante à formação de polissacarídeos (analisada no Capítulo 4).

A molécula de triglicerídio mostrada anteriormente tem todas as três moléculas de ácido graxo iguais. Mas é possível que somente duas das moléculas de ácido graxo sejam iguais. Também podem ser todas diferentes. Gorduras e óleos têm a mesma parte glicerol; são os ácidos graxos que variam. No exemplo anterior, usamos o que é conhecido como ácido graxo saturado. *Saturado*, neste caso, significa saturado com hidrogênio; mais nenhum hidrogênio pode ser acrescentado à porção de ácido graxo da molécula, pois não há ligações duplas carbono-com-carbono que possam ser quebradas para permitir a ligação de novos

O glicerol e três ácidos graxos

combinam-se para formar

um triglicerídio.

átomos de hidrogênio. Quando tais ligações estão presentes no ácido graxo, ele é qualificado de insaturado. Alguns ácidos graxos saturados comuns são:

Ácido láurico - 12 átomos de carbono

Ácido mirístico - 14 átomos de carbono

Ácido palmítico - 16 átomos de carbono

Ácido esteárico - 18 átomos de carbono

A partir de seus nomes, não é difícil adivinhar que a principal fonte de ácido esteárico é o sebo de carne bovina e que o ácido palmítico é um componente do azeite de dendê (*palm oil*).

Quase todos os ácidos graxos têm um número par de átomos de carbono. Os ácidos graxos mencionados acima são os mais comuns, embora existam outros. Manteiga contém ácido butírico (assim chamado a partir de *butter*), com apenas quatro átomos de carbono, e o ácido caproico, também presente na manteiga e na gordura obtidas do leite de cabra — *caper* é a palavra latina para cabra — tem seis átomos de carbono.

Os ácidos graxos insaturados contêm pelo menos uma ligação dupla carbono-com-carbono. Se houver apenas uma dessas ligações duplas, o ácido é denominado *monoinsaturado*; com mais de uma ligação dupla ele é *poli-insaturado*. O triglicerídio mostrado a seguir é formado de dois ácidos graxos monoinsaturados e um ácido graxo saturado. As ligações duplas são cis em arranjo, pois os átomos de carbono da cadeia longa estão no mesmo lado da ligação dupla.

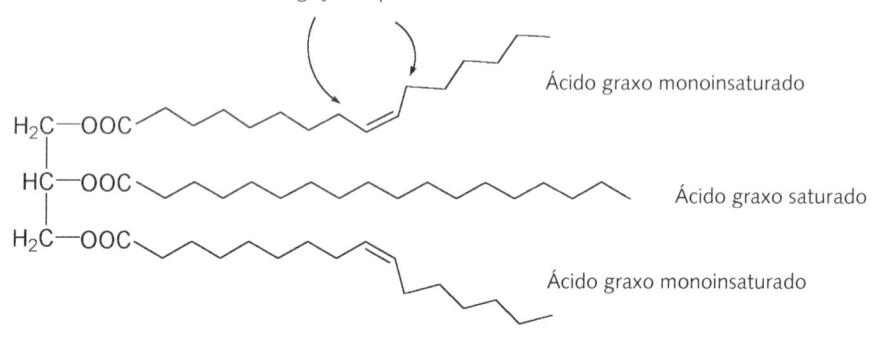

Triglicerídio formado por dois ácidos monoinsaturados e um saturado

Isso produz uma torção na cadeia, de modo que esses triglicerídios não podem se comprimir tão estreitamente quanto triglicerídios compostos de ácidos graxos saturados.

Triglicerídio formado por três ácidos graxos saturados

Quanto mais ligações duplas houver num ácido graxo, mas curvado ele é e menos eficiente será sua compressão. Se esta for menos eficiente, menos energia será exigida para superar as atrações que mantêm as moléculas juntas, e portanto elas poderão ser separadas a temperaturas mais baixas. Triglicerídios com uma proporção mais elevada de ácidos graxos insaturados tendem a ser líquidos, e não sólidos, à temperatura ambiente. Nós os chamamos de óleos; em geral têm origem vegetal. Em ácidos graxos saturados, que podem se comprimir estreitamente, mais energia é exigida para separar as moléculas individuais, e por isso eles derretem a temperaturas mais elevadas. Os triglicerídios de fonte animal, com maior proporção de ácidos graxos saturados que os óleos, são sólidos à temperatura ambiente. Nós os chamamos de gorduras.

Alguns ácidos graxos insaturados comuns são:

Ácido gama-linolênico - 18 carbonos - poli-insaturado

Ácido oleico - 18 carbonos - monoinsaturado

Ácido linoleico - 18 carbonos - poliinsaturado

Ácido palmitoleico - 16 carbonos - monoinsaturado

O ácido oleico, de 18 carbonos e monoinsaturatado, é o principal ácido graxo do azeite. Embora o ácido oleico seja encontrado em outros óleos e também em muitas gorduras, o óleo de oliva é sua fonte mais importante. Ele contém uma proporção de ácido graxo monoinsaturado maior que a de qualquer outro óleo. A porcentagem de ácido oleico no azeite varia entre cerca de 55 a 85%, dependendo da variedade e das condições de cultivo; áreas mais frias produzem um azeite com maior conteúdo de ácido oleico que áreas mais quentes. Existem atualmente indícios convincentes de que uma dieta com proporção elevada de gordura saturada pode contribuir para o desenvolvimento de doenças cardíacas. A incidência dessas doenças é mais baixa na região mediterrânea, onde muito azeite — e ácido oleico — é consumido. Sabe-se que as gorduras saturadas aumentam as concentrações séricas de colesterol, ao passo que gorduras e óleos poli-insaturados baixam esses níveis. Os ácidos graxos monoinsaturados, como o ácido oleico, têm um efeito neutro sobre o colesterol sérico (o nível de colesterol no sangue).

A relação entre doença cardíaca e ácidos graxos envolve outro fator: a proporção entre a lipoproteína de alta densidade (conhecida como HDL, de *high-density lipoprotein*) e a proteína de baixa densidade (conhecida como LDL, de *low-density lipoprotein*). Uma lipoproteína é um acúmulo não solúvel em água de colesterol, proteína e triglicerídios. Lipoproteínas de alta densidade — frequentemente chamadas de lipoproteínas "boas" — transportam colesterol das células que acumularam demais esse composto de volta para o fígado, onde são eliminadas. Isso evita que um excesso de colesterol se deposite nas paredes das artérias. As lipoprotreínas "más", as LDLs, transportam colesterol do fígado ou do intestino delgado para células recém-formadas ou em crescimento. Embora essa seja uma função necessária, um excesso de colesterol na corrente sanguínea acaba por assumir a forma de depósitos de placa nas paredes arteriais, levando ao estreitamento das artérias. Se as artérias coronarianas, que levam aos músculos do coração, ficarem obstruídas, a redução do fluxo sanguíneo resultante pode causar dores no peito e ataques cardíacos.

A proporção entre o HDL e o LDL, bem como o nível total de colesterol é importante na determinação do risco de doença cardíaca. Embora os triglicerídios poli-insaturados tenham o efeito positivo de reduzir o colesterol sérico, eles baixam também a razão HDL:LDL, um efeito negativo. Os triglicerídios monoinsaturados, como o azeite, embora não reduzam os níveis séricos do colesterol, aumentam a razão HDL:LDL, isto é, a proporção entre a boa e a má lipoproteína. Entre os ácidos graxos saturados, os ácidos palmítico (C_{16}) e láurico (C_{12}) elevam apreciavelmente os níveis de LDL. Os chamados óleos tropicais — óleo de coco, azeite de dendê e óleo de palmiste —, que têm altas proporções desses ácidos graxos, são particularmente suspeitos na doença do coração porque aumentam os níveis tanto de colesterol sérico quanto de HDL.

Embora as qualidades saudáveis do azeite fossem louvadas pelas sociedades mediterrâneas antigas e consideradas uma causa de longevidade, não havia conhecimento químico por trás dessas crenças. De fato, em épocas nas quais o principal problema no tocante à dieta devia ser simplesmente obter calorias suficientes, os níveis séricos de colesterol e as razões HDL:LDL deviam ser irrelevantes. Durante séculos, para a vasta maioria da população do norte da Europa, onde a principal fonte de triglicerídios na dieta era gordura animal e a expectativa de vida era de menos de 40 anos, o endurecimento das artérias não constituía um problema. Foi somente quando aumentou a expectativa de vida e subiu a ingestão de ácidos graxos saturados, aspectos que acompanharam a prosperidade, que a doença cardíaca coronariana se tornou uma causa importante de óbito.

Outro aspecto da química do óleo de oliva também explica sua importância no mundo antigo. À medida que aumenta o número de ligações duplas carbono-com-carbono num ácido graxo, aumenta também a tendência do óleo a oxidar — ficar rançoso. A proporção de ácidos graxos poli-insaturados no azeite é muito mais baixa que em outros óleos, em geral menos de 10%, o que lhe confere uma durabilidade mais longa que a de quase qualquer outro óleo. Além disso, o azeite contém pequenas quantidades de polifenóis e de vitaminas E e K, moléculas antioxidantes que desempenham um papel fundamental como conservantes naturais. Quando é extraído das azeitonas pelo método tradicional da prensagem a frio, o óleo tende a conservar melhor essas moléculas antioxidantes, as quais podem ser destruídas a temperaturas elevadas.

Atualmente, um método para melhorar a estabilidade e aumentar a durabilidade de óleos consiste na eliminação de algumas das ligações duplas por meio da hidrogenação, processo em que se acrescentam átomos de hidrogênio às ligações duplas de ácidos graxos insaturados. O resultado é um triglicerídio mais sólido; esse é o sistema usado para converter óleos em substitutos da manteiga, a margarina. Mas o processo de hidrogenação muda também as demais ligações duplas da configuração cis para a configuração trans, em que os átomos de carbono da cadeia estão em lados opostos da ligação dupla.

Os átomos de carbono estão no mesmo lado da ligação dupla.

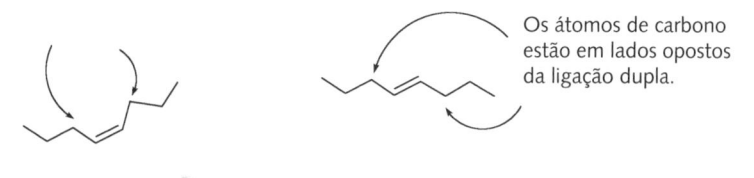

Os átomos de carbono estão em lados opostos da ligação dupla.

A ligação dupla cis

A ligação dupla trans

Sabe-se que os ácidos graxos trans elevam os níveis de LDL, mas não tanto quanto os ácidos graxos saturados.

O comércio do azeite

Os conservantes naturais presentes nas azeitonas como antioxidantes deviam ser de importância capital para os comerciantes de óleo da Grécia Antiga. Essa civilização era integrada por uma associação frágil das cidades-estado, com uma língua, uma cultura e uma base agrícola comuns; elas cultivavam trigo, cevada, uvas, figos e azeitonas. Durante séculos a terra em torno das margens do Mediterrâneo foi mais cheia de florestas que agora; o solo era mais fértil e havia mais fontes de água disponíveis. À medida que a população cresceu, as terras cultivadas ampliaram-se dos pequenos vales originais para as encostas de montanhas litorâneas. Com sua capacidade de crescer em solo íngreme e pedregoso e de tolerar secas, a oliveira tornou-se cada vez mais importante. Seu óleo era ainda mais valorizado como produto de exportação, pois no século VI a.C., com as leis rigorosas contra a derrubada descontrolada de oliveiras, Sólon de Atenas decretou também que o azeite era o único produto agrícola que poderia ser exportado. Em consequência, as florestas litorâneas foram derrubadas e outras oliveiras foram plantadas. Onde antes cresciam cereais, passaram a florescer olivedos.

O valor econômico do azeite era evidente. Cidades-estado tornaram-se centros de comércio. Grandes navios, impulsionados a vela ou a remos e construídos para transportar centenas de ânforas de óleo, comerciavam por todo o mar Mediterrâneo, retornando com metais, especiarias, tecidos e outros bens que podiam ser adquiridos em grandes portos. Atrás do comércio seguia a colonização, e no final do século VI a.C. o mundo helênico havia se expandido muito além do mar Egeu: chegara à Itália, Sicília, França e às ilhas Baleares a oeste, em torno do mar Negro rumo ao leste, e até o litoral da Líbia e a costa sul do Mediterrâneo.

Mas o método de Sólon para aumentar a produção de azeite teve consequências ambientais visíveis até hoje na Grécia. Os bosques destruídos e os cereais que deixaram de ser plantados tinham raízes fibrosas que chupavam água próxima à superfície e serviam para manter a terra à sua volta coesa. A longa raiz da oliveira sorve água de camadas muito abaixo da superfície e não tem o efeito de firmar a camada superficial do solo. Pouco a pouco as fontes secaram, o solo foi desgastado e a terra passou a erodir. Campos em que antes cresciam cereais e encostas nas quais se cultivavam videiras não foram mais capazes de suportar essas plantações. O gado escasseou. A Grécia estava inundada de azeite, mas cada vez mais era preciso importar outros gêneros alimentícios — fato significativo para o governo de um grande império. Muitas razões foram dadas para o declínio da Grécia clássica: lutas internas entre cidades-estado, décadas de guerra, falta de liderança eficaz, ataques do exterior. Talvez possamos acrescentar uma outra: a perda de valiosas terras agricultáveis para as exigências do comércio de azeite.

Sabão de óleo de oliva

O óleo de oliva pode ter sido um fator do colapso da Grécia clássica, mas por volta do século VIII a.C. a introdução de um produto fabricado com ele, o sabão, talvez tenha tido consequências ainda mais importantes para a sociedade europeia. Hoje o sabão é um item tão comum que não reconhecemos a importância do papel que desempenhou na civilização. Tente imaginar, por um momento, a vida sem sabão — ou detergentes, xampus, sabonetes e produtos similares. Damos pouco valor à capacidade de limpar do sabão, e no entanto sem ele as megacidades de nosso tempo seriam praticamente impossíveis. A sujeira e a doença tornariam a vida nessas condições perigosa e talvez mesmo inviável. Não podemos culpar a falta de sabão pela imundície das cidades medievais, que tinham muito menos habitantes que as grandes cidades de hoje. Mas sem esse composto essencial teria sido extremamente difícil manter a limpeza.

Durante séculos a humanidade fez uso do poder que algumas plantas têm de limpar. Elas contêm saponinas, compostos glicosídicos (que contêm açúcar) como aqueles de que Russell Marker extraiu as sapogeninas que se tornaram a base das pílulas anticoncepcionais, e glicosídeos como a digoxina e outras moléculas usadas por herboristas e pretensas bruxas.

Salsaponina, a saponina da salsaparrilha

Nomes de plantas como *soapwort* (erva-saboeira), *soapberry* (sabão-de-macaco), *soap lily*, *soap bark* (saboeiro), *soapweed* e *soaproot* dão uma pista das propriedades da grande variedade de plantas que contêm saponina. Entre elas estão membros da família dos lírios, samambaias, candelárias, iúcas, arrudas, barbelas e as do gênero *Sapindus*. Os extratos de saponina de algumas dessas plantas são usados até hoje para lavar tecidos delicados ou como xampus para o cabelo; eles criam uma espuma muito fina e limpam de maneira delicada.

É bastante provável que o processo de fabrico de sabão tenha sido uma descoberta acidental. Pessoas que cozinhavam em fogo de lenha talvez tenham notado que gorduras e óleos que pingavam da comida sobre as cinzas produziam uma substância que, na água, formava uma espuma. Não devem ter demorado muito para descobrir que essa substância era um útil agente de limpeza e que podia ser deliberadamente produzida com o uso de gorduras ou óleos e cinzas de madeira. Essa descoberta deve sem dúvida ter ocorrido em muitas partes do mundo, como atesta o fabrico de sabão por muitas civilizações. Cilindros de barro contendo um tipo de sabão e instruções para sua manufatura foram encontrados em escavações de sítios dos tempos babilônios, com quase cinco mil anos de idade. Registros egípcios datados de 1500 a.C. mostram que se faziam sabões com gorduras e cinzas, e ao longo dos séculos há referências ao uso de sabão nas indústrias têxtil e na tinturaria. Sabe-se que os gauleses empregavam um sabão feito com gordura de cabra e potassa para deixar seus cabelos mais brilhantes e avermelhados. Outro uso desse sabão era numa pomada para engomar o cabelo, uma espécie de gel primitivo. Acredita-se que também os celtas descobriram como fabricar sabão, e o usavam para se banhar e lavar roupas.

A lenda romana atribui a descoberta do processo de fabricação de sabão a mulheres que lavavam roupa às margens do Tibre, a jusante do templo de Monte Sapo. Gorduras de animais sacrificados no templo misturavam-se com as cinzas das fogueiras sacrificatórias. Quando chovia, esses resíduos desciam morro abaixo e caíam no Tibre como um vapor espumoso, que podia ser usado pelas lavadeiras de Roma. O termo químico para a reação que ocorre quando triglicerídios de gorduras e óleos reagem com álcalis — das cinzas — é *saponificação*. Essa palavra é derivada do nome Monte Sapo, tal como a palavra que designa sabão em várias línguas.

Embora se fabricasse sabão nos tempos romanos, ele era usado sobretudo para lavar roupa. Como para os gregos antigos, higiene pessoal para a maioria dos romanos significava em geral esfregar o corpo com uma mistura de azeite e areia, que depois era removida com uma raspadeira feita especialmente para esse propósito e conhecida em latim como *strigilis*. Com esse método, removiam-se gordura, sujeira e células mortas. O sabão começou pouco a pouco a ser usado para o banho nos últimos séculos dos tempos romanos. Ele e sua fabricação deviam estar associados com os banhos públicos, característica comum das cidades romanas que se espalhou por todo o Império. Com o declínio de Roma, o fabrico e o uso do sabão parecem ter declinado na Europa Ocidental, embora continuasse a ser utilizado no Império Bizantino e no mundo árabe.

No século VIII houve na Espanha e na França um ressurgimento da arte de fazer sabão com óleo de oliva. O sabão resultante, conhecido como "castela", nome de uma região da Espanha, era de ótima qualidade, puro, branco e reluzente. O sabão castela era exportado para outras partes da Europa e, no século XIII, a Espanha e o sul da França haviam se tornado famosos por esse artigo de luxo. Os sabões do norte da Europa, baseados em gordura animal ou óleos de peixe, eram de qualidade inferior e usados sobretudo para lavar tecidos.

A reação química envolvida no fabrico do sabão — a saponificação — decompõe um triglicerídio nos ácidos graxos e no glicerol que o compõem pelo uso de um álcali, ou base, como hidróxido de potássio (KOH) ou hidróxido de sódio (NaOH).

Reação de saponificação de uma molécula de triglicerídio de ácido oleico, formando glicerol e três moléculas de sabão.

Os sabões de potássio são moles; os feitos com sódio são duros. Nos primeiros tempos a maioria dos sabões era feita provavelmente de potássio, pois cinzas de madeira e turfa queimada deviam ser as fontes mais acessíveis de álcali. A potassa (em inglês *potash*, literalmente as cinzas de uma fornalha) é carbonato de potássio (K_2CO_3), e na água forma uma solução suavemente alcalina. Nos lugares onde soda calcinada (carbonato de sódio, Na_2CO_3) era disponível, produziam-se sabões duros. Uma importante fonte de renda em regiões litorâneas — na Escócia e na Irlanda em particular — era a coleta de algas marinhas laminariales e outras, que eram queimadas para fazer carbonato de sódio. Este se dissolve na água e produz também uma solução alcalina.

Na Europa, o costume do banho declinou juntamente com o Império Romano, embora os banhos públicos continuassem a existir e fossem usados em muitas cidades até um período avançado da Idade Média. Durante os anos de peste, a partir do século XIV, as autoridades municipais começaram a fechar os banhos públicos, temendo que contribuíssem para a disseminação da peste negra. Na altura do século XVII, o banho não só estava fora de moda como era considerado perigoso ou pecaminoso. Os que tinham dinheiro para isso encobriam os odores do corpo com aplicações generosas de fragrâncias e perfumes. Poucas casas tinham banheiro. Um banho por ano era a norma; o fedor dos corpos não lavados devia ser medonho. Mas ainda havia demanda de sabão durante esses séculos. Os ricos mandavam lavar suas roupas de vestir e as de cama e mesa. Empregava-se sabão para lavar panelas, pratos e talheres, pisos e balcões. As mãos e possivelmente o rosto eram lavados com sabão. O que se reprovava era a lavagem do corpo inteiro — em particular a nudez durante o banho.

O fabrico de sabão comercial começou na Inglaterra no século XIV. Como na maior parte dos países do norte da Europa, o sabão era feito ali de gordura ou sebo bovinos, cujo conteúdo de ácido graxo é de aproximadamente 48% de ácido oleico. A gordura humana tem cerca de 46% de ácido oleico; essas duas gorduras estão entre as que contêm porcentagem mais alta de ácido oleico em todo o mundo animal. Em comparação, os ácidos graxos da manteiga são cerca de 27% ácido oleico, e da gordura da baleia cerca de 35%. Em 1628, quando Carlos I ascendeu ao trono da Inglaterra, a fabricação de sabão era uma indústria importante. Desesperado atrás de uma fonte de renda — o Parlamento se recusara a aprovar suas propostas de aumento da tributação —, Carlos vendeu os direitos de monopólio sobre a produção de sabão. Outros fabricantes do produto, furiosos em face da perda de seu ganha-pão, deram apoio maciço ao Parlamento. Assim, diz-se que o sabão foi uma das causas da Guerra Civil Inglesa, de 1642-52, da execução de Carlos I e do estabelecimento da única república da história inglesa. A afirmação parece um tanto inverossímil, pois dificilmente o apoio dos fabricantes de sabão teria sido um fator decisivo; é mais provável que as principais causas fossem as desavenças entre o rei e o Parlamento no campo da tributação, religião e política exterior. De todo modo, a derrubada do rei foi de pouca valia para os fabricantes de sabão, pois não só o regime puritano que se seguiu considerava artigos de higiene pessoal frivolidades como o líder puritano, Oliver Cromwell, *Lord Protector* da Inglaterra, impôs pesados impostos à fabricação desse produto.

O sabão pode ser responsabilizado, no entanto, pela redução da mortalidade infantil na Inglaterra, fenômeno que se tornou evidente na segunda metade do século XIX. A partir do início da Revolução Industrial, no final do século XVIII, as pessoas passaram a afluir às cidades em busca de trabalho nas fábricas. Condições miseráveis de moradia acompanharam esse rápido crescimento da população urbana. Nas comunidades rurais, o fabrico do sabão era sobretudo um artesanato doméstico; restos de sebo e outras gorduras, guardados quando se abatiam animais domésticos, eram cozidos com as cinzas da noite anterior para produzir um sabão grosseiro mas acessível. Os moradores das cidades não tinham uma fonte comparável de gordura para usar na feitura de sabão. Cinzas de lenha eram ainda mais difíceis de se conseguir. O combustível dos pobres urbanos era a hulha, e as pequenas quantidades de cinzas de hulha disponíveis não eram uma boa fonte do álcali necessário para saponificar a gordura. Mesmo que os ingredientes estivessem à mão, as moradias de muitos operários de fábrica tinham, na melhor das hipóteses, uma cozinha rudimentar e pouco espaço ou equipamento para o fabrico de sabão. Assim, ele deixou de ser feito em casa; era preciso comprá-lo, e em geral seu preço estava acima dos meios dos operários fabris. Os padrões de higiene, que já não eram elevados, caíram ainda mais, e a imundície das moradias contribuiu para uma alta taxa de mortalidade infantil.

No final do século XVIII, contudo, um químico francês, Nicolas Leblanc, descobriu um método eficiente de fazer carbonato de sódio a partir de sal comum. O custo reduzido desse álcali, a maior disponibilidade de gordura e, finalmente, em 1853, a eliminação de todos os impostos sobre o sabão baixaram tanto o preço do produto que seu uso disseminado se tornou possível. O declínio da mortalidade infantil, que data dessa época, foi atribuído ao simples embora eficaz poder de limpar da água com sabão.

As moléculas de sabão limpam porque uma de suas extremidades tem uma carga e se dissolve na água, ao passo que a outra não é solúvel em água, mas se dissolve em substâncias como graxa, óleo e gordura. A estrutura da molécula de sabão é:

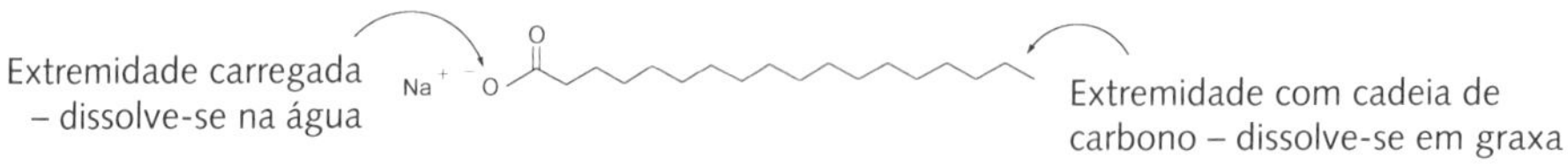

Extremidade carregada – dissolve-se na água

Extremidade com cadeia de carbono – dissolve-se em graxa

Uma molécula de estearato de sódio — uma molécula de sabão de sebo bovino

e pode também ser representada como:

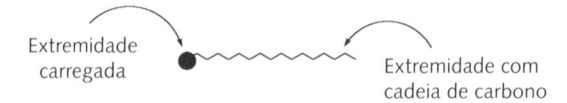

Extremidade carregada

Extremidade com cadeia de carbono

O diagrama a seguir mostra a cadeia de carbono na extremidade de muitas dessas moléculas penetrando uma partícula de graxa e formando um agregado conhecido como *micela*. As micelas do sabão, com as extremidades negativamente carregadas das moléculas do sabão do lado de fora, repelem-se umas às outras e são removidas pela água, levando consigo a partícula de graxa.

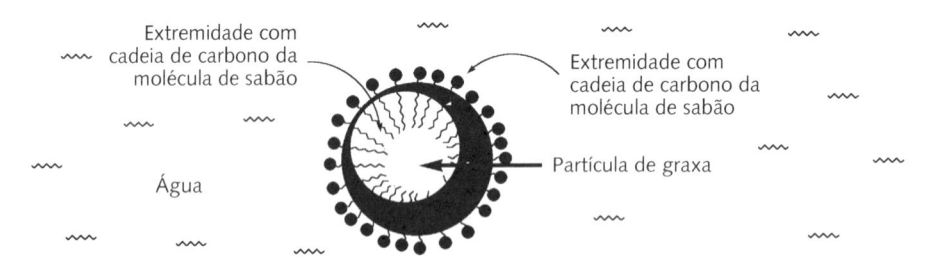

Extremidade com cadeia de carbono da molécula de sabão

Extremidade com cadeia de carbono da molécula de sabão

Água

Partícula de graxa

Uma micela de sabão na água. As extremidades carregadas das moléculas de sabão permanecem na água; as extremidades com cadeias de carbono são implantadas na graxa.

Embora o sabão seja fabricado há milhares de anos e comercialmente manufaturado há séculos, não faz muito tempo que os princípios químicos de sua formação foram compreendidos. Era possível fazer sabão a partir do que parecia ser uma ampla variedade de substâncias — óleo de oliva, sebo, azeite de dendê, gordura de baleia, banha de porco —, e como a estrutura química desses produtos não era conhecida até o início do século XIX, a semelhança essencial das estruturas de seus triglicerídios não era percebida. O século XIX já avançava quando se examinou a química do sabão. Naquela altura, porém, as mudanças sociais nas atitudes em relação ao banho, a prosperidade cada vez maior das classes trabalhadoras e uma compreensão da relação entre doença e sujeira já comprovavam que o sabão havia se tornado um item essencial na vida cotidiana. Sabonetes finos de toalete feitos com diferentes gorduras e óleos desafiaram a antiga supremacia do sabão de castela, feito de azeite, mas ele — portanto o azeite — havia sido o principal responsável pela manutenção de algum grau de higiene pessoal durante quase um milênio.

Hoje o azeite é em geral reconhecido por seus efeitos positivos sobre a saúde do coração e pelo delicioso sabor que dá à comida. Seu papel de manter viva a tradição da manufatura de sabão e, portanto, o combate à sujeira e à doença durante os tempos medievais é menos conhecido. Mas a riqueza que o azeite proporcionou à Grécia Antiga permitiu em última análise o desenvolvimento de muitos dos ideais daquela cultura que valorizamos ainda hoje. As raízes da civilização ocidental atual encontram-se em ideias promovidas na cultura política da Grécia clássica: os conceitos de democracia e de governo pelo povo, a filosofia, a lógica e o início da indagação racional, da investigação científica e matemática, da educação e das artes.

A afluência da sociedade grega permitiu a participação de milhares de cidadãos no processo de reflexão, no debate rigoroso e nas escolhas políticas. Mais que em qualquer outra sociedade antiga, os homens (as mulheres e os escravos não eram cidadãos) tiveram participação em decisões que afetavam suas vidas. O comércio do óleo de oliva assegurou grande parte da prosperidade da sociedade, a educação e o envolvimento cívico a acompanharam. As glórias alcançadas pela Grécia — hoje considerada como fundamento das sociedades democráticas de nossos dias — não teriam sido possíveis sem os triglicerídios do ácido oleico.

15

· · · · ·

Sal

A história do sal comum — cloreto de sódio, com a fórmula química NaCl — é paralela à história da civilização humana. O sal é tão valorizado, tão necessário e importante, que foi um ator de grande relevo não só no comércio global como em sanções e monopólios econômicos, em guerras, no crescimento das cidades, nos sistemas de controle social e político, nos avanços industriais e na migração de populações. Atualmente o sal tornou-se uma espécie de enigma. É absolutamente necessário à vida — sem ele, morremos —, mas nos dizem para tomar cuidado com o sal que ingerimos porque pode nos matar. Sal é barato: produzimos e usamos enormes quantidades dele. No entanto, durante quase toda a história registrada e provavelmente durante séculos antes que ela fosse registrada, foi uma mercadoria preciosa e com frequência muito cara. Uma pessoa comum no início do século XIX teria grande dificuldade em acreditar no que hoje fazemos: jogá-lo nas estradas, aos montes, para eliminar o gelo.

O preço de muitas outras moléculas caiu graças aos esforços dos químicos, seja porque nos tornamos capazes de sintetizá-las em laboratórios e fábricas (ácido ascórbico, borracha, índigo, penicilina), seja porque podemos fazer substitutos artificiais, compostos cujas propriedades são tão parecidas com as do produto natural que este se torna menos importante (têxteis, plásticos, corantes de anilina). Atualmente, como dispomos de produtos químicos mais novos (substâncias refrigerantes) para a preservação dos alimentos, as moléculas das especiarias já não são caras como outrora. Outros produtos químicos — pesticidas e fertilizantes — aumentaram a produtividade agrícola, e portanto a oferta de moléculas como glicose, celulose, nicotina, cafeína e ácido oleico. Entre todos os compostos, porém, provavelmente foi o sal que teve a produção mais aumentada e o preço mais drasticamente reduzido.

A obtenção do sal

Ao longo de toda a história o homem coletou ou produziu sal. Os três principais métodos de produzi-lo — evaporação da água do mar, fervura da água salgada de fontes e mineração de sal-gema — foram utilizados na Antiguidade e continuam em uso atualmente. A evaporação da água do mar pelo sol era (e continua sendo) o método mais comum de produção em regiões litorâneas tropicais. O processo é lento, mas barato. Originalmente, jogava-se água do mar sobre carvões em brasa e raspava-se o sal quando o fogo se extinguia. Quantidades maiores podiam ser colhidas das bordas de poços rochosos litorâneos. Não seria preciso muita imaginação para perceber que a construção de lagos rasos ou "panelas" em áreas que a maré alta inundava forneceria quantidades muito maiores de sal.

A qualidade do sal grosso é inferior tanto à do sal de fontes salgadas quanto à do sal-gema. Embora a água do mar seja constituída em 3,5% de sais dissolvidos, somente cerca de dois terços deles são cloreto de sódio; o resto é uma mistura de cloreto de magnésio ($MgCl_2$) e cloreto de cálcio ($CaCl_2$). Como esses dois cloretos são mais solúveis e menos abundantes que o cloreto de sódio, o NaCl cristaliza-se primeiro a partir da solução, e torna-se portanto possível remover a maior parte do $MgCl_2$ e do $CaCl_2$ escoando-os na água residual. Sempre resta, porém, o suficiente dessas impurezas para dar ao sal um gosto mais forte. Tanto o cloreto de magnésio quanto o de cálcio são deliquescentes, o que significa que absorvem água do ar, e quando isso acontece, o sal que contém esses cloretos adicionais forma grumos e é difícil de polvilhar.

A evaporação da água do mar é mais eficiente em climas quentes e secos, mas nascentes de água salgada, fontes subterrâneas de soluções altamente concentradas de sal — às vezes dez vezes mais que a água do mar — forneciam também sal abundante em qualquer clima, desde que houvesse madeira para fazer o fogo necessário a evaporar a água das soluções por ebulição. A demanda de madeira para a produção de sal contribuiu para desflorestar partes da Europa. O sal das fontes salgadas, não contaminado por cloreto de magnésio e cálcio, que reduzem a eficácia da preservação dos alimentos, era mais desejável que o sal marinho, mas também mais caro.

Depósitos de sal-gema ou halita — nome mineral do NaCl presente no solo — são encontrados em muitas partes do mundo. A halita, resquício seco de antigos mares ou oceanos, foi minerada durante séculos, particularmente onde os depósitos ocorrem perto da superfície da terra. Mas o sal era tão valioso que, já na Idade do Ferro, praticava-se a mineração de depósitos subterrâneos: poços profundos, quilômetros de túneis e grandes cavernas foram escavados para a remoção do sal. Povoamentos cresceram em torno dessas minas, e a extração contínua do composto levava ao desenvolvimento de vilas e cidades que enriqueciam com a economia do sal.

A fabricação ou a mineração do sal foram importantes em muitos lugares da Europa durante toda a Idade Média; ele tinha tanto valor que era chamado de "ouro branco". Veneza, centro do comércio de especiarias durante séculos, começou como uma comunidade que vivia da extração de sal de fontes salgadas nas lagunas pantanosas da região. Nomes de rios, vilas e cidades na Europa — Salzburgo, Halle, Hallstatt, Hallein, La Salle, Mosela — celebram seus vínculos com a mineração ou a produção de sal, pois a palavra grega que o designa é *hals*, e a latina é *sal. Tuz*, o nome turco para sal, aparece em Tuzla, vila na região produtora de sal da Bósnia-Herzegovina, bem como em comunidades litorâneas da Turquia que têm esse nome ou outros semelhantes.

Hoje, por causa do turismo, o sal ainda é uma fonte de riqueza para algumas dessas cidades antigas. Em Salzburgo, na Áustria, as minas são uma grande atração turística; o mesmo ocorre em Wieliczka, perto de Cracóvia, na Polônia, onde, nas enormes cavernas escavadas para a remoção do sal, um salão de baile, uma capela com altar e estátuas religiosas esculpidas no sal, além de um lago subterrâneo, encantam milhares de visitantes. O maior *salar*, ou salina, do mundo é o chamado Salar de Uyuni, na Bolívia; ali, os turistas podem se hospedar num hotel inteiramente feito de sal.

O comércio do sal

Registros de civilizações antigas atestam que o sal foi artigo de comércio desde os tempos mais remotos. Os egípcios antigos trocavam mercadorias por sal, ingrediente essencial no processo de mumificação. O historiador grego Heródoto relatou a visita que fez a uma mina de sal no deserto da Líbia em 425 a.C. O sal da grande planície salgada de Danakil, na Etiópia, era vendido aos romanos e aos árabes e exportado até para um país tão distante quanto a Índia. Os romanos implantaram uma grande usina de sal litorâneo em Ostia, situada na época na foz do rio Tibre, e por volta de 600 a.C. construíram uma

O hotel de sal perto do Salar de Uyuni, na Bolívia.

estrada, a Via Salaria, para transportar sal do litoral para Roma. Uma das principais artérias de Roma nos dias de hoje ainda é chamada Via Salaria — a estrada do sal. Derrubaram-se florestas para fornecer combustível à usina de sal em Ostia, e a erosão posterior do solo arrastou quantidades crescentes de sedimentos para o Tibre. O sedimento adicional acelerou a expansão do delta na foz do rio. Séculos depois, Ostia não estava mais na costa, e foi preciso deslocar a usina para a linha do litoral novamente. Este tem sido citado como um dos primeiros exemplos do impacto da atividade industrial humana sobre o ambiente.

O sal foi a base de um dos maiores triângulos comerciais do mundo, coincidentemente, pela difusão do islã na costa ocidental da África. O extremamente árido e inóspito deserto do Saara foi durante séculos uma barreira entre os países do norte da África, às margens do Mediterrâneo, e o resto do continente, ao sul. Embora houvesse enormes depósitos de sal no deserto, mais ao sul a demanda do artigo era grande. No século VIII, negociantes berberes da África do Norte começam a trocar cereais e frutas secas, têxteis e utensílios, por pranchas de halita minerada dos grandes depósitos de sal do Saara (em Mali e na

Mauritânia de hoje). O sal era tão abundante nesses lugares que cidades como Teghaza (cidade do sal), inteiramente construída com blocos de sal, cresceram em torno das minas. As caravanas berberes, que muitas vezes reuniam milhares de camelos ao mesmo tempo, continuavam cruzando o deserto em direção a Timbuktu, originalmente um pequeno acampamento na borda sul do Saara, às margens de um tributário do rio Niger.

Na altura do século XIV, Timbuktu havia se tornado um grande posto comercial, em que o ouro da África Ocidental era trocado pelo sal proveniente do Saara. A cidade tornou-se também um centro difusor do islã, levado para a região pelos comerciantes berberes. No auge de seu poder — a maior parte do século XVI — Timbuktu pôde ostentar uma influente universidade corânica, grandes mesquitas, torres e magníficos palácios reais. Caravanas partiam de Timbuktu carregadas de ouro, e às vezes de escravos e marfim, de volta para o litoral mediterrâneo do Marrocos, e de lá para a Europa. Ao longo dos séculos, muitas toneladas de ouro foram enviadas para a Europa pela rota comercial saariana do ouro e do sal.

O sal do Saara também era enviado para a Europa quando a demanda ali aumentava. O peixe tinha de ser conservado rapidamente após a pesca, e enquanto a defumação e a secagem eram praticamente impossíveis no mar, a salga era viável. Nos mares Báltico e do Norte havia abundância de arenque, bacalhau e hadoque e, do século XIV em diante, milhões de toneladas desses peixes, salgados no mar ou em portos próximos, eram vendidas em toda a Europa. Nos séculos XIV e XV, a Liga Hanseática, uma organização de cidades do norte da Alemanha, controlou o comércio do peixe salgado (e quase tudo o mais) nos países às margens do mar Báltico.

O comércio no mar do Norte centrava-se na Holanda e na costa leste da Inglaterra. Com disponibilidade de sal para preservar o pescado, porém, tornou-se possível pescar a distâncias maiores da costa. No final do século XV, barcos pesqueiros da Inglaterra, França, Holanda, da região basca da Espanha, de Portugal e de outros países europeus navegavam regularmente para pescar nos Grand Banks, ao largo da Terra Nova. Durante quatro séculos frotas pesqueiras pilharam os vastos cardumes de bacalhau nessa região do Atlântico Norte, limpando e salgando o peixe à medida que o pescavam e retornando ao porto com milhões de toneladas do que parecia uma reserva inesgotável. Parecia, mas não era. O bacalhau dos Grand Banks chegou ao limiar da extinção na década de 1990. Hoje uma moratória à pesca do bacalhau, introduzida pelo

Canadá em 1992, está sendo observada por muitas, mas não todas, nações pesqueiras tradicionais.

Com tamanha demanda, não surpreende que o sal fosse muitas vezes considerado mais um prêmio de guerra que uma mercadoria. Na Antiguidade, povoações em torno do mar Morto eram conquistadas especificamente por causa de suas preciosas reservas de sal. Na Idade Média, os venezianos moveram guerra contra comunidades litorâneas vizinhas que ameaçavam seu decisivo monopólio do sal. Capturar a provisão de sal de um inimigo foi por muito tempo uma tática de guerra segura. Durante a Revolução Norte-Americana, um embargo britânico sobre as importações provenientes da Europa e das Índias Ocidentais resultou em escassez de sal na ex-colônia. Os ingleses destruíram usinas de sal ao longo do litoral de Nova Jersey para manter os colonos em privação, dado o alto preço do sal importado. Durante a Guerra Civil Norte-Americana, a captura, em 1864, de Saltville, na Virgínia, por forças da União foi vista como um passo vital na redução do moral dos civis e na derrota do exército Confederado.

Chegou-se mesmo a sugerir que a falta de sal na dieta podia impedir a cura de ferimentos de guerra, e que teria sido, portanto, responsável pela morte de milhares dos soldados de Napoleão durante a retirada de Moscou em 1812. Nessas circunstâncias, a falta de ácido ascórbico (e a subsequente investida do escorbuto) parece ter tanta culpa quanto a falta de sal; portanto, os dois compostos podem se unir ao estanho e aos derivados do ácido lisérgico como substâncias químicas que frustraram os sonhos de Napoleão.

A estrutura do sal

A halita, com uma solubilidade de cerca de 36g em cada 100g de água fria, é muito mais solúvel na água que outros minerais. Como se considera que a vida se desenvolveu nos oceanos, e como o sal é essencial à vida, sem essa solubilidade a vida como a conhecemos não existiria.

O químico sueco Svante August Arrhenius foi o primeiro a propor, em 1887, a ideia de íons com cargas opostas como explicação para a estrutura e as propriedades do sal e suas soluções. Durante mais de um século os cientistas haviam sido confundidos por uma propriedade particular do sal — sua capacidade de conduzir correntes elétricas. A água da chuva não manifesta nenhuma condutividade elétrica, mas soluções salinas e de outros sais são excelentes condutores.

A teoria de Arrhenius explicou essa condutividade; seus experimentos mostraram que quanto mais sal houver numa solução, maior a concentração da espécie carregada — os íons — necessária para transportar uma corrente elétrica.

O conceito de íons, tal como proposto por Arrhenius, explicou também por que os ácidos, embora suas estruturas sejam aparentemente diferentes, têm propriedades semelhantes. Na água, todos os ácidos produzem íons de hidrogênio (H^+), que são responsáveis pelo gosto azedo e pela reatividade química das soluções ácidas. Embora suas ideias não fossem aceitas por muitos químicos conservadores da época, Arrhenius deu mostra de perseverança e diplomacia, defendendo com determinação a validade do modelo iônico. Seus críticos acabaram por se convencer, e em 1903 ele recebeu o Prêmio Nobel de Química por sua teoria da dissociação eletrolítica.

Nessa altura já havia uma teoria sobre a formação dos íons e também evidências práticas desse processo. O físico britânico Joseph John Thomson demonstrara em 1897 que todos os átomos contêm *elétrons*, a partícula fundamental negativamente carregada da eletricidade que havia sido proposta pela primeira vez em 1833 por Michael Faraday. Portanto, se um átomo perdesse um elétron ou elétrons, tornava-se um íon positivamente carregado; se um outro átomo ganhasse um elétron ou elétrons, formava-se um íon negativamente carregado.

O cloreto de sódio sólido é composto de um arranjo regular de dois íons — íons de sódio positivamente carregados e íons de cloreto negativamente carregados — unidos por grandes forças de atração entre as cargas negativas e positivas.

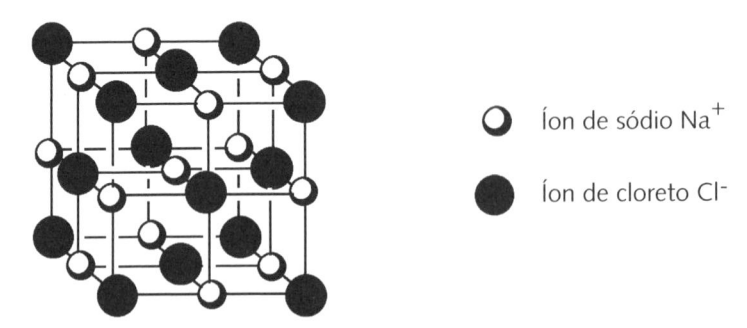

○ Íon de sódio Na^+

● Íon de cloreto Cl^-

A estrutura tridimensional do cloreto de sódio sólido. As linhas que unem os íons não existem — foram incluídas aqui para mostrar o arranjo cúbico dos íons.

As moléculas de água, embora não consistam em íons, são parcialmente carregadas. Um lado de uma molécula de água (o lado do hidrogênio) é ligeiramente positivo, e o outro (o lado do oxigênio) é ligeiramente negativo. É isso que permite ao cloreto de sódio se dissolver em água. Embora a atração entre um íon de sódio positivo e a extremidade negativa das moléculas de água (e a atração entre íons de cloreto negativos e a extremidade positiva das moléculas de água) seja semelhante à força atrativa entre íons Na⁺ e íons Cl⁻, o que explica em última análise a solubilidade do sal é a tendência desses íons a se dispersar aleatoriamente. Se sais iônicos não se dissolvem em nenhuma medida na água, é porque a força atrativa entre os íons é maior que as atrações água-íon.

Representando a molécula de água como:

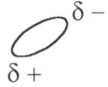

$$O^{\delta -}_{\delta +}$$

com δ- indicando a extremidade parcialmente negativa da molécula e δ+ a extremidade parcialmente positiva, podemos mostrar que os íons de cloreto negativos em solução aquosa estão cercados pelas extremidades parcialmente positivas das moléculas de água:

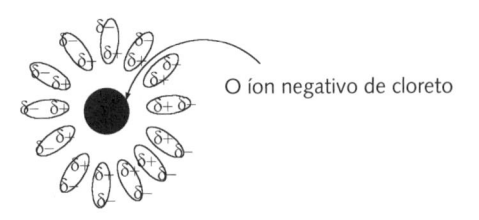

O íon negativo de cloreto

E o íon de sódio positivo em solução aquosa está cercado pelas extremidades ligeiramente negativas das moléculas de água:

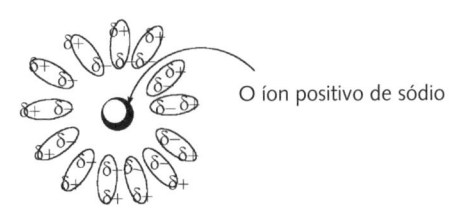

O íon positivo de sódio

É essa solubilidade do cloreto de sódio que faz do sal — ao atrair moléculas de água — um conservante tão bom. O sal preserva carne vermelha e peixe porque remove água dos tecidos; em condições de níveis de água muito reduzidos e elevado conteúdo de sal, as bactérias que causam a deterioração não conseguem sobreviver. Uma quantidade muito maior de sal era usada dessa maneira, para evitar que os alimentos se deteriorassem, do que acrescentada deliberadamente a eles com o propósito de acentuar sabores. Em regiões nas quais o sal da dieta vinha sobretudo da carne, a salga para preservar a comida era fator essencial na manutenção da vida. Os outros métodos tradicionais de preservação dos alimentos — a defumação e a secagem — com muita frequência também requeriam o uso de sal: o alimento era imerso na salmoura antes de ser efetivamente defumado ou seco. Comunidades que não contavam com uma fonte de sal dependiam das provisões obtidas no comércio.

A necessidade de sal do organismo

Desde os tempos mais remotos, mesmo que o sal não fosse necessário para a preservação dos alimentos, o homem reconheceu a necessidade de obtê-lo para sua dieta. Os íons do sal desempenham papel essencial no nosso organismo, mantendo o equilíbrio eletrolítico entre as células e o fluido que as circunda. Parte do processo que gera os impulsos elétricos ao longo dos neurônios no sistema nervoso envolve a chamada bomba de sódio-potássio. Mais íons Na^+ (sódio) são expelidos de uma célula do que íons K^+ (potássio) são bombeados para dentro delas, o que resulta numa carga negativa líquida do citoplasma no interior da célula em comparação com o exterior da membrana celular. Gera-se assim uma diferença em carga — conhecida como potencial de membrana — que provê de energia os impulsos elétricos. O sal é portanto vital para o funcionamento dos nervos e, em última análise, para o movimento muscular.

Moléculas de glicosídeo cardíaco, como a digoxina e a digitoxina encontradas na dedaleira, inibem a bomba de sódio-potássio, dando um nível mais elevado de íons Na^+ no interior da célula. Isso acaba por aumentar a força contrativa dos músculos do coração e explica a atividade dessas moléculas como estimulantes cardíacos. O íon cloreto do sal é necessário ao organismo também para a produção de ácido hidroclorídrico, componente essencial dos sucos digestivos no estômago.

A concentração de sal no organismo de uma pessoa saudável varia numa faixa muito estreita. O sal perdido precisa ser reposto, o sal em excesso precisa ser excretado. A privação de sal provoca perda de peso e do apetite, cãibras, náusea e inércia, podendo ainda, em casos extremos de depleção do sal no organismo — como em corredores de maratona —, levar a colapso vascular e à morte. Por outro lado, sabe-se que o consumo excessivo do íon sódio contribui para a elevação da pressão sanguínea, fator importante para a doença cardiovascular e para doenças dos rins e do fígado.

O corpo humano médio contém cerca de 113,39g de sal; como estamos perdendo sal continuamente, sobretudo na transpiração e na excreção na urina, temos de repô-lo diariamente. O homem pré-histórico supria sua necessidade de sal na dieta com a carne dos animais basicamente herbívoros que caçava, pois carne crua é uma excelente fonte de sal. À medida que a agricultura se desenvolveu e os cereais e vegetais se tornaram uma parte maior da dieta humana, tornou-se necessário suplementar o sal. Os animais carnívoros não procuram depósitos naturais expostos de sal para lamber, mas os herbívoros precisam fazê-lo. Os seres humanos que vivem em partes do mundo onde se come pouca carne e os vegetarianos precisam de sal adicional. O sal suplementar, que se tornou uma necessidade assim que os homens adotaram um modo de vida agrário e sedentário, tinha de ser obtido localmente ou por meio de comércio.

A tributação do sal

A necessidade de sal do ser humano, juntamente com seus métodos específicos de produção, tornaram esse mineral historicamente apropriado para o controle político, o monopólio e a tributação. Para um governo, um imposto sobre o sal podia gerar um rendimento seguro. Sendo ele insubstituível e necessário para todos, todos tinham de comprá-lo. As fontes de sal eram conhecidas; a produção de sal não pode ser facilmente ocultada, o próprio sal é volumoso e difícil de esconder, e seu transporte podia ser facilmente regulado e tributado. Desde de 2000 a.C., na China, onde o imperador Hsia Yu ordenou que a corte imperial seria abastecida com sal vindo da província de Xantung, o sal foi lucrativo para os governos ao longo das eras mediante impostos, pedágios e tarifas. Nos tempos bíblicos, considerado um condimento e tributado como tal, ele estava sujeito a tarifas alfandegárias ao longo das rotas das caravanas. Após a morte de Alexandre Magno, em 323 a.C., as autoridades da Síria e do Egito continuaram a cobrar imposto sobre o sal que havia sido instituído originalmente pela administração grega.

Durante todos esses séculos, o recolhimento dos impostos exigia o trabalho de coletores, muitos dos quais enriqueciam aumentando as taxas, acrescentando encargos extras e vendendo isenções. Roma não foi exceção. Originalmente as usinas de Ostia no delta do Tibre eram controladas pelo Estado romano, de modo que o sal podia ser fornecido a preços razoáveis para todos. Essa generosidade não durou muito. Os rendimentos advindos da tributação do sal exerciam uma tentação muito grande, e o sal foi tributado. À medida que o Império Romano se ampliou, expandiram-se também os monopólios do sal e os impostos sobre ele. Coletores de impostos, agentes independentes supervisionados pelo governador de cada província romana, arrecadavam impostos onde podiam. Para os que viviam longe de áreas produtoras, o alto preço do sal refletia não só os custos de transporte como tarifas, impostos e taxas pagos a cada passo do caminho.

Durante toda a Idade Média, na Europa, a tributação do sal continuou, muitas vezes na forma de pedágios impostos às barcaças ou carroças que o transportavam das minas ou das usinas de produção litorâneas. Foi na França que essa tributação tornou-se mais drástica, com o infame, opressivo e extremamente odiado imposto sobre o sal conhecido como *gabelle*. Os relatos sobre a origem da *gabelle* variam. Alguns dizem que Carlos de Anjou a impôs na Provença em 1259, outros que ela começou como um imposto geral aplicado a mercadorias como trigo, vinho e sal do final do século XIII para ajudar a manter um exército permanente. Qualquer que tenha sido sua verdadeira origem, no século XV a *gabelle* se tornara um dos principais tributos nacionais, e o nome estava relacionado apenas ao imposto sobre o sal.

Mas a *gabelle* não era um simples imposto. Ela implicava também a exigência de que todo homem, mulher e criança de mais de oito anos comprassem certa quantidade semanal de sal, a um preço fixado pelo rei. Não só o imposto sobre o sal podia ser ele próprio elevado, como a ração obrigatória podia ser aumentada segundo os caprichos do monarca. O que fora concebido como um imposto uniforme para a toda a população logo passou a ser um meio de extorquir mais dinheiro em algumas regiões da França que em outras. Em geral, as províncias que obtinham seu sal das usinas no Atlântico eram sujeitas à *grande gabelle*, mais que o dobro do que era pago em outras regiões — conhecidas como Provinces des Petites Gabelles —, em que o sal era fornecido por usinas no Mediterrâneo. Por meio de influência política ou acordos, algumas áreas ficavam isentas da *gabelle* ou pagavam somente uma fração; em certas épocas não houve nenhuma *gabelle* na Bretanha, e uma taxa especialmente baixa vigorou na Normandia. Nos piores períodos a *gabelle* fez o sal custar mais de 20 vezes seu preço real nas Provinces des Grandes Gabelles.

Os coletores do imposto do sal — chamados fazendeiros da *gabelle*, porque colhiam os impostos do povo — vigiavam o uso do produto *per capita* para assegurar que as obrigações de consumo estavam sendo cumpridas. Tentativas de contrabandear sal eram frequentes, apesar das penas severas previstas para os contrabandistas descobertos; uma punição comum nesses casos era a condenação às galés. Os camponeses e habitantes pobres das cidades eram os mais afetados por esse imposto drástico e injustamente aplicado. Apelos ao rei para que minorasse a onerosa *gabelle* caíam em ouvidos moucos; sugeriu-se até que ela foi um dos principais agravos responsáveis pela Revolução Francesa. O tributo foi abolido em 1790, no auge da Revolução, e mais de 30 coletores do imposto foram executados. Mas a abolição não durou. Em 1805 Napoleão reintroduziu a *gabelle*, declarando-a necessária para financiar sua guerra contra a Itália. Esse imposto sobre o sal só foi finalmente eliminado após o fim da Segunda Guerra Mundial.

A França não era o único país em que impostos como esse, sobre um artigo indispensável à vida, tornaram-se opressivos. Na Escócia litorânea, particularmente em volta do Firth of Forth, o sal só veio a ser tributado depois de produzido durante séculos. Como o clima frio e úmido não permitia a evaporação solar, a água do mar era fervida em grandes recipientes, originalmente com fogo de lenha e mais tarde de hulha. Na entrada do século XVIII havia na Escócia mais de 150 dessas usinas de sal, além de muitas outras que usavam fogo de turfa. A indústria de sal era tão importante para os escoceses que o Artigo Oitavo do Tratado de União, firmado em 1707 entre a Escócia e a Inglaterra, assegurava aos escoceses uma isenção dos impostos ingleses sobre o sal durante sete anos, e depois uma taxa reduzida para sempre. A indústria do sal da Inglaterra baseava-se no sal de fontes salgadas e na mineração de sal-gema. Ambos os métodos eram muito mais eficientes e lucrativos que o da fervura de água do mar adotado na Escócia. A indústria escocesa precisava de impostos menos pesados sobre o sal para sobreviver.

Em 1825, o Reino Unido tornou-se o primeiro país a abolir o imposto sobre o sal, não tanto por causa do descontentamento que ele gerara no seio da classe trabalhadora ao longo de séculos, mas em razão do reconhecimento de uma mudança do papel desse produto. Costuma-se pensar na Revolução Industrial como uma revolução mecânica — o desenvolvimento da lançadeira volante, da máquina de fiar de fusos múltiplos, o motor a vapor, o tear mecânico —, mas ela foi também uma revolução química. A fabricação de produtos químicos em grande escala tornou-se necessária para a indústria têxtil, para o alvejamento, fabrico de sabão, de vidros e cerâmicas, a indústria do aço, os curtumes, o fabrico de papel e as indústrias da cerveja e dos destilados. Os fabricantes e proprietários de manufaturas pressionaram o governo pela revogação do imposto do sal porque o produto se tornava imensamente mais importante como matéria-prima em processos industriais do que como conservante de alimentos e suplemento culinário. A eliminação do imposto do sal, almejada por gerações de pobres, só se tornou realidade quando o produto foi reconhecido como matéria-prima de importância decisiva para a prosperidade industrial da Grã-Bretanha.

A atitude esclarecida da Grã-Bretanha em face do imposto sobre o sal não se estendeu às suas colônias. Na Índia, o tributo imposto pelos britânicos tornou-se símbolo da opressão colonial, utilizado por Mahatma Gandhi quando liderou a luta pela independência do país. O tributo sobre o sal na Índia era mais que um imposto. Como muitos conquistadores haviam descoberto ao longo dos séculos, o controle sobre o fornecimento de sal significava controle político e econômico. Normas governamentais na Índia britânica fizeram da produção não governamental de sal uma transgressão criminosa. Era ilegal até recolher o sal formado por evaporação natural nas bordas de poços rochosos na costa. O sal, por vezes importado da Inglaterra, tinha de ser comprado de agentes do governo a preços estipulados pelos britânicos. Como a dieta na Índia é principalmente vegetariana, e como predomina um clima quente, que promove a perda de sal pelo suor, a adição de sal à comida é especialmente importante. Sob o governo colonial a população foi forçada a pagar por um mineral que milhões de pessoas haviam, tradicionalmente, sido capazes de colher ou produzir por si próprias com pouco ou nenhum custo.

Em 1923, quase um século depois que a Grã-Bretanha o revogara para seus próprios cidadãos, o imposto sobre o sal foi duplicado na Índia. Em março de 1930, Gandhi e uma meia dúzia de adeptos iniciaram uma marcha de quase 400km até a cidadezinha de Dandi, na costa noroeste do país. Milhares de pessoas foram se juntando à sua peregrinação, e quando chegaram ao litoral começaram a colher incrustações de sal da praia, a ferver água do mar e a vender o sal que produziam. Outros milhares passaram também a violar as leis do sal. O produto ilegal começou a ser vendido em aldeias e cidades de toda a Índia e era frequentemente confiscado pela polícia. Os partidários de Gandhi eram muitas vezes brutalmente tratados pela polícia, e milhares foram presos. Outros milhares tomaram seus lugares e passaram a fazer sal. Seguiram-se greves, boicotes e demonstrações de protesto. No mês de março do ano seguinte, as leis draconianas sobre o sal em vigor na Índia haviam sido modificadas: as pessoas foram autorizadas a colher sal ou fabricá-lo a partir das fontes disponíveis no lugar em que moravam e a vendê-lo a outros moradores de sua aldeia. Embora um imposto comercial continuasse em vigor, o monopólio sobre o sal do governo britânico fora rompido. A ideia de desobediência civil não violenta de Gandhi havia se provado eficaz, e estavam contados os dias do Raj britânico.

O sal como matéria-prima

A revogação do imposto do sal na Grã-Bretanha foi importante não só para as indústrias que usavam o produto como parte de seus processos de manufatura, mas também para companhias que precisavam dele como matéria-prima essencial na fabricação de produtos químicos inorgânicos. Ele era particularmente importante para a produção de um outro composto de sódio, o carbonato de sódio (Na_2CO_3), conhecido como soda calcinada ou água de lavagem com soda. O carbonato de sódio — usado na fabricação do sabão e necessário em grandes quantidades à medida que a demanda de sabão crescia — vinha sobretudo de depósitos naturais, muitas vezes incrustações em torno de lagos alcalinos que estavam secando ou de resíduos da queima de algas laminariáceas e outras algas marinhas. Como a soda calcinada dessas fontes era impura, e a produção limitada, a possibilidade de produzir carbonato de sódio a partir da abundante oferta de cloreto de sódio atraiu a atenção dos químicos. Na década de 1790, Archibald Cochrane, o nono conde de Dundonald — hoje considerado um dos líderes da revolução química da Grã-Bretanha e um dos fundadores da indústria química do álcali —, cuja modesta propriedade de família no Firth of Forth da Escócia era vizinha de várias bacias de sal em cuja exploração se usava o fogo de hulha, patenteou um processo para a conversão do sal em "álcali artificial". Seu método, porém, nunca foi um sucesso comercial. Em 1791, na França, Nicolas

Leblanc desenvolveu um processo para a fabricação de carbonato de sódio a partir de sal, ácido sulfúrico, carvão e calcário. O início da Revolução Francesa adiou a implantação do processo de Leblanc, e foi na Inglaterra que a manufatura lucrativa de soda calcinada começou.

No princípio da década de 1860, na Bélgica, os irmãos Ernest e Alfred Solvay desenvolveram um método mais aperfeiçoado para converter cloreto de sódio em carbonato de sódio, usando calcário ($CaCO_3$) e gás amônia (NH_3). Os passos fundamentais eram a formação de um precipitado de bicarbonato de sódio ($NaHCO_3$) a partir de uma solução concentrada de água salgada infundida com gás de amoníaco e dióxido de carbono (de calcário):

$$NaCl_{(aq)} + NH_{3(g)} + CO_{2(g)} + H_2O_{(l)} \rightarrow NaHCO_{3(s)} + NH_4Cl_{(aq)}$$

Cloreto de sódio — Amônia — Dióxido de carbono — Água — Bicarbonato de sódio — Cloreto de amônio

e, em seguida, a produção de carbonato de sódio pelo aquecimento do bicarbonato de sódio

$$2\ NaHCO_{3(s)} \rightarrow Na_2CO_{3(s)} + CO_{2(g)} + H_2O_{(g)}$$

Bicarbonato de sódio — Carbonato de sódio — Dióxido de carbono — Água

O processo criado por Solvay ainda é o principal método de preparo de soda calcinada, mas depois da descoberta de grandes depósitos naturais da substância — as reservas da bacia do rio Green, no Wyoming (EUA), por exemplo, são estimadas em mais dez bilhões de toneladas — reduziu-se o interesse de seu preparo a partir do sal.

Outro composto de sódio, a soda cáustica ($NaOH$), foi também escasso durante muito tempo. Industrialmente, a soda cáustica, ou hidróxido de sódio, é feita passando-se uma corrente elétrica por uma solução de cloreto de sódio — processo conhecido como eletrólise. A soda cáustica, que está entre os dez produtos químicos fabricados em maior volume nos Estados Unidos, é essencial na extração de alumínio a partir de seu minério e na manufatura de rayon, celofane, sabões, detergentes, produtos do petróleo, papel e polpa. O gás cloro, também produzido na eletrólise da água salgada, foi originalmente considerado um subproduto do processo, mas logo se descobriu que o cloro era um ótimo agente alvejante e um desinfetante poderoso. Hoje a produção de cloro é um objetivo da eletrólise comercial de soluções de NaCl, tanto quanto a produção de NaOH. O cloro é usado atualmente na manufatura de muitos produtos orgânicos, como pesticidas, polímeros e fármacos.

De contos de fadas a parábolas bíblicas, de mitos populares suecos a lendas dos índios norte-americanos, diferentes sociedades no mundo todo nos contam histórias sobre o sal. Ele é usado em cerimônias e ritos, simboliza a hospitalidade, a boa fortuna e protege contra espíritos maléficos e a má sorte. Seu importante papel na conformação da cultura humana manifesta-se também na linguagem. Ganhamos um salário — a derivação da palavra vem do fato de que os soldados romanos muitas vezes eram pagos em sal. Palavras como salada (originalmente temperadas apenas com sal), *sauce*, salsa, *sausage* e salame vêm todas da mesma raiz latina. Como em outras línguas, nosso linguajar cotidiano está polvilhado de metáforas envolvendo o mineral: "sal da terra", "preço salgado", "sal curado", "sem-sal".

A suprema ironia na história do sal é que, apesar de todas as guerras que se fizeram por sua causa, apesar das batalhas e dos protestos contra sua tributação, apesar das migrações à sua procura e do desespero de centenas de milhares de pessoas presas por contrabandeá-lo, quando a descoberta de novos depósitos subterrâneos de sal e a tecnologia moderna reduziram enormemente o seu preço, a necessidade dele para a preservação dos alimentos já se reduzira substancialmente — a refrigeração tornara-se o método-padrão para evitar a decomposição dos alimentos. Esse composto que ao longo de toda a história foi glorificado e reverenciado, desejado e disputado, e por vezes mais valorizado que o ouro, hoje é não só barato e facilmente adquirível como considerado banal.

16

Compostos clorocarbônicos

Em 1877 o navio *Frigorifique* partiu de Buenos Aires com destino ao porto francês de Rouen com um carregamento de carne bovina argentina. Hoje em dia um fato como este seria trivial, mas o navio transportava uma carga refrigerada, e aquela foi uma viagem histórica: assinalava o início da refrigeração e o fim da preservação de alimentos com moléculas de condimentos e sal.

A refrigeração

Desde pelo menos 2000 a.C., as pessoas usaram gelo para manter os alimentos frescos, baseando-se no princípio de que o gelo absorve o calor à sua volta, à medida que se liquefaz. A água produzida é escoada, e mais gelo é acrescentado. A refrigeração, por outro lado, não envolve fases sólidas e líquidas, mas fases líquidas e de vapor. À medida que evapora, o líquido absorve o calor à sua volta. O vapor produzido por evaporação é então devolvido ao estado líquido por compressão. Esse estágio de compressão é o responsável pelo *re* de *refrigeração* — um vapor é reconvertido em líquido, depois re-evapora, causando o esfriamento, e todo o ciclo se repete. Um componente-chave do ciclo é uma fonte de energia para impelir o compressor mecânico. A "geladeira" ou "caixa de gelo" antiquada (*icebox*), em que se devia acrescentar gelo continuamente, não era, tecnicamente, um refrigerador. Hoje usamos muitas vezes a palavra *refrigerar* com o sentido de "tornar ou manter fresco", sem considerar como isso é feito.

Um verdadeiro refrigerador precisa de um refrigerante — um composto que passe pelo ciclo evaporação-compressão. Já em 1748 usou-se éter para demonstrar o efeito resfriante de um refrigerante, porém, mais de cem anos se passaram antes que uma máquina de éter comprimido fosse empregada como refrigerador. Por volta de 1851, James Harrison, um escocês que emigrara para a Austrália em 1837, construiu um refrigerador por compressão de vapor baseado em éter para uma fábrica de cerveja australiana. Ele e um norte-americano, Alexander Twining, que fez um sistema de refrigeração por compressão de vapor mais ou menos na mesma época, estão entre os pioneiros da refrigeração comercial.

A amônia foi usada como substância refrigerante em 1859 pelo francês Ferdinand Carré — mais um postulante ao título de pioneiro da refrigeração comercial. Cloreto de metila e dióxido de enxofre também foram empregados nesses primeiros tempos; o dióxido de enxofre foi utilizado no primeiro rinque de patinação artificial do mundo. Essas pequenas moléculas realmente puseram fim ao apelo ao sal e às especiarias como forma de preservar alimentos.

$C_2H_5-O-C_2H_5$	NH_3	CH_3Cl	SO_2
Éter (éter dietílico)	Amônia	Cloreto de metila	Dióxido de enxofre

Em 1873, após implantar com sucesso, em terra, sistemas de refrigeração para a indústria australiana de processamento de carne bem como para fábricas de cerveja, James Harrison decidiu transportar carne num navio refrigerado da Austrália para a Grã-Bretanha. Mas seu sistema mecânico de evaporação-compressão baseado em éter não funcionou no mar. Mais tarde, no início de dezembro de 1879, o *S.S. Strathleven*, equipado por Harrison, deixou Melbourne e chegou a Londres dois meses depois com 40 toneladas de carne bovina e de carneiro ainda congeladas. O processo de refrigeração de Harrison passara no teste. Em 1882, sistema semelhante foi instalado no *S.S. Dunedin*, e o primeiro carregamento de carne de cordeiro da Nova Zelândia foi enviado para a Grã-Bretanha. Embora o *Frigorifique* seja frequentemente mencionado como o primeiro navio refrigerado do mundo, tecnicamente a tentativa feita por Harrison em 1873 faz mais jus a essa qualificação. Ela não foi, contudo, a primeira viagem *bem-sucedida* de um navio refrigerado. O título pertence com mais justiça ao *S.S. Paraguay*, que, em 1877, chegou a Le Havre, na França, com um carregamento de carne bovina congelada proveniente da Argentina. O sistema de refrigeração do *Paraguay* foi projetado por Ferdinand Carré e usava amônia como refrigerante.

No *Frigorifique*, a "refrigeração" era mantida por água resfriada com gelo (armazenado num espaço bem isolado) e depois bombeada para todo o navio através de canos. Mas a bomba do navio quebrou durante a viagem iniciada em Buenos Aires, e a carne estragou antes de chegar à França. Assim, embora tenha antecedido o *S.S. Paraguay* em vários meses, o *Frigorifique* não foi um verdadeiro navio refrigerado; não passava de uma embarcação que mantinha alimentos resfriados ou congelados com o uso de gelo armazenado. O que o *Frigorifique* pode reivindicar é ter sido pioneiro no transporte de carne resfriada através do oceano, mesmo que não tenha sido um pioneiro bem-sucedido.

Qualquer que tenha sido, legitimamente, o primeiro navio refrigerado, na década de 1880 foi implantado o processo mecânico de compressão-evaporação para resolver o problema do transporte de carne das áreas produtoras do mundo para os mercados mais amplos da Europa e do leste dos Estados Unidos. Navios provenientes da Argentina e das pastagens de gado bovino e ovino da Austrália e da Nova Zelândia enfrentavam uma viagem de dois ou três meses sob as temperaturas quentes dos trópicos. O sistema simples baseado no gelo do *Frigorifique* não teria sido eficaz. A refrigeração mecânica passou a se tornar cada vez mais confiável, dando aos pecuaristas um novo meio de levar seus produtos aos mercados do mundo. A refrigeração desempenhou portanto um papel capital no desenvolvimento econômico da Austrália, Nova Zelândia, Argentina, África do Sul e outros países, cujas vantagens naturais de abundante produção agrícola eram reduzidas pelas grandes distâncias que os separavam dos mercados.

Os fabulosos fréons

A molécula refrigerante ideal precisa atender a requisitos práticos especiais. Deve vaporizar-se dentro da faixa de temperatura correta; liquefazer-se por compressão — também dentro da faixa de temperatura requerida; e absorver quantidades relativamente grandes de calor à medida que evapora. Amônia, éter, cloreto de metila, dióxido de enxofre e moléculas similares satisfaziam essas exigências técnicas, qualificando-se como bons refrigerantes. Mas elas se degradavam, representavam risco de incêndio, eram venenosas ou tinham péssimo cheiro — e às vezes tudo isso junto.

Apesar dos problemas com os refrigerantes, a demanda de refrigeração comercial e doméstica cresceu. O processo desenvolvido para atender à demanda do comércio precedeu a refrigeração doméstica em pelo menos 50 anos. Os primeiros refrigeradores para serem usados em casa tornaram-se disponíveis em 1913, e na década de 1920 haviam começado a substituir a mais tradicional caixa de gelo, abastecida com gelo produzido por usinas industriais. Em alguns refrigeradores domésticos primitivos, a barulhenta unidade compressora era instalada no porão, separada do móvel em que se guardavam os alimentos.

Procurando respostas para os problemas suscitados por refrigerantes tóxicos e explosivos, o engenheiro mecânico Thomas Midgley Jr. — que já tivera êxito no desenvolvimento do chumbo tetraetila, substância adicionada à gasolina para reduzir batidas no motor — e o químico Albert Henne, ambos trabalhavam na Frigidaire Division da General Motors, analisaram compostos que provavelmente teriam pontos de ebulição dentro da faixa definida de um ciclo de refrigeração. Em sua maior parte, os compostos conhecidos que atendiam a esse critério já estavam em uso ou haviam sido eliminados como inviáveis, mas uma possibilidade, os compostos de flúor, ainda não fora considerada. O flúor é um gás elementar altamente tóxico e corrosivo, e poucos compostos orgânicos contendo flúor jamais haviam sido preparados.

Midgley e Henne resolveram preparar várias moléculas diferentes contendo um ou dois átomos de carbono e um número variável de átomos de flúor e cloro em vez de átomos de hidrogênio. Os compostos resultantes, os clorofluorcarbonetos (ou CFCs, como hoje são conhecidos), satisfizeram admiravelmente a todos os requisitos técnicos para um refrigerante e revelaram-se também muito estáveis, não tóxicos, não inflamáveis, de fabricação não dispendiosa e quase sem cheiro.

Midgley demonstrou a segurança de seus novos refrigerantes de maneira bastante sensacional em 1930, numa reunião da American Chemical Society, em Atlanta, na Geórgia. Derramou um pouco de CFC líquido num recipiente vazio e, enquanto o refrigerante fervia, pôs o rosto no vapor, abriu a boca e aspirou profundamente. Virando-se para uma vela previamente acesa, exalou o CFC lentamente, extinguindo a chama — uma demonstração notável e inusitada das propriedades não explosivas e não venenosas do clorofluorcarboneto.

Várias diferentes moléculas de CFC passaram então a ser usadas como refrigerantes: o diclorodifluormetano — mais conhecido pela marca registrada com que era comercializado pela Du Pont Corporation: Fréon 12; o triclorofluormetano, ou Fréon 11; e o 1,2 dicloro -1,1,2,2, -tetrafluoretano, ou Fréon 114.

Os números nos nomes do fréon são um código desenvolvido por Midgley e Henne. O primeiro dígito é o número de átomos de carbono menos um. Se for zero, não é escrito; assim, Fréon 12 é na realidade Fréon 012. O número seguinte

$$\begin{array}{c} \text{F} \\ | \\ \text{F}-\text{C}-\text{Cl} \\ | \\ \text{Cl} \end{array} \qquad \begin{array}{c} \text{F} \\ | \\ \text{Cl}-\text{C}-\text{Cl} \\ | \\ \text{Cl} \end{array} \qquad \begin{array}{c} \text{F}\ \ \text{F} \\ |\ \ | \\ \text{F}-\text{C}-\text{C}-\text{F} \\ |\ \ | \\ \text{Cl}\ \text{Cl} \end{array}$$

Fréon 12 Fréon 11 Fréon 114

é o número de átomos de hidrogênio (se houver algum) mais um. O último número é o de átomos de flúor. Quaisquer átomos que restem são de cloro.

Os CFCs eram os refrigerantes perfeitos. Eles revolucionaram o ramo da refrigeração e tornaram-se a base para uma enorme expansão da refrigeração doméstica, especialmente à medida que um número crescente de casas passou a receber energia elétrica. Na década de 1950, uma geladeira era considerada um aparelho comum nos lares do mundo desenvolvido. Comprar comida fresca diariamente deixou de ser uma necessidade. Alimentos perecíveis podiam ser guardados em segurança, e as refeições eram preparadas em menos tempo. A indústria de alimentos congelados floresceu. Novos produtos foram desenvolvidos; apareceram as refeições prontas — comida de TV. Os CFCs mudaram a maneira como as pessoas compravam e preparavam a comida, mudaram até o que comiam. A refrigeração permitiu que antibióticos, vacinas e outros medicamentos sensíveis ao calor fossem armazenados e enviados para todos os lugares do mundo.

Uma ampla oferta de moléculas refrigerantes seguras deu também às pessoas meios de refrigerar algo além da comida — seu ambiente. Durante séculos a captura de brisas naturais, a movimentação do ar por meio de ventiladores e o uso do efeito refrigerante da água em evaporação haviam sido os principais métodos usados pelo homem para fazer frente à temperatura nos lugares de clima quente. Depois que os CFCs entraram em cena, a nova indústria do ar-condicionado expandiu-se rapidamente. Nas regiões tropicais e em outros lugares nos quais os verões eram extremamente quentes, o ar-condicionado tornou mais confortáveis residências, hospitais, escritórios, fábricas, shopping centers, carros — todos os ambientes em que as pessoas viviam e trabalhavam.

Foram encontrados outros usos ainda para os CFCs. Como não reagiam com praticamente nada, eram os propelentes ideais para tudo que pudesse ser aplicado com uma lata de spray. Laquês, cremes de barbear, colônias, bronzeadores, coberturas de creme para bolos e sorvetes, queijo cremoso, lustra-móveis, soluções para limpeza de tapetes, removedores de mofo para banheiras e inseticidas são apenas alguns da imensa variedade de produtos que eram expelidos pelos minúsculos furinhos das latas de aerossol pelo vapor de CFC em expansão.

Alguns CFCs eram perfeitos para espumar agentes na manufatura dos polímeros extremamente leves e porosos usados como material de embalagem, como espuma isolante em construções, recipientes para *fast-food* e copinhos de café, na forma do poliestireno. As propriedades solventes de outros CFCs, como o Fréon 113, os tornavam ideais para a limpeza de placas de circuito e outros componentes eletrônicos. A substituição de um átomo de bromo por um átomo de cloro ou flúor na molécula de CFC produzia compostos mais pesados, com pontos de ebulição mais elevados, como o Fréon 13B1 (o código é ajustado para indicar o bromo), perfeito para uso em extintores de incêndio.

$$\begin{array}{c} \text{Cl} \quad \text{F} \\ | \quad | \\ \text{Cl}-\text{C}-\text{C}-\text{F} \\ | \quad | \\ \text{Cl} \quad \text{F} \end{array} \qquad \begin{array}{c} \text{F} \\ | \\ \text{F}-\text{C}-\text{Br} \\ | \\ \text{F} \end{array}$$

Fréon 113   Fréon 13B1

No início da década de 1970, quase um milhão de toneladas de CFCs e compostos semelhantes eram produzidos anualmente. Parecia que essas moléculas eram realmente ideais, perfeitamente adequadas para assumir seu papel no mundo moderno, sem um só inconveniente ou aspecto desvantajoso.

O lado escuro dos fréons

O entusiasmo em torno dos CFCs durou até 1974, quando achados inquietantes foram anunciados pelos pesquisadores Sherwood Rowland e Mario Molina numa reunião da American Chemical Society em Atlanta. Eles haviam descoberto que a própria estabilidade dos CFCs representava um problema totalmente inesperado e perturbador.

Ao contrário de compostos menos estáveis, os CFCs não se decompõem por reações químicas comuns, propriedade que de início os fizera parecer extremamente atraentes. Os CFCs liberados na camada mais baixa da atmosfera circulam de um lugar para outro durante anos, ou mesmo décadas, até finalmente subir para a estratosfera, onde são rompidos pela radiação solar. Há uma camada na estratosfera que se estende de cerca de 15 a 30km acima da superfície da Terra, conhecida como *camada de ozônio*. Isso pode dar a ideia de que esta é uma camada bastante grossa, mas se a mesma camada existisse sob as pressões verificadas no nível do mar, ela mediria apenas milímetros. Na região rarefeita da estratosfera, a pressão do ar é tão baixa que a camada de ozônio se expande vastamente.

O ozônio é uma forma elementar de oxigênio. A única diferença entre essas formas é o número de átomos de oxigênio em cada molécula — oxigênio é O_2 e ozônio é O_3 —, mas as duas têm propriedades bastante diferentes. Muito acima da camada de ozônio, a intensa radiação proveniente do sol rompe a ligação numa molécula de oxigênio, produzindo dois átomos de oxigênio

Radiação solar

Molécula de oxigênio → Átomo de oxigênio + Átomo de oxigênio

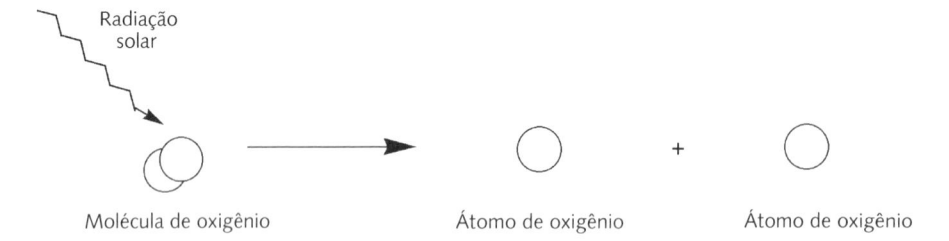

Esses átomos de oxigênio flutuam para baixo até a camada de ozônio, onde cada um reage com outra molécula de oxigênio para formar ozônio:

Átomo de oxigênio + Molécula de oxigênio → Molécula de ozônio

Dentro da camada de ozônio, moléculas de ozônio são fragmentadas pela radiação ultravioleta de alta energia, para formar uma molécula de oxigênio e um átomo de oxigênio.

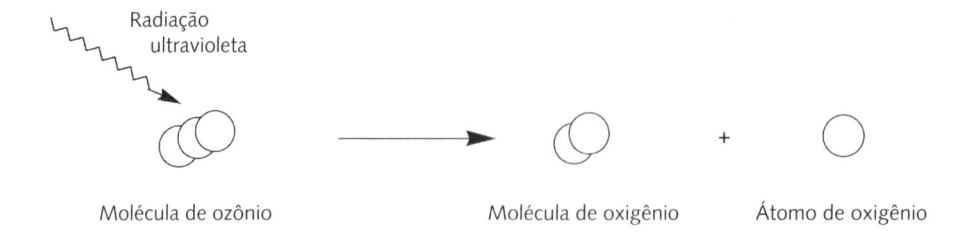

Radiação ultravioleta

Molécula de ozônio → Molécula de oxigênio + Átomo de oxigênio

Dois átomos de oxigênio recombinam-se então para formar a molécula O_2:

Átomo de oxigênio + Átomo de oxigênio → Molécula de oxigênio

A camada de ozônio, portanto, é constantemente formada e constantemente rompida. Ao longo de milênios esses dois processos alcançaram um equilíbrio, de modo que a concentração de ozônio na atmosfera terrestre permanece relativamente constante. Esse arranjo tem importantes consequências para a vida na Terra; o ozônio da camada de ozônio absorve a parte do espectro ultravioleta vindo do sol que é mais prejudicial aos seres vivos. Já se disse que vivemos sob um guarda-chuva de ozônio que nos protege da radiação mortal do sol.

Mas os resultados das pesquisas de Rowland e Molina mostraram que átomos de cloro aumentam a taxa de fragmentação das moléculas de ozônio. Numa primeira etapa, átomos de cloro colidem com ozônio para formar uma molécula de monóxido de cloro (ClO), deixando atrás de si uma molécula de oxigênio.

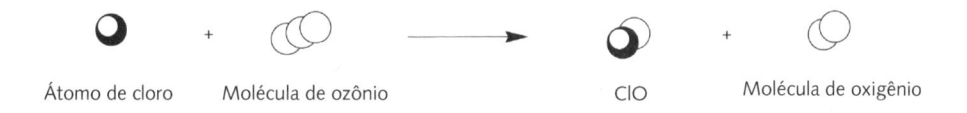

| Átomo de cloro | Molécula de ozônio | | ClO | Molécula de oxigênio |

Na etapa seguinte, o ClO reage com um átomo de oxigênio para formar uma molécula de oxigênio e regenera o átomo de cloro:

| ClO | Átomo de oxigênio | | Molécula de oxigênio | Átomo de cloro |

Rowland e Molina sugeriram que essa reação generalizada podia perturbar o equilíbrio entre as moléculas de ozônio e oxigênio, uma vez que átomos de cloro aceleram a ruptura do ozônio mas não têm nenhum efeito sobre sua produção. Um átomo de cloro consumido na primeira etapa da decomposição do ozônio é produzido novamente na segunda etapa atua como um catalisador, isto é, aumenta a taxa de reação, mas ele mesmo não é consumido. Este é o aspecto mais alarmante do efeito dos átomos de cloro sobre a camada de ozônio — o problema não é que as moléculas de ozônio são destruídas pelo cloro, mas que um mesmo átomo de cloro pode catalisar essa fragmentação um sem-número de vezes. Segundo uma estimativa, cada átomo de cloro que chega à atmosfera superior através de uma molécula de CFC destrói, em média, cem mil moléculas de ozônio antes de ser desativada. Para cada 1% de redução da camada de ozônio, mais 2% de radiação ultravioleta nociva poderia penetrar na atmosfera da Terra.

Com base em seus resultados experimentais, Rowland e Molina previram que átomos de cloro dos CFCs e compostos relacionados iriam, ao chegar à estratosfera, iniciar a decomposição da camada de ozônio. Na época em que suas pesquisas foram feitas, bilhões de moléculas de CFC eram liberadas na atmosfera diariamente. A informação de que os CFCs representavam um perigo real e imediato de destruição da camada de ozônio e uma ameaça à saúde e à segurança de todos os seres vivos inspirou certa preocupação, mas vários anos se passaram — e novos estudos, relatórios, forças-tarefa, reduções progressivas voluntárias, interdições — antes que os CFCs fossem completamente abolidos.

Dados de uma fonte inteiramente inesperada geraram a vontade política de proibir os CFCs. Estudos feitos na Antártida em 1985 mostraram uma redução crescente da camada de ozônio sobre o Polo Sul. A constatação de que o maior dos chamados "buracos" na camada de ozônio aparecia no inverno sobre um continente praticamente desabitado — não havia grande necessidade de usar refrigerantes ou laquês na Antártida — foi desconcertante. Significava obviamente que a liberação de CFCs no meio ambiente era uma problema global, não apenas uma preocupação localizada. Em 1987, um avião de pesquisa de grande altitude que voava sobre a região do Polo Sul encontrou moléculas de monóxido de cloro (ClO) nas áreas de ozônio reduzido — assim, foram comprovadas experimentalmente as previsões de Rowland e Molina (que oito anos depois, em 1955, partilharam o Prêmio Nobel de Química pela identificação dos efeitos de longo prazo dos CFCs na estratosfera e no meio).

Em 1987, um acordo chamado Protocolo de Montreal exigiu que todas as nações signatárias se comprometessem a reduzir gradualmente o uso dos CFCs até sua completa eliminação. Hoje usam-se como refrigerantes os compostos hidrofluorcarbonetos e hidroclorofluorcarbonetos, em vez dos clorofluorcarbonetos. Essas substâncias não contêm cloro ou são mais facilmente oxidadas na atmosfera. Só uma pequena porção chega aos elevados níveis estratosféricos que os menos reativos CFCs alcançavam. Mas os novos substitutos dos CFCs não são refrigerantes tão eficazes e requerem até 3% mais de energia para o ciclo de refrigeração.

Ainda há bilhões de moléculas de CFC na atmosfera. Nem todos os países assinaram o Protocolo de Montreal, e entre os que o fizeram, ainda restam milhões de refrigeradores contendo CFC em uso e provavelmente centenas de milhares de aparelhos velhos abandonados que deixam vazar CFCs na atmosfera, onde se juntarão aos CFCs restantes em lenta mas inevitável ascensão para produzir estragos na camada de ozônio. O efeito dessas moléculas antes tão louvadas poderá ser sentido por centenas de anos no futuro. Quando a intensidade da radiação ultravioleta de alta energia que atinge a superfície da Terra aumenta, o potencial de dano para as células e suas moléculas de DNA — levando a níveis mais elevados de câncer e a maiores taxas de mutação — também aumenta.

O lado escuro do cloro

Os clorofluorcarbonetos não são o único grupo químico de moléculas que, consideradas uma maravilha quando descobertas, mais tarde revelaram inesperada toxicidade ou potencial para causar danos ambientais ou sociais. O que talvez seja surpreendente, no entanto, é que compostos orgânicos contendo cloro tenham revelado esse "lado escuro" mais que quaisquer outros compostos orgânicos. Mesmo o cloro elementar exibe essa dicotomia. Milhões de pessoas no mundo todo dependem do cloro para a purificação da água que lhes é fornecida, e embora outras substâncias químicas possam assegurar isso igualmente bem, são muito mais caras.

Um dos maiores avanços no campo da saúde pública no século XX foi o esforço para levar água potável a todas as partes do mundo, tarefa que ainda temos de completar. Sem o cloro estaríamos muito mais distantes dessa meta; no entanto, o cloro é venenoso, fato bem compreendido por Fritz Haber, o cientista alemão cujo trabalho na síntese de amônia a partir do nitrogênio presente no ar e no uso bélico de gases foi descrito no Capítulo 5. O primeiro composto venenoso usado na Primeira Guerra Mundial foi o gás cloro, amarelo-esverdeado, cujos efeitos iniciais incluem a sufocação e a dificuldade de respirar. O cloro é um irritante poderoso para as células e pode causar inchação fatal de tecidos nos pulmões e nas vias respiratórias. Outros compostos orgânicos, como o gás de mostarda e o fosgênio, usados posteriormente como gases venenosos, também contêm cloro, e seus efeitos tão terríveis quanto os do gás cloro. Embora a taxa de mortalidade por exposição ao gás de mostarda não seja alta, ele causa dano permanente aos olhos e deterioração grave e permanente do sistema respiratório.

O gás fosgênio não tem cor e é extremamente tóxico. É o mais insidioso desses venenos porque, não sendo imediatamente irritante, pode ser inalado em concentrações fatais antes que se detecte sua presença. A morte resulta em geral de uma inchação grave dos tecidos dos pulmões e das vias respiratórias, levando à sufocação.

$$Cl-CH_2\text{-}CH_2-S-CH_2\text{-}CH_2-Cl \qquad \begin{array}{c}Cl\\Cl\end{array}\!\!\!C=O$$

Gás mostarda Fosgênio

Moléculas de gases venenosos usados na Primeira Guerra Mundial. Os átomos de cloro estão destacados em negrito.

PCBs — mais problemas gerados pelos compostos clorados

Há outros compostos clorocarbônicos que, inicialmente saudados como moléculas milagrosas, revelaram-se, como os CFCs, um sério risco para a saúde. A produção industrial de bifenilas policloradas, ou PCBs, como são mais geralmente conhecidos, começou no final da década de 1920. Esses compostos eram considerados ideais para uso como isoladores elétricos e líquidos refrigerantes em transformadores, reatores, capacitores e interruptores de circuito, nos quais sua extrema estabilidade, mesmo em temperaturas elevadas, e sua não inflamabilidade eram enormemente valorizadas. Foram empregados como plastificantes — agentes que aumentam a flexibilidade — na fabricação de vários polímeros, inclusive aqueles usados em embalagens na indústria de alimentos, para revestir mamadeiras e em copos de poliestireno. As PCBs foram também utilizadas na fabricação de várias tintas de impressão, papel de cópia sem carbono, tintas, ceras, adesivos, lubrificantes e bombas de gasolina a vácuo.

As bifenilas policloradas são compostos em que os átomos de hidrogênio foram substituídos por átomos de cloro na molécula de bifenilo original.

A molécula de bifenila

Essa estrutura tem muitos arranjos possíveis, dependendo de quantos átomos de cloro estão presentes e de onde eles estão localizados nos anéis de bifenila. Os exemplos a seguir mostram duas diferentes bifenilas tricloradas, cada uma com três cloros, e uma bifenila pentaclorada, com cinco cloros. Mais de 200 diferentes combinações são possíveis.

Bifenila triclorada   Bifenila triclorada   Bifenila pentaclorada

Não muito tempo depois de iniciada a fabricação de PCBs, surgiram relatos de problemas de saúde entre os operários das fábricas que os produziam. Muitos mencionavam uma doença da pele hoje conhecida como cloracne, em que cravos e pústulas supurantes aparece no rosto e no corpo. Sabemos agora que a cloracne é um dos primeiros sintomas de envenenamento sistêmico por PCB e pode ser acompanhada por danos aos sistemas imune, nervoso, endócrino e reprodutivo, além de falência do fígado e câncer. Longe de serem moléculas milagrosas, os PCBs estão na verdade entre os mais perigosos compostos jamais sintetizados. A ameaça que representam reside não apenas em sua toxicidade direta para o homem e outros animais, mas, como no caso do CFCs, na própria estabilidade que a princípio os fazia parecer tão úteis. Os PCBs persistem no ambiente, estão sujeitos ao processo de bioacumulação (ou biomagnificação), no qual sua concentração aumenta ao longo da cadeia alimentar. Os animais que estão no topo de cadeias alimentares, como ursos polares, leões, baleias, águias e seres humanos, podem acumular altas concentrações de PCBs nas células de gordura de seus corpos.

Em 1968, um episódio devastador de envenenamento humano por PCB condensou os efeitos diretos da ingestão dessas moléculas. Mil e trezentos moradores de Kyushu, no Japão, adoeceram — no início com cloracne e problemas respiratórios e de visão — após comer óleo de farelo de arroz que havia sido acidentalmente contaminado com PCBs. Entre as consequências de longo prazo incluem-se defeitos congênitos e taxas de câncer do fígado 15 vezes maiores do que as usuais. Em 1977 os Estados Unidos proibiram a descarga de materiais contendo PCB em cursos d'água. Sua fabricação foi finalmente proibida por lei em 1979, bom tempo depois que numerosos estudos haviam relatado os efeitos tóxicos desses compostos sobre a saúde humana e a saúde de nosso planeta. Apesar das normas de controle dos PCBs, ainda há milhões de quilos dessas moléculas em uso ou à espera de locais seguros para serem descartadas. Elas continuam vazando no ambiente.

O cloro em pesticidas — de benfazejo a banido

Outras moléculas que contêm cloro não apenas vazaram no ambiente, mas foram deliberadamente lançadas nele sob a forma de pesticidas, por vezes em imensas quantidades, ao longo de décadas e em muitos países. Alguns dos pesticidas mais eficazes já inventados contêm cloro. De início, pensava-se que moléculas pesticidas muito estáveis — aquelas que persistem no ambiente — eram desejáveis. Os efeitos de uma aplicação poderiam talvez perdurar durante anos. De fato isso se comprovou, mas, lamentavelmente, as consequências nem sempre foram as previstas. O uso de pesticidas contendo cloro foi de grande valia para a humanidade, mas produziu também, em alguns casos, efeitos colaterais totalmente insuspeitados e bastante danosos.

Mais que qualquer um desses pesticidas, a molécula do DDT ilustra o conflito entre benefício e risco potencial. O DDT é um derivado de 1,1-difeniletano; *DDT* é uma abreviação do nome *diclorodifeniltricloretano*.

1,1-difeniletano

Diclorodifeniltricloretano, ou DDT

O DDT foi preparado pela primeira vez em 1874. Somente em 1942, no entanto, percebeu-se que era um potente inseticida, a tempo para que fosse usado na Segunda Guerra Mundial como pó antipiolho, para sustar a difusão do tifo e matar as larvas de mosquitos transmissores de doenças. "Bombas para insetos", feitas com latas de aerossol cheias de DDT, foram amplamente usadas pelos militares norte-americanos no Pacífico Sul. Eles desferiam um duplo golpe no ambiente: liberavam grandes quantidades de CFCs juntamente com nuvens de DDT.

Antes mesmo de 1970, quando três milhões de toneladas de DDT já haviam sido fabricadas e utilizadas, já haviam surgido preocupações com seu efeito sobre o ambiente e o desenvolvimento da resistência dos insetos ao produto. O efeito do DDT sobre os animais selvagens, em particular as aves de rapina como águias, falcões e gaviões, que estão no topo de cadeias alimentares, é atribuído não diretamente ao DDT, mas sim ao principal produto de sua decomposição. Tanto o DDT quanto o produto da decomposição são compostos solúveis em gordura que se acumulam em tecidos animais. Nas aves, contudo, esse produto da decomposição inibe a enzima que fornece cálcio para as cascas de seus ovos. Assim, aves expostas ao DDT põem ovos com cascas muito frágeis, que se quebram antes de chocados. A partir do final da década de 1940, percebeu-se um acentuado declínio na população de águias, gaviões e falcões. Grandes perturbações no equilíbrio entre insetos úteis e nocivos, enfatizadas por Rachel Carson em seu livro de 1962, *Silent Spring*, foram atribuídas ao uso cada vez mais intenso de DDT.

Durante a Guerra do Vietnã, de 1962 a 1970, milhões de litros de agente laranja — uma mistura de dois herbicidas 2,4-D e 2,4,5-T, contendo cloro — foram pulverizados sobre áreas do sudeste da Ásia para destruir a floresta que ocultava os guerrilheiros.

$$\text{2,4-D} \qquad\qquad \text{2,4,5-T}$$

Embora esses dois compostos não sejam particularmente tóxicos, o 2,4,5-T contém traços de um produto secundário envolvido na onda de defeitos congênitos, cânceres, doenças da pele, doenças do sistema imune e outros graves problemas de saúde que afetam os vietnamitas até hoje. O composto responsável tem o nome químico 2,3,7,8-tetraclorodibenzodioxina — hoje comumente conhecido como dioxina, embora esta palavra designe especificamente uma classe de compostos orgânicos que não partilham necessariamente as propriedades nocivas da 2,3,7,8-tetraclorodibenzodioxina.

2,3,7,8-tetraclorodibenzodioxina, ou dioxina

A dioxina é considerada o mais letal composto feito pelo homem, embora ainda milhões de vezes menos mortal que o composto mais tóxico da natureza, a toxina botulínica A. Em 1976, uma explosão industrial em Seveso, na Itália, permitiu a liberação de uma quantidade de dioxina, com resultados devastadores — cloracne, defeitos congênitos, câncer — para pessoas e animais do lugar. As notícias do acidente, que foram fartamente divulgadas pela mídia, deixaram claro para o público o efeito nocivo de todos os componentes chamados de dioxina.

Assim como problemas inesperados para a saúde humana acompanharam a utilização de um herbicida desfolhante, problemas de saúde inesperados decorreram também do uso de uma outra molécula clorada, o hexaclorofeno, um produto germicida muito eficaz e amplamente usado nas décadas de 1950 e 1960 em sabões, xampus, loções pós-barba, desodorantes, antissépticos bucais e produtos similares.

Hexaclorofeno

O hexaclorofeno era também habitualmente usado em bebês e acrescentado a fraldas, talcos e outros produtos da toalete infantil. Testes realizados em 1972, porém, mostraram que seu uso levava a danos no cérebro e no sistema nervoso em animais de laboratório. Em seguida o hexaclorofeno foi proibido em preparações vendidas sem receita médica e em produtos para bebês. Porém, dada sua grande eficácia contra certas bactérias, ainda tem um uso limitado, apesar da toxicidade, em medicações vendidas com prescrição médica para acne e em preparados para limpeza cirúrgica.

Moléculas que fazem dormir

Nem todas as moléculas clorocarbônicas se revelaram desastrosas para a saúde humana. Além do hexaclorofeno, com suas propriedades antissépticas, uma pequena molécula que contém cloro provou-se muito benéfica na medicina. Até meados do século XIX, as cirurgias eram realizadas sem anestesia — às vezes com a administração de quantidades copiosas de álcool, na crença de que isso deixaria o paciente entorpecido, reduzindo-lhe o sofrimento. Ao que parece, alguns cirurgiões bebiam também, no intuito de se fortalecer antes de infligir tamanha dor. Foi então que, em outubro de 1846, um dentista de Boston, William Morton, conseguiu demonstrar que o éter podia ser usado para induzir a narcose — uma inconsciência temporária — durante procedimentos cirúrgicos. A notícia do poder que tinha o éter de permitir uma cirurgia sem dor espalhou-se rapidamente, e logo as propriedades anestésicas de outros compostos eram investigadas.

O escocês James Young Simpson, que era médico e professor de medicina e obstetrícia na Escola Médica da Universidade de Edimburgo, desenvolveu uma forma singular de testar compostos como possíveis anestésicos. Consta que convidava pessoas para jantar e pedia-lhes que o acompanhassem na inalação de várias substâncias. O clorofórmio ($CHCl_3$), sintetizado pela primeira vez em 1831, evidentemente foi aprovado nesse teste. Depois do experimento, ao recobrar os sentidos, Simpson viu-se estendido no chão da sala de jantar, cercado pelos visitantes ainda comatosos. Sem perda de tempo, passou a aplicar clorofórmio em seus pacientes.

$$H-\underset{\underset{Cl}{|}}{\overset{\overset{Cl}{|}}{C}}-Cl \qquad H_3C-CH_2-O-CH_2-CH_3$$

Clorofórmio   Éter (éter dietílico)

Como anestésico, esse composto clorocarbônico tinha várias vantagens sobre o éter: o clorofórmio funcionava mais depressa, cheirava melhor e era usado em menor quantidade. Além disso, quando se empregava o clorofórmio, a recuperação era mais rápida e menos desagradável que com o éter. A extrema inflamabilidade do éter também era um problema. Ele formava uma mistura explosiva com o oxigênio, e a menor centelha durante um procedimento cirúrgico, mesmo a produzida pelo choque de um instrumento de metal como outro, podia resultar em ignição.

A anestesia com clorofórmio foi rapidamente aceita para cirurgias. Alguns pacientes morriam, mas apesar disso os riscos associados eram considerados pequenos. Como a cirurgia era frequentemente o último recurso, e como os pacientes às vezes morriam de choque durante as cirurgias mesmo sem anestésico algum, a taxa de mortalidade foi considerada aceitável. Os procedimentos cirúrgicos costumavam se realizar rapidamente — prática que fora essencial antes do surgimento da anestesia —, e, assim, os pacientes não ficavam expostos ao clorofórmio por grandes períodos de tempo. Estimou-se que durante a Guerra Civil Norte-Americana realizaram-se quase sete mil cirurgias em campo de batalha com uso de clorofórmio, com menos de 40 mortes em decorrência do uso do anestésico.

A anestesia cirúrgica foi universalmente reconhecida como um grande avanço, mas seu uso no parto era controverso. As reservas, em parte, vinham dos médicos. Alguns expressavam preocupações procedentes acerca do efeito do clorofórmio ou do éter na saúde do nascituro, citando observações de contrações uterinas reduzidas e taxas diminuídas de respiração do bebê num parto sob anestesia. Estava em jogo, porém, mais que apenas a segurança do bebê e o bem-estar materno. Ideias morais e religiosas sustentavam a crença de que as dores do parto eram necessárias e justas. No Livro do Gênesis as mulheres, como descendentes de Eva, são condenadas a sofrer ao dar à luz como punição por sua desobediência no Éden: "Parirás com dor." Segundo uma interpretação estrita dessa passagem bíblica, qualquer tentativa de aliviar as dores do parto era contrária à vontade de Deus. Numa visão mais extremada, o trabalho de parto seria uma expiação do pecado — presumivelmente o pecado do intercurso sexual, o único meio de conceber uma criança em meados do século XIX.

Mas em 1853, na Grã-Bretanha, a rainha Vitória deu à luz seu oitavo filho, o príncipe Leopold, com a ajuda do clorofórmio. Sua decisão de usar o anestésico novamente em seu nono e último parto — o da princesa Beatrice, em 1857 — acelerou a aceitação dessa prática, apesar das críticas feitas a seus médicos em *The Lancet*, a respeitada revista médica britânica. O clorofórmio tornou-se o anestésico preferido para partos na Grã-Bretanha e em grande parte da Europa; o éter continuou sendo preferido nos Estados Unidos.

Na primeira metade do século XX, um método diferente de controle da dor no parto ganhou rápida aceitação na Alemanha e se espalhou rapidamente em outras partes da Europa. O sono crepuscular, como era conhecido, consistia na administração de escopolamina e morfina, compostos que foram discutidos nos Capítulos 12 e 13. Uma quantidade muito pequena de morfina era administrada no início dos trabalhos. Ela reduzia a dor, embora não a eliminasse por completo, sobretudo se o parto fosse longo ou difícil. A escopolamina induzia o sono e, o que era mais importante para os médicos que aprovavam essa combinação de drogas, assegurava que a mulher não tivesse nenhuma lembrança de seu parto. O sono crepuscular era visto como a solução ideal para as dores do parto, tanto assim que uma campanha pública promovendo seu uso foi iniciada nos Estados Unidos em 1914. A National Twilight Sleep Association publicava panfletos e organizava palestras exaltando as virtudes dessa nova abordagem.

Sérias apreensões expressadas por membros da comunidade médica eram rotuladas de desculpas usadas por médicos duros e insensíveis para conservar seu controle sobre as pacientes. O sono crepuscular tornou-se uma questão política, uma parte do movimento mais amplo que finalmente conquistou o direito do voto para as mulheres. Hoje, o que parece muito curioso nessa campanha é que as mulheres acreditavam que o sono crepuscular eliminava o sofrimento do parto, permitindo à mãe acordar bem-disposta e pronta para acolher seu novo bebê. Na realidade, as mulheres sofriam a mesma dor, comportando-se como se nenhum medicamento tivesse sido administrado, mas a amnésia induzida pela escopolamina bloqueava qualquer lembrança do padecimento. O sono crepuscular dava uma imagem falsa de maternidade tranquila e indolor.

Como os outros compostos clorocarbônicos discutidos neste capítulo, o clorofórmio — a despeito de todos os seus benefícios para pacientes de cirurgia e os médicos — também revelou um lado escuro. Hoje se sabe que causa danos ao fígado e aos rins, e altos níveis de exposição aumentam o risco de câncer. Pode lesar a córnea ocular, causar rachaduras da pele e resultar em fadiga, náusea e batimentos cardíacos irregulares, juntamente com suas ações anestésicas e narcóticas. Quando exposto a temperaturas elevadas, ao ar ou à luz, o clorofórmio forma cloro, monóxido de carbono, fosgênio e/ou cloreto de hidrogênio, todos eles tóxicos e corrosivos. Hoje o trabalho com clorofórmio exige roupas e equipamentos especiais, algo muito diverso da descontração reinante na época das primeiras administrações do anestésico. Mas embora suas propriedades negativas tenham sido reconhecidas há mais de um século, o clorofórmio ainda seria considerado uma dádiva divina, e não um vilão, por centenas de milhares de pessoas que inalaram de bom grado seus vapores de cheiro adocicado antes de uma cirurgia.

Não há dúvida de que muitos compostos clorocarbônicos realmente fazem o papel do vilão, embora talvez esse rótulo se aplique melhor às pessoas que jogaram deliberadamente PCBs em rios, reclamaram contra a proibição dos CFCs mesmo depois que seus efeitos sobre a camada de ozônio haviam sido demonstrados, aplicaram pesticidas indiscriminadamente (seja legal ou ilegalmente) à terra e à água e puseram o lucro acima da segurança em fábricas e laboratórios no mundo inteiro.

Atualmente fabricamos centenas de compostos que contêm cloro e não são venenosos, não destroem a camada de ozônio, não são danosos ao ambiente, não são carcinogênicos e nunca foram usados como armas de guerra. Eles encontram uso em nossas casas, indústrias, escolas, hospitais, carros, barcos e aviões. Não são objeto de nenhuma publicidade e não fazem nenhum mal, mas tampouco podem ser qualificados de substâncias químicas que mudaram o mundo.

A ironia dos compostos clorocarbônicos é que exatamente aqueles que causaram maiores danos ou que têm potencial para isso parecem também ter sido os responsáveis por alguns dos avanços mais benéficos em nossa sociedade. Os anestésicos foram essenciais para o progresso da cirurgia como um ramo altamente especializado da medicina. O desenvolvimento de moléculas refrigerantes para uso em navios, trens e caminhões abriu novas oportunidades de comércio, de que resultaram crescimento e prosperidade em partes subdesenvolvidas do mundo. O armazenamento de comida é hoje seguro e prático graças às geladeiras domésticas. Pouco valorizamos o conforto do ar-condicionado, e nos parece óbvio que a água que bebemos é segura e que nossos transformadores elétricos não vão pegar fogo. As doenças transmitidas por insetos foram eliminadas ou grandemente reduzidas em muitos países. Não podemos desconsiderar o impacto positivo desses compostos.

17

• • • • •

Moléculas *versus* malária

A palavra *malária* significa "mau ar". Ela vem das palavras italianas *mal aria*, porque durante muitos séculos pensou-se que essa doença era causada por cerrações venenosas e vapores deletérios emanados de pântanos baixos. Sua causa, porém, é um parasito microscópico, que talvez seja o maior responsável por mortes humanas em todos os tempos. Até hoje, segundo estimativas otimistas, ocorrem de 300 a 500 milhões de casos por ano no mundo inteiro, com dois a três milhões de mortes anuais, sobretudo de crianças na África. Para efeito de comparação, a irrupção do vírus Ebola no Zaire matou 250 pessoas em seis meses, ao passo que um número 20 vezes maior de africanos morre de malária a cada dia. Ela é transmitida com rapidez muito maior que a Aids. Segundo algumas estimativas, pacientes HIV-positivos infectam entre dois a dez outros; cada paciente infectado com a malária pode transmitir a doença a centenas de outras pessoas.

Quatro diferentes espécies do parasito da malária (gênero *Plasmodium*) infectam o homem: *P. vivax*, *P. falciparum*, *P. malariae* e *P. ovale*. Os quatro causam os sintomas típicos da doença — febre alta, calafrios, terrível dor de cabeça, dores musculares — que podem reaparecer até anos depois. A mais letal dessas quatro formas é a malária *falciparum*. As outras são chamadas de formas "benignas", embora o prejuízo que causem à saúde e à produtividade geral de uma sociedade nada tenha de bom. Em geral a febre malárica é periódica, atacando a cada dois ou três dias. No caso da letal forma *falciparum*, essa febre episódica é rara, e, à medida que a doença progride, o paciente infectado fica ictérico, letárgico e confuso antes de cair em coma e morrer.

A malária é transmitida de um ser humano para outro pela picada do mosquito anófele. As fêmeas precisam de uma refeição de sangue antes de pôr seus ovos. Se o sangue que sugam for de um ser humano infectado com malária, o parasito é capaz de continuar seu ciclo de vida no intestino do mosquito e será transmitido ao outro ser humano que lhe fornecer a próxima refeição. Após desenvolver-se por uma ou duas semanas no fígado da nova vítima, invadirá sua corrente sanguínea e penetrará em seus glóbulos vermelhos, ficando assim disponível para outro anófele sugador de sangue.

Hoje a malária é considerada uma doença tropical ou semitropical, mas até bem pouco tempo estava difundida também em regiões temperadas. Referências a uma febre — muito provavelmente a malária — ocorrem nos mais antigos registros escritos da China, da Índia e do Egito, de milhares de anos atrás. O nome inglês para a doença era *the ague*. Tornou-se muito comum nas regiões litorâneas baixas da Inglaterra e dos Países Baixos — áreas com vastos pântanos e águas de movimento lento ou estagnadas, ideais para a procriação do mosquito. A doença ocorria também em comunidades ainda mais ao norte: na Escandinávia, no norte dos Estados Unidos e no Canadá. A malária era conhecida até em áreas da Suécia e da Finlândia próximas ao golfo de Bótnia, muito perto do Círculo Ártico. Era endêmica em muitos países situados às margens do Mediterrâneo e do mar Negro.

Onde quer que o mosquito anófele prosperasse, ali prosperava a malária. Em Roma, mal-afamada por sua fatal "febre do charco", cada vez que um conclave papal se reunia, vários cardeais que dele participavam morriam da doença. Em Creta e na península do Peloponeso, na Grécia continental, e em outras partes do mundo com estações acentuadamente úmidas e secas, as pessoas tinham o costume de levar seus animais para regiões montanhosas durante os meses do verão. É possível que o fizessem tanto para encontrar bons pastos quanto para escapar da malária dos charcos litorâneos.

A malária atingia tanto os pobres quanto os ricos e famosos. Ao que parece, Alexandre Magno morreu de malária, assim como o explorador da África, David Livingstone. Os exércitos eram particularmente vulneráveis a epidemias de malária; dormindo em barracas, abrigos improvisados ao ar livre, os soldados davam aos mosquitos, que se alimentam à noite, ampla oportunidade para picar. Na Guerra Civil Norte-Americana, mais da metade dos soldados sofria de acessos anuais de malária. Será que poderíamos acrescentá-la aos infortúnios sofridos pelos soldados de Napoleão — pelo menos no final do verão e no outono de 1812, quando começaram sua grande arrancada rumo a Moscou?

A malária continuou a ser um problema mundial enquanto o século XX avançava. Em 1914 havia nos Estados Unidos mais de meio milhão de casos da doença. Em 1945 quase dois bilhões de pessoas no mundo viviam em áreas maláricas, e em alguns países 10% da população estava infectada. Nesses lugares, o absenteísmo podia chegar a 35% da força de trabalho e até 50% para os escolares.

Quinina — um antídoto da natureza

Com estatísticas como estas, não espanta que durante séculos muitos métodos diferentes tenham sido usados na tentativa de controlar a doença. Eles envolviam três moléculas inteiramente diferentes, porém com conexões interessantes e até surpreendentes com várias das moléculas mencionadas em capítulos anteriores. A primeira delas é a quinina.

No alto dos Andes, entre cerca de mil e três mil metros acima do nível do mar, cresce uma árvore cuja casca contém uma molécula alcaloide sem a qual o mundo seria hoje um lugar muito diferente. Há cerca de 40 espécies dessa árvore, todas do gênero *Cinchona*. Elas são nativas das encostas orientais dos Andes, da Colômbia até a Bolívia, ao sul. As propriedades especiais dessa casca eram conhecidas há muito tempo pelos habitantes locais, que certamente transmitiram o conhecimento de que uma infusão dessa parte da árvore era um remédio eficaz para a febre.

Há muitas histórias sobre como os primeiros exploradores europeus na região descobriram o efeito antimalárico da casca da cinchona. Numa delas, um soldado espanhol que estava sofrendo uma crise malárica bebeu a água de um poço cercado por cinchonas e sua febre passou milagrosamente. Outro relato envolve a condessa de Chinchón, dona Francisca Henriques de Rivera, cujo marido, o conde de Chinchón, foi o vice-rei espanhol do Peru de 1629 a 1639. No início da década de 1630, dona Francisca ficou muito doente com malária. Como os remédios europeus tradicionais foram ineficazes, seu médico recorreu a um tratamento local, a cinchona. A espécie recebeu (embora com um erro de grafia) o nome da condessa, que sobreviveu graças à quinina presente na casca da planta.

Essas histórias foram usadas como prova de que a malária estava presente no Novo Mundo antes da chegada dos europeus. Mas o fato de os índios saberem que a árvore *kina* — palavra peruana que em espanhol tornou-se *quina** —

---

* Em português a palavra quina designa tanto as árvores do gênero cinchona quanto sua casca. (N.T.)

curava uma febre não prova que a malária era nativa das Américas. Colombo chegara ao litoral do Novo Mundo mais de um século antes de dona Francisca tomar o quinina, tempo mais que suficiente para que a infecção por malária se transmitisse dos primeiros exploradores a mosquitos anófeles locais e se espalhasse entre outros habitantes das Américas. Nada indica que as febres tratadas com a quina nos séculos que precederam a chegada dos conquistadores fossem maláricas. Hoje se admite entre historiadores da medicina e antropólogos que a doença foi levada da África e da Europa para o Novo Mundo. Tanto os europeus quanto os escravos africanos teriam sido fontes de infecção. Em meados do século XVI o tráfico de escravos para as Américas a partir da África Ocidental, onde a malária era frequente, já estava bem estabelecido. Na década de 1630, quando a condessa de Chinchón contraiu a doença no Peru, gerações de africanos ocidentais e europeus portadores de parasitos maláricos já haviam criado um enorme reservatório de infecção à espera de ser distribuído por todo o Novo Mundo.

A informação de que a quina podia curar a malária chegou rapidamente à Europa. Em 1633 o padre Antonio de la Calaucha registrou as assombrosas propriedades da casca da "árvore da febre", e outros integrantes da Companhia de Jesus no Peru começaram a usar quina tanto para curar como para prevenir a malária. Na década de 1640, o padre Bartolomé Tafur levou um punhado de cascas para Roma, e a notícia de suas propriedades miraculosas se espalhou entre o clero. O conclave papal de 1655 foi o primeiro em que não se registrou nenhuma morte por malária entre os cardeais participantes. Logo os jesuítas começaram a importar grandes quantidades de quina e a vendê-la por toda a Europa. Apesar de sua excelente reputação em outros países, o "pó dos jesuítas" — como se tornou conhecido — não era nada apreciado na Inglaterra protestante. Oliver Cromwell recusou-se a ser tratado com o remédio papista e sucumbiu à malária em 1658.

Outro remédio para a malária ganhou destaque em 1670, quando Robert Talbor, um boticário e médico de Londres, chamou a atenção do povo para os perigos associados ao pó dos jesuítas e começou a promover sua própria fórmula secreta. O tratamento de Talbor foi levado às cortes reais da Inglaterra e da França; o próprio rei Carlos II, da Inglaterra, e o filho de Luís XIV, da França, sobreviveram ambos a acessos severos de malária graças à assombrosa medicação de Talbor. Só depois da morte do médico o ingrediente milagroso de sua fórmula foi revelado: era a mesmíssima casca de cinchona presente no pó dos jesuítas. A fraude de Talbor, embora o tenha deixado rico — presumivelmente era este o seu principal objetivo —, salvou sem dúvida as vidas de protestantes que se recusavam a receber um tratamento católico. O fato de que a quinina curava a doença conhecida como *the ague* é considerado uma prova de que essa doença, que assolara grande parte da Europa durante séculos, era de fato a malária.

Ao longo dos três séculos seguintes a malária — bem como indigestão, febre, perda do cabelo, câncer e muitas outras doenças — foi tratada comumente com casca de cinchona. Não se sabia de que planta vinha a casca até 1735, quando um botânico francês, Joseph de Jussieu, ao explorar as maiores elevações das florestas pluviais da América do Sul, descobriu que a fonte da casca amarga eram várias espécies de uma árvore de folhas largas que chegava a uma altura de até 20 metros. Essa árvore era da família das *Rubiaceae*, a mesma do cafeeiro. Sempre houve grande demanda da casca, e sua coleta tornou-se uma indústria importante. Embora fosse possível colher parte da casca sem matar a árvore, os lucros eram maiores derrubando-a e retirando toda a casca. Estima-se que, no final do século XVIII, 25 mil quinas eram cortadas a cada ano.

Como o custo da casca de cinchona era alto e a árvore fonte tornava-se ameaçada, isolar, identificar e fabricar a molécula antimalárica tornou-se um

A cinchona ou quina, árvore de cuja casca é obtida o quinina.

objetivo importante. Considera-se que o quinina foi isolado pela primeira vez — embora provavelmente numa forma impura — já em 1792. A investigação completa dos compostos presentes na casca começou por volta de 1810 e só em 1820 os pesquisadores Joseph Pelletier e Joseph Caventou conseguiram extrair e purificar o quinina. O Instituto de Ciências de Paris concedeu a esses químicos franceses uma soma de dez mil francos por seu valioso trabalho.

Entre os quase 30 alcaloides encontrados na casca da cinchona, o quinina foi rapidamente identificado como o ingrediente ativo. Como sua estrutura só foi completamente determinada em pleno século XX, as tentativas iniciais de sintetizar o composto tinham poucas chances de sucesso. Uma dessas tentativas foi a do jovem químico inglês William Perkin (a quem encontramos no Capítulo 9), que se empenhou em combinar duas moléculas de aliltoluidina com três átomos de oxigênio para formar quinina e água.

$$2C_{10}H_{13}N + 3O \rightarrow C_{20}H_{24}N_2O_2 + H_2O$$

Aliltotuidina   "Oxigênio"   Quinina   Água

O experimento que empreendeu em 1856 com base no fato de que a fórmula da aliltoluidina ($C_{10}H_{13}N$) é quase a metade da fórmula de quinina ($C_{20}H_{24}N_2O_2$) estava condenado ao fracasso. Hoje sabemos que a estrutura da aliltoluidina e a estrutura mais complexa do quinina são as seguintes:

2 moléculas de aliltoluidina e "oxigênio"   não dão   quinina

Embora não tenha conseguido fazer quinina, Perkin gerou o malva — e ganhou muito dinheiro — num trabalho que foi extremamente proveitoso para a indústria dos corantes e para o desenvolvimento da química orgânica.

Durante o século XIX, quando a Revolução Industrial levou prosperidade à Grã-Bretanha e a outras partes da Europa, passou-se a dispor de capital para enfrentar o problema das terras pantanosas, insalubres. Amplos esquemas de drenagem transformaram lodaçais e brejos em terras mais produtivas, menos água estagnada ficou disponível para a reprodução de mosquitos, e a incidência de malária diminuiu nas áreas em que ela havia sido mais prevalente. Mas a demanda de quinina não diminuiu. Ao contrário, à medida que a colonização europeia avançou na África e na Ásia, passou a haver mais demanda de proteção contra a malária. O hábito inglês de tomar quinina como precaução profilática contra a malária acabou se desenvolvendo no "gim-tônica" — o gim era considerado necessário para tornar palatável a amargosa quinina. O Império Britânico dependia do fornecimento de quinina, pois muitas de suas colônias mais valiosas — na Índia, Malaia, África e Caribe — estavam em regiões do mundo nas quais a malária era endêmica. Holandeses, franceses, espanhóis, portugueses, alemães e belgas também colonizaram áreas maláricas. A demanda de quinina no mundo inteiro tornou-se enorme.

Sem nenhuma perspectiva de chegar ao quinina sintético, procurou-se e encontrou-se uma solução diferente: o cultivo de espécies de cinchona do Amazonas em outros países. O lucro gerado pela venda de casca de cinchona era tão grande que os governos do Equador, Bolívia, Peru e Colômbia, no intuito de manter seu monopólio sobre o comércio da quina, proibiram a exportação de cinchonas vivas ou de sementes da planta. Em 1853, o holandês Justus Hasskarl, diretor de um jardim botânico na ilha de Java, nas Índias Orientais holandesas, conseguiu sair da América do Sul contrabandeando um saco de sementes de *Cinchona calisaya*. Elas foram cultivadas com sucesso em Java, mas, lamentavelmente para Hasskarl e os holandeses, essa espécie de cinchona tinha um conteúdo de quinina relativamente baixo. Os britânicos tiveram uma experiência parecida com sementes contrabandeadas de *Cinchona pubescens* que plantaram na Índia e no Ceilão. As árvores cresceram, mas a casca continha menos que os 3% de quinina necessários para uma produção minimamente lucrativa.

Em 1861, Charles Ledger, um australiano que passara muitos anos negociando quina, conseguiu convencer um índio peruano a lhe vender sementes de uma espécie da árvore que supostamente tinha um conteúdo muito elevado de quinina. O governo britânico não se mostrou interessado em comprar as sementes de Ledger; a experiência dos ingleses com o cultivo de cinchona os levara provavelmente a decidir que esse caminho não era economicamente viável. Mas o governo holandês comprou uma libra das sementes daquela espécie, que se tornou conhecida como *Cinchona ledgeriana*, por cerca de 20 dólares.

Se os britânicos haviam feito uma escolha inteligente quase 200 anos antes, ao ceder a molécula de isoeugenol do comércio da noz-moscada para os holandeses em troca da ilha de Manhattan, dessa vez foram os holandeses que tomaram a decisão certa. Sua compra de 20 dólares foi considerada o melhor investimento da história, pois se verificou que os níveis de quinina na *Cinchona ledgeriana* chegavam a nada menos que 13%.

As sementes de *C. ledgeriana* foram plantadas em Java e cuidadosamente cultivadas. À medida que as árvores cresciam e sua casca rica em quinina era retirada, a exportação da casca nativa da América do Sul declinava. O mesmo cenário repetiu-se 15 anos mais tarde, quando as sementes contrabandeadas de uma outra árvore sul-americana, a *Hevea brasiliensis*, indicaram o fim da produção de borracha nativa (ver Capítulo 8).

Em 1930, mais de 95% do quinina do mundo vinha de plantações em Java. Essas propriedades rurais dedicadas à produção de cinchona foram imensamente lucrativas para os holandeses. A molécula de quinina, ou, talvez mais corretamente o monopólio do cultivo da molécula de quinina, quase rompeu o equilíbrio entre as partes na Segunda Guerra Mundial. Em 1940, a Alemanha invadiu a Bélgica e a Holanda e confiscou todo o estoque europeu de quinina armazenado no "*kina bureau*" em Amsterdã. Em 1942 a conquista de Java pelos japoneses ameaçou ainda mais o fornecimento desse antimalárico essencial. Botânicos norte-americanos, sob a direção de Raymond Fosberg, da Smithsonian Institution, foram enviados ao lado oriental dos Andes para obter uma provisão de cascas de cinchonas que ainda cresciam espontaneamente na área. Embora tenham de fato conseguido retirar muitas toneladas de casca, eles nunca encontraram nenhum espécime da altamente produtiva *Cinchona ledgeriana* que valera aos holandeses um sucesso tão espetacular. Como a quinina era essencial para proteger as tropas aliadas nos trópicos, mais uma vez sua síntese — ou a de uma molécula similar com propriedades antimaláricas — tornou-se extremamente importante.

A quinina é derivada da molécula quinoleína. Durante a década de 1930 haviam sido criados alguns derivados sintéticos da quinolina que se mostraram eficazes no tratamento da malária aguda. Amplas pesquisas sobre drogas antimaláricas durante a Segunda Guerra Mundial resultaram no derivado 4-aminoquinolina, hoje conhecido como cloroquina, originalmente feito por químicos alemães antes da guerra, a melhor escolha sintética.

Tanto a quinina (à esquerda) quanto a cloroquina (à direita) incorporam (circulado) a estrutura quinolina (centro). O átomo de cloro está indicado pela seta.

A cloroquina contém um átomo de cloro — mais um exemplo de uma molécula clorocarbônica que foi extremamente benéfica para a humanidade. Por mais de 40 anos ela foi um remédio antimalárico seguro e eficaz, bem tolerado pela maioria das pessoas e com pouca toxicidade, em comparação com as outras quinolinas sintéticas. Infelizmente, cepas do parasito da malária resistentes à cloroquina difundiram-se rapidamente nas últimas décadas, reduzindo sua eficácia, e compostos como fansidar e mefloquina, com toxicidade maior e efeitos colaterais por vezes alarmantes, estão sendo usados atualmente para proteção malárica.

A síntese do quinina

Os esforços para sintetizar a verdadeira molécula de quinina pareciam exitosos em 1944, quando Robert Woodward e William Doering, da Universidade de Harvard, converteram um simples derivado da quinolina numa molécula que químicos anteriores haviam pretensamente conseguido transformar em quinina em 1918. Ao que tudo indicava, a síntese total do quinina fora finalmente completada. Mas não foi isso que aconteceu. O relato publicado do trabalho anterior fora tão vago que não era possível verificar o que realmente se fez e se a afirmação de transformação química era válida.

Os químicos que trabalham com produtos naturais orgânicos têm um ditado: "A prova final da estrutura é a síntese." Em outras palavras, por mais que os dados indiquem a correção de uma estrutura proposta, para ter certeza absoluta de que ela está correta é preciso sintetizar a molécula por uma via independente. Foi exatamente isso que, em 2001 — 145 anos depois da famosa tentativa de Perkin de fazer quinina —, Gilbert Stork, professor emérito da

Universidade de Colúmbia, Nova York, e um grupo de colaboradores fizeram. Eles começaram com um derivado diferente de quinolina, seguiram uma rota alternativa e levaram a cabo, eles próprios, cada passo da síntese.

Além de ser uma estrutura razoavelmente complicada, o quinina, como muitas outras moléculas na natureza, apresenta um desafio particular: determinar de que maneira várias ligações em torno de certos átomos de carbono estão posicionadas no espaço. A estrutura da quinina tem um átomo de H apontando para fora do plano (indicado na ilustração por uma cunha densa ◂━) e um OH dirigido para dentro do plano (indicado por uma linha tracejada - - -) em volta do átomo de carbono adjacente ao sistema de anéis da quinoleína.

Este OH fica para dentro do plano da página

Este H fica para fora do plano da página

A molécula do quinina

Um exemplo dos diferentes arranjos espaciais dessas ligações é mostrado a seguir para a quinina e para uma versão invertida em torno do mesmo átomo de carbono.

Este OH e H...

...foram invertidos.

A quinina (à esquerda) e a versão muito semelhante (à direita) que também seria sintetizada no laboratório ao mesmo tempo que ele.

A natureza muitas vezes faz somente um composto de um par como este. Mas quando os químicos tentam copiar a mesma molécula sinteticamente, não conseguem evitar fazer uma mistura das duas. A semelhança entre elas é tão grande que separar uma da outra é complicado e leva tempo. Há três outras posições do átomo de carbono na molécula de quinina em que as duas versões, natural e invertida, são inevitavelmente produzidas durante uma síntese de laboratório, de modo que essas operações trabalhosas precisam ser repetidas quatro vezes. Foi um desafio que Stork e seu grupo superaram — e não há indícios de que o problema sequer tivesse sido plenamente avaliado em 1918.

A quinina continua a ser colhida em plantações na Indonésia, na Índia, no Zaire e outros países africanos, com quantidades menores obtidas de fontes naturais no Peru, Bolívia e Equador. É usada hoje principalmente na água de quinina, na água tônica, em outras bebidas amargas e na produção de quinidina, um remédio para o coração. Ainda se considera que a quinina proporciona algum grau de proteção contra a malária em regiões resistentes à cloroquina.

A solução do homem para a malária

Enquanto se procurava colher mais quinina ou fabricá-la sinteticamente, os médicos continuavam tentando compreender o que causava a malária. Em 1880 um médico do exército francês na Argélia, Charles-Louis Alphonse Laveran, fez uma descoberta que acabou abrindo caminho para uma nova abordagem molecular à luta contra a doença. Usando um microscópio para examinar lâminas de amostras de sangue, Laveran descobriu que o sangue dos pacientes de malária continha células que hoje sabemos serem um estágio do protozoário malárico *Plasmodium*, ou plasmódio. Os achados de Laveran, de início rejeitados pelo *establishment* médico, foram confirmados ao longo dos anos seguintes com a identificação de *P. vivax* e *P. malariae*, e mais tarde de *P. falciparum*. Em 1891 foi possível identificar o parasito específico da malária tingindo a célula do plasmódio com diferentes corantes.

Embora a hipótese de que mosquitos estavam envolvidos na transmissão da malária já tivesse sido formulada, foi só em 1897 que Ronald Ross, um jovem inglês que nascera na Índia e servia como médico no Serviço Médico Indiano, identificou um outro estágio da vida do plasmódio no tecido do intestino do mosquito anófele. Assim, a complexa associação entre parasito, inseto e homem foi reconhecida. Compreendeu-se então que o parasito era vulnerável a ataque em vários pontos de seu ciclo vital.

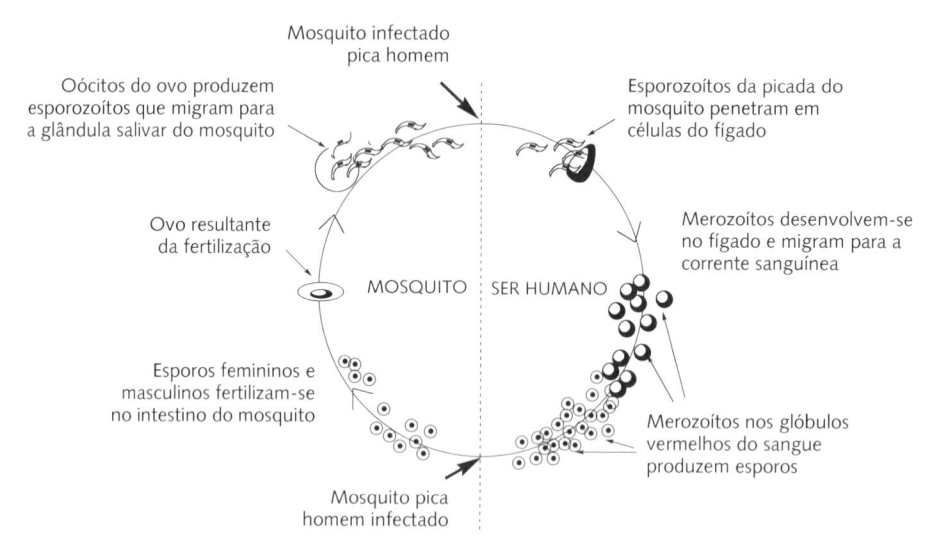

Mosquito infectado pica homem

Oócitos do ovo produzem esporozoítos que migram para a glândula salivar do mosquito

Esporozoítos da picada do mosquito penetram em células do fígado

Ovo resultante da fertilização

MOSQUITO | SER HUMANO

Merozoítos desenvolvem-se no fígado e migram para a corrente sanguínea

Esporos femininos e masculinos fertilizam-se no intestino do mosquito

Merozoítos nos glóbulos vermelhos do sangue produzem esporos

Mosquito pica homem infectado

O ciclo vital do parasito *Plasmodium*. Os merozoítos escapam periodicamente (a cada 48 ou 72 horas) dos glóbulos vermelhos do seu hospedeiro, causando um pico de febre.

Há várias maneiras possíveis de romper o ciclo dessa doença, como matar o parasito em seu estágio merozoíto no fígado e no sangue. Outra linha de ataque óbvia é o "vetor" da doença, o próprio mosquito. Isso envolveria prevenir picadas do mosquito, matar os insetos adultos ou evitar que se procriem. Nem sempre é fácil evitar picadas do mosquito; em lugares onde o custo de casas razoáveis está acima dos recursos da maior parte da população, telas nas janelas são simplesmente inviáveis. Tampouco é prático drenar toda água estagnada ou de movimento lento para prevenir a procriação dos mosquitos. Pode-se ter algum controle sobre a população do mosquito espalhando uma fina película de óleo sobre a superfície da água, impedindo assim as larvas do mosquito de respirar. Contra o próprio anófele, no entanto, a melhor linha de ataque é o uso de inseticidas potentes.

Inicialmente, o mais importante desses pesticidas era a molécula clorada DDT, que age interferindo num processo de controle nervoso exclusivo dos insetos. Por essa razão, o DDT — nos níveis em que é usado como inseticida — não é tóxico para outros animais, embora seja letal para insetos. A dose fatal estimada para um homem é 30g. Esta é uma quantidade considerável; não há registros de morte de pessoas por DDT.

Nos primeiros anos do século XX, graças a uma variedade de fatores — sistemas aperfeiçoados de saúde pública, melhores condições de habitação,

$$Cl-\text{C}_6\text{H}_4-\underset{CCl_3}{CH}-\text{C}_6\text{H}_4-Cl$$

A molécula de DDT

ampla drenagem de águas estagnadas e acesso quase universal a medicamentos antimaláricos —, a incidência da malária diminuiu enormemente na Europa Ocidental e na América do Norte. O DDT foi o passo final necessário para eliminar o parasito nos países desenvolvidos. Em 1955 a Organização Mundial de Saúde (OMS) iniciou uma grande campanha usando DDT para eliminar a malária do resto do mundo.

Quando a pulverização com DDT começou, cerca de 1,8 bilhão de pessoas viviam em áreas maláricas. Por volta de 1969, a malária havia sido erradicada para quase 40% dessas pessoas. Em alguns países os resultados foram espetaculares: em 1947 a Grécia tinha aproximadamente dois milhões de casos de malária, ao passo que em 1972 tinha precisamente sete. Se podemos dizer que alguma molécula foi responsável pelo aumento da prosperidade econômica da Grécia durante o último quartel do século XX, trata-se certamente do DDT. Antes que as pulverizações com DDT começassem na Índia, em 1953, havia 75 milhões de casos estimados por ano; em 1968 eles eram apenas 300 mil. Resultados semelhantes foram relatados para países no mundo todo. Não surpreende que o DDT fosse considerado uma molécula milagrosa. Em 1975 a OMS declarou a Europa livre da malária.

Sendo o DDT um inseticida de efeito tão duradouro, o tratamento a cada seis meses — ou até de ano em ano nos lugares onde a doença era sazonal — bastava para dar proteção contra a doença. O DDT era pulverizado nas paredes internas das casas, às quais o mosquito fêmea se agarrava, esperando a noite para procurar sua refeição de sangue. O inseticida permanecia onde era pulverizado, e pensava-se que só uma quantidade muito pequena poderia penetrar na cadeia alimentar. A produção da molécula era barata, e ela parecia na época ter pouca toxicidade para outras formas de vida animal. Só mais tarde o efeito devastador da bioacumulação do DDT se tornou óbvio. Desde então compreendemos também como o uso excessivo de inseticidas químicos pode perturbar o equilíbrio ecológico, causando novos problemas graves de pragas.

Embora a cruzada da OMS contra a malária tivesse de início parecido tão promissora, a erradicação global do parasito provou-se mais difícil do que se esperara por diversas razões, entre as quais o desenvolvimento de resistência ao DDT pelo mosquito, o crescimento da população humana, mudanças ecológicas que reduziram o número de espécies predadoras dos mosquitos e de suas larvas, guerras, desastres naturais, declínio dos serviços de saúde pública e aumento da resistência do plasmódio a moléculas antimaláricas. No início da década de 1970, a OMS havia abandonado seu sonho de erradicação completa da malária e passado a concentrar seus esforços no controle da doença.

Se é possível dizer que moléculas entram e saem de moda, o DDT ficou definitivamente fora de moda no mundo desenvolvido — até seu nome parece soar de forma agourenta. Embora seu uso seja agora proibido por lei em muitos países, considera-se que esse inseticida salvou 50 milhões de vidas humanas. O risco de morte por malária desapareceu em grande parte dos países desenvolvidos — um benefício direto e gigantesco proporcionado por uma molécula muito difamada —, mas para milhões que ainda vivem em regiões maláricas o risco permanece.

Hemoglobina — a proteção da natureza

Em muitos desses países, pouca gente tem condições de comprar as moléculas inseticidas que controlam os anófeles ou os substitutos sintéticos do quinina que fornecem proteção aos turistas do Ocidente. Nessas regiões, porém, a natureza concedeu uma forma muito diferente de defesa contra a malária. Nada menos que 25% dos africanos subsaarianos são portadores de um traço genético para a doença penosa e debilitante conhecida como anemia falciforme. Quando ambos os pais têm esse traço, a criança possui uma chance em quatro de ter a doença, uma chance em dois de ser seu portador, e uma em quatro de não ter a doença nem transmiti-la.

As células vermelhas normais do sangue são redondas e flexíveis, o que lhes permite espremer-se por pequenos vasos sanguíneos no corpo. Nos que sofrem de anemia falciforme, porém, aproximadamente metade dos glóbulos vermelhos ficam rígidos e assumem a forma de um crescente alongado, ou foice. Esses glóbulos vermelhos endurecidos em forma de foice, ou falciformes, têm dificuldade em se apertar através dos estreitos capilares sanguíneos e podem causar bloqueios em minúsculos vasos sanguíneos, deixando as células de tecido muscular e de órgãos vitais sem sangue e oxigênio. Isso leva a uma "crise" que causa dor intensa e por vezes provoca danos permanentes aos órgãos e tecidos afetados. O corpo destrói as células anormais, falciformes, numa taxa mais rápida que as normais, o que resulta numa redução global das células sanguíneas vermelhas — isto é, em anemia.

Até recentemente a anemia falciforme costumava ser fatal na infância; problemas cardíacos, falência renal, falência do fígado, infecção e derrames provocavam a morte em idade precoce. Tratamentos atuais — mas não curas — podem permitir aos pacientes viver mais e de maneira mais saudável. Portadores de anemia falciforme podem ser afetados pela deformação das células, mas não o suficiente para comprometer a circulação sanguínea.

Para os portadores do traço da anemia falciforme que vivem em áreas maláricas, a doença oferece uma valiosa compensação: um grau significativo de imunidade à malária. A inequívoca correlação entre a incidência de malária e a frequência elevada de portadores de anemia falciforme é explicada pela vantagem evolucionária de que goza um portador. Os que herdavam o traço da célula falciforme de ambos os pais tendiam em geral a morrer da doença na infância. Os que não herdavam o traço de nenhum dos pais tinham muito maior probabilidade de sucumbir, muitas vezes na infância, à malária. Os que herdavam o gene da célula falciforme de apenas um dos pais tinham alguma imunidade ao parasito malárico e sobreviviam até a idade reprodutiva. Assim, a doença hereditária da anemia falciforme não só continuava numa população como crescia ao longo de gerações. Nos lugares em que a malária não existia, os portadores não gozavam de qualquer benefício, e o traço não persistia entre os habitantes. A ausência de uma hemoglobina anormal que fornece imunidade à malária na população indígena americana é considerada uma prova decisiva de que não existia malária no continente americano antes da chegada de Colombo.

A cor dos glóbulos vermelhos do sangue deve-se à presença de molécula de hemoglobina — cuja função é transportar oxigênio pelo corpo. Uma mudança extremamente pequena na estrutura química da hemoglobina é responsável pela doença fatal da anemia falciforme. A hemoglobina é uma proteína; tal como a seda, é um polímero que compreende unidades de aminoácidos, mas, ao contrário do que ocorre com a seda, cujas cadeias de aminoácidos arranjados de maneira variável podem conter milhares de unidades, na hemoglobina, os aminoácidos, ordenados de maneira precisa, estão arranjados em dois conjuntos de filamentos idênticos. Os quatro filamentos estão enroscados uns nos outros em torno de quatro entidades que contêm ferro — os sítios a que o oxigênio se prende. Os pacientes com anemia falciforme têm apenas uma única unidade de aminoácido diferente em um dos conjuntos de filamentos. No chamado filamento β, o sexto aminoácido é valina, em vez do ácido glutâmico presente na hemoglobina normal.

$$\begin{array}{c} \boxed{\begin{array}{c} COOH \\ | \\ CH_2 \\ | \\ CH_2 \end{array}} \\ H_2N-CH-COOH \end{array} \qquad \begin{array}{c} \boxed{\begin{array}{c} H_3C \quad CH_3 \\ \diagdown \diagup \\ CH \end{array}} \\ H_2N-CH-COOH \end{array}$$

Ácido glutânico   Valina

A valina difere do ácido glutâmico apenas na estrutura da cadeia lateral (contornada).

O filamento β consiste em 146 aminoácidos; o filamento α tem 141 aminoácidos. Portanto, a variação global em aminoácidos é de apenas um em 287 — uma diferença de cerca de um terço de 1% em aminoácidos. Para a pessoa que herda o traço da célula falciforme de ambos os pais, o resultado, no entanto, é devastador. Considerando que o grupo lateral representa apenas cerca de um terço da estrutura do aminoácido, o percentual de diferença em estrutura química real torna-se ainda menor — uma mudança de apenas cerca de um décimo de 1% da estrutura molecular.

Essa alteração na estrutura da proteína explica os sintomas da anemia falciforme. O grupo lateral de ácido glutâmico tem COOH como parte de sua estrutura, ao passo que o grupo lateral de valina não tem. Sem esse COOH no sexto resíduo de aminoácido do filamento β, a forma desoxigenada da hemoglobina da anemia falciforme é muito menos solúvel; ela se precipita no interior dos glóbulos vermelhos do sangue, o que explica a forma alterada desses glóbulos e sua perda de flexibilidade. A solubilidade da forma oxigenada da anemia falciforme é pouco afetada. Por isso há mais células falciformes quando há mais hemoglobina desoxigenada.

Depois que células falciformes começam a bloquear capilares, tecidos locais ficam deficientes em oxigênio, hemoglobina oxigenada é convertida à forma desoxigenada e mais células ainda se tornam falciformes — um círculo vicioso que conduz rapidamente a uma crise. É por isso que os portadores com o traço da célula falciforme são suscetíveis à deformação de seus glóbulos vermelhos: embora apenas cerca de 1% deles esteja normalmente num estado falciforme, 50% de suas moléculas de hemoglobina têm o potencial de se tornarem falciformes. Isso pode acontecer em aviões não pressurizados ou após exercício em altitudes elevadas; estas duas são condições em que a forma desoxigenada de hemoglobina pode se formar no corpo.

Já se encontraram mais de 150 diferentes variações na estrutura química da hemoglobina humana, e embora algumas delas sejam letais ou causem problemas, muitas são aparentemente benignas. Ao que parece, a resistência parcial à malária é conferida também a portadores de variações da hemoglobina que produzem outras formas de anemia, como a talessemia alfa, endêmica entre descendentes de nativos do sudeste da Ásia, e talassemia beta, mais comum entre descendentes de nativos da região mediterrânea, como gregos e italianos, e encontrada também entre os que descendem de pessoas originárias do Oriente Médio, da Índia, do Paquistão e de parte da África. É provável que nada menos de cinco em cada mil pessoas tenham alguma espécie de variação na estrutura de sua hemoglobina, e a maioria delas jamais saberá disso.

Não é apenas a diferença na estrutura do grupo lateral de ácido glutâmico para valina que causa os problemas debilitantes da anemia falciforme; é também a posição em que isso ocorre no filamento β. Não sabemos se a mesma mudança numa posição diferente teria um efeito similar na solubilidade da hemoglobina e na forma dos glóbulos vermelhos. Tampouco sabemos exatamente por que essa mudança confere imunidade à malária. É óbvio que alguma coisa relacionada a um glóbulo vermelho que contenha valina na posição seis atrapalha o ciclo vital do parasito plasmódio.

As três moléculas que estão no centro da luta em curso contra a malária são muito diferentes entre si quimicamente, mas todas tiveram uma influência ponderável sobre acontecimentos do passado. Os alcaloides da casca da cinchona, em toda a sua longa história de benefício ao homem, proporcionaram pouca vantagem econômica aos indígenas das encostas orientais dos Andes onde a árvore crescia. Forasteiros tiraram proveito da molécula de quinina, explorando um recurso natural exclusivo de países menos desenvolvidos em proveito próprio. A colonização europeia de grande parte do mundo foi possibilitada pelas propriedades antimaláricas da quinina, que, como muitos outros produtos naturais, forneceu um modelo molecular aos químicos empenhados em reproduzir ou intensificar seus efeitos por meio de alterações introduzidas na estrutura química original.

Embora a molécula de quinina tenha permitido o crescimento do Império Britânico e a expansão de outras colônias europeias no século XIX, foi o sucesso da molécula de DDT como inseticida que erradicou finalmente a malária da Europa e da América do Norte no século XX. O DDT é uma molécula orgânica sintética sem análogo natural. Há sempre um risco quando moléculas assim são fabricadas — não temos meios de saber com certeza quais serão benéficas e quais podem ter efeitos danosos. Apesar disso, quantos de nós estaríamos dispostos a abrir mão por completo de todo o espectro de novas moléculas, produtos da inovação dos químicos que melhoram nossas vidas: os antibióticos e antissépticos, os plásticos e polímeros, os tecidos e os sabores, os anestésicos e os aditivos, as cores e os refrigerantes?

As repercussões da pequena mudança molecular que produzia a hemoglobina falciforme foram sentidas em três continentes. A resistência à malária foi um fator crucial no rápido crescimento do tráfico de escravos africanos no século XVII. A vasta maioria dos escravos importados para o Novo Mundo vinha das regiões da África em que a malária era endêmica e a anemia falciforme comum. Os traficantes e os senhores de escravos passaram rapidamente a tirar partido da vantagem evolucionária da substituição do ácido glutâmico por valina na posição seis da molécula de hemoglobina. Evidentemente eles não sabiam a razão da imunidade dos escravos africanos à malária; tudo que sabiam era que em geral eles conseguiam sobreviver às febres nos climas tropicais adequados ao cultivo do açúcar e do algodão, ao passo que os indígenas americanos levados de outros lugares do Novo Mundo para trabalhar nas plantações sucumbiam rapidamente a doenças. Essa pequena troca molecular condenou gerações de africanos à escravidão.

O tráfico não teria florescido como aconteceu se os escravos e seus descendentes sucumbissem à malária. Não se teriam gerado no Novo Mundo os lucros das grandes plantações de açúcar que permitiram o crescimento econômico na Europa. É possível que as grandes plantações de açúcar não tivessem sequer existido. O algodão não se teria desenvolvido como uma cultura importante no sul dos Estados Unidos, a Revolução Industrial na Grã-Bretanha poderia ter se atrasado ou assumido uma direção muito diferente, e talvez a Guerra Civil Norte-Americana não tivesse acontecido. Os eventos do último meio milênio teriam sido muito diferentes, não fosse essa minúscula mudança nas estruturas químicas da hemoglobina.

Quinina, DDT e hemoglobina — essas três estruturas muito diferentes estão historicamente unidas por suas conexões com uma das doenças mais mortíferas de nosso mundo. Elas tipificam também as moléculas discutidas em capítulos anteriores. A quinina é o produto de uma planta que ocorre na natureza, tal como muitos compostos que tiveram efeitos de longo alcance sobre o desenvolvimento da civilização. A hemoglobina também é um produto natural, mas de origem animal. Além disso, a hemoglobina pertence ao grupo de moléculas classificadas como polímeros; e, mais uma vez, polímeros de todos os tipos foram instrumentos de mudanças de grande importância ao longo da história. Por fim, o DDT ilustra os dilemas muitas vezes associados aos compostos feitos pelo homem. Como nosso mundo seria diferente — para melhor ou para pior — sem substâncias sintéticas produzidas graças à engenhosidade dos criadores de novas moléculas!

Epílogo

Uma vez que os eventos históricos sempre têm mais de uma causa, seria simplista demais atribuir os que mencionamos neste livro unicamente às estruturas químicas. Não é exagero dizer, porém, que as estruturas químicas desempenharam um papel essencial e muitas vezes não reconhecido no desenvolvimento da civilização. Quando um químico determina a estrutura de um produto natural diferente ou sintetiza um novo composto, o efeito de uma pequena mudança química — uma dupla ligação que muda de lugar aqui, um átomo de oxigênio substituído ali, uma alteração num grupo lateral — com frequência parece irrelevante. É somente em retrospecto que podemos reconhecer o efeito decisivo que as pequenas mudanças químicas podem ter.

As estruturas químicas mostradas nestes capítulos talvez pareçam de início estranhas ou complicadas. Esperamos, a essa altura, ter eliminado parte do mistério desses diagramas, e que você seja capaz de ver como os átomos que constituem as moléculas dos compostos químicos obedecem a regras bem definidas. No entanto, nos limites dessas regras, parece ser possível um número aparentemente infinito de diferentes estruturas.

Os compostos que selecionamos aqui, com suas histórias interessantes e essenciais pertencem a dois grupos básicos. O primeiro inclui moléculas de fontes naturais — moléculas valiosas que o homem ambiciona. A cobiça por essas moléculas governou muitos aspectos da história antiga. No último século e meio o segundo grupo de moléculas tornou-se mais importante. Esses são compostos feitos em laboratórios ou fábricas — alguns deles, como o índigo, absolutamente idênticos às moléculas de um produto natural; outros, como a aspirina, variações da estrutura do produto natural. Por vezes, como no caso dos CFCs, são moléculas inteiramente novas, sem qualquer análoga na natureza.

A esses grupos, podemos agora acrescentar uma terceira classificação: moléculas que poderão ter um efeito imenso, mas imprevisível, sobre nossa civilização no futuro. Trata-se de moléculas produzidas pela natureza mas sob a direção e intervenção do homem. A engenharia genética (ou biotecnologia, ou seja qual for o termo usado para designar o processo artificial pelo qual material genético novo é introduzido num organismo) resulta na produção de moléculas onde elas não existiam anteriormente. O *golden rice*, por exemplo, é uma cepa de arroz geneticamente modificada (ou transgênica) para produzir betacaroteno, a matéria corante alaranjada abundante na cenoura e em outros vegetais e frutas amarelos e presente também nos vegetais folhosos verde-escuros.

Betacaroteno

Nosso corpo precisa de β-caroteno para fazer vitamina A, essencial à nutrição humana. A dieta de milhões de pessoas no mundo todo, mas particularmente na Ásia, onde o arroz é o alimento básico, tem baixo teor de betacaroteno. A deficiência de vitamina A ocasiona doenças que podem causar cegueira e até a morte. Os grãos de arroz não contêm praticamente nenhum betacaroteno, e nas partes do mundo em que se come muito arroz e onde essa molécula não é comumente obtida de outras fontes, a adição de betacaroteno ao *golden rice* traz a promessa de uma saúde melhor para a população.

Mas esse tipo de engenharia genética tem aspectos negativos. Ainda que a própria molécula de betacaroteno seja encontrada em muitas plantas, os críticos da biotecnologia questionam se é seguro inseri-la em alimentos em que ela não ocorre normalmente. Poderiam essas moléculas reagir adversamente com outros compostos já presentes? Teriam elas a possibilidade de se tornar alergênios para algumas pessoas? Quais serão os efeitos a longo prazo da interferência na natureza? Além das muitas questões químicas e biológicas, foram suscitados outros problemas em relação à engenharia genética, como o motivo do lucro que impulsiona grande parte dessa pesquisa, a aparente perda da diversidade dos produtos agrícolas e a globalização da agricultura. Por todas essas razões e incertezas, precisamos agir com prudência, apesar das vantagens aparentemente óbvias que é possível obter forçando a natureza a produzir molécula quando e onde nós a queremos. Assim como ocorreu com moléculas como os PCBs e o

DDT, os compostos químicos podem ser tanto uma bênção como uma maldição, e nem sempre temos como saber se serão uma coisa ou outra no momento em que são produzidos. É possível que a manipulação humana das substâncias químicas complexas que controlam a vida venha finalmente a desempenhar um papel importante no desenvolvimento de melhores produtos agrícolas, na redução do uso de pesticidas e na erradicação de doenças. É igualmente possível que essa manipulação leve a problemas totalmente inesperados que podem — na pior das hipóteses — ameaçar a própria vida.

No futuro, se as pessoas voltarem os olhos para nossa civilização, que moléculas identificarão como as de maior impacto sobre o século XXI? Serão moléculas de herbicidas naturais acrescentadas a produtos agrícolas geneticamente modificados que eliminam centenas de outras espécies vegetais sem que o percebamos? Serão moléculas farmacêuticas que melhoram nossa saúde física e nosso bem-estar mental? Serão novas variedades de drogas ilegais vinculadas ao terrorismo e ao crime organizado? Serão moléculas tóxicas que poluem ainda mais nosso ambiente? Serão moléculas que fornecem um caminho para fontes de energia novas ou mais eficientes? Será o uso excessivo de antibióticos, resultando no desenvolvimento de "supermicróbios" resistentes?

Colombo não poderia ter previsto os resultados de sua procura de piperina. Magalhães não fazia ideia dos efeitos a longo prazo de sua busca do isoeugenol, e Schönbein certamente teria ficado pasmado se soubesse que a nitrocelulose que fez com o avental da mulher daria início a grandes indústrias, tão diversas quanto a de explosivos e a têxtil. Perkin não poderia ter antecipado que seu pequeno experimento acabaria levando não só a um enorme ramo de corantes sintéticos, mas também ao desenvolvimento de antibióticos e fármacos. Marker, Nobel, Chardonnet, Carothers, Lister, Baekeland, Goodyear, Hofmann, Leblanc, os irmãos Solvay, Harrison, Midgley e todos os outros cujas histórias contamos tinham pouca ideia da importância histórica de suas descobertas. Portanto, talvez estejamos em boa companhia quando hesitamos em adivinhar se já existe hoje uma molécula insuspeitada e que terá um efeito tão profundo e imprevisto sobre a vida tal como a conhecemos que nossos descendentes dirão a seu respeito: "Isso mudou nosso mundo."

Agradecimentos

Este livro não poderia ter sido escrito sem o apoio entusiástico de nossas famílias, amigos e colegas. Gostaríamos de agradecer a todos. Valorizamos cada sugestão, mesmo que não tenhamos usado todas elas.

O professor Con Cambie, da Universidade de Auckland, Nova Zelândia, certamente não esperava gastar seu tempo de aposentadoria verificando diagramas estruturais e fórmulas químicas. Somos gratos por sua disposição a fazê-lo, por seu olho de lince e por sua aprovação irrestrita do projeto. Quaisquer erros que tenham restado são nossos.

Gostaríamos também de agradecer à nossa agente Jane Dystel, da Jane Dystel Literary Management, que percebeu as possibilidades de nosso interesse na relação entre estruturas químicas e eventos históricos.

Por fim, somos gratos pela curiosidade e engenhosidade dos químicos que nos precederam. Sem seus esforços, nunca teríamos experimentado o entendimento e a fascinação que constituem a alegria da química.

Créditos das imagens

p.16   Cortesia de Raymond e Sylvia Chamberlin.

p.33   Foto de Penny Le Couteur.

p.76   Foto de Peter Le Couteur.

p.112   Cortesia da Du Pont.

p.123   Cortesia de Michael Beugger.

p.195   Cortesia da Pennsylvania State University.

p.207   Cortesia de Hovart Collection, Vancouver.

p.235   Cortesia de John G. Lord Collection.

p.242   Foto de Peter Le Couteur.

p.249   Foto de Peter Le Couteur.

p.269   Foto de Peter Le Couteur.

p.305   Cortesia de L. Kleith.

Bibliografia selecionada

ALLEN, Charlotte. "The Scholars and the Goddess", *Atlantic Monthly*, janeiro de 2001.
ARLIN, Marian. *The Science of Nutrition*. Nova York: Macmillan, 1977.
ASBELL, Bernard. *The Pill: A Biography of the Drug That Changed the World*. Nova York: Random House, 1995.
ASPIN, Chris. *The Cotton Industry*, Series 63. Aylesbury: Shire Publications, 1995.
ATKINS, P.W. *Molecules*. Scientific American Library series, nº 21. Nova York: Scientific American Library, 1987.
BALICK, Michael J. e Paul Alan Cox. *Plants, People, and Culture: The Science of Eth nobotany*. Scientific American Library series, nº 60. Nova York: Scientific American Library, 1997.
BALL, Philip. "What a Tonic", *Chemistry in Britain* (outubro de 2001): 26-9.
BANGS, Richard e Christian Kallen. *Islands of Fire, Islands of Spice: Exploring the Wild Places of Indonesia*. São Francisco: Sierra Club Books, 1988.
BROWN, G.I. *The Big Bang: A History of Explosives*. Gloucestershire: Sutton Publications, 1998.
BROWN, Kathryn. "Scary Spice", *New Scientist* (23-30 de dezembro de 2000): 53.
BROWN, William H. e Christopher S. Foote. *Organic Chemistry*. Orlando: Harcourt Brace, 1998.
BRUCE, Ginny. *Indonesia: A Travel Survival Kit*. Austrália: Lonely Planet Publications, 1986.
BRUICE, Paula Yurkanis. *Organic Chemistry*. Englewood Cliffs: Prentice-Hall, 1998.
CAGIN, S. e P. Day. *Between Earth and Sky: How CFCs Changed Our World and Endangered the Ozone Layer*. Nova York: Pantheon Books, 1993.
CAMPBELL, Neil A. *Biology*. Menlo Park: Benjamin/Cummings, 1987.
CAREY, Francis A. *Organic Chemistry*. Nova York: McGraw-Hill, 2000.
CATON, Donald. *What a Blessing She Had Chloroform: The Medical and Social Responses to the Pain of Childbirth from 1800 to the Present*. New Haven: Yale University Press, 1999.
CHANG, Raymond. *Chemistry*. Nova York: McGraw-Hill, 1998.

CHESTER, Ellen. *Woman of Valor: Margaret Sanger and the Birth Control Movement in America*. Nova York: Simon and Schuster, 1992.

CLOW, A. e N.L. Clow. *The Chemical Revolution: A Contribution to Social Technology*. Londres: Batchworth Press, 1952.

COLLIER, Richard. *The River That God Forgot: The Story of the Amazon Rubber Boom*. Nova York: E.P. Dutton, 1968.

COON, Nelson. *The Dictionary of Useful Plants*. Emmaus: Rodale Press, 1974.

COOPER, R.C. e R.C. Cambie. *New Zealand's Economic Native Plants*. Auckland: Oxford University Press, 1991.

DAVIDSON, Basil. *Black Mother: The Years of the African Slave Trade*. Boston: Little, Brown, 1961.

DAVIS, Lee N. *The Corporate Alchemists: The Power and Problems of the Chemical Industry*. Londres: Temple-Smith, 1984.

DAVIS, M.B., J. Austin e D.A Partridge. *Vitamin C: Its Chemistry and Biochemistry*. Londres: Royal Society of Chemistry, 1991.

DE BONO, Edward (org.). *Eureka: An Illustrated History of Inventions from the Wheel to the Computer*. Nova York: Holt, Rinehart, and Winston, 1974.

DELDERFIELD, R.F. The *Retreat from Moscow*. Londres: Hodder and Stoughton, 1967.

DJERASSI, C. *The Pill, Pygmy Chimps and Degas' Horse: The Autobiography of Carl Djerassi*. Nova York: Harper and Row, 1972.

DUPUY, R.E. e T.N. DuPuy. *The Encyclopedia of Military History from 3500 B.C. to the Present*, ed. rev. Nova York: Harper and Row, 1977.

EGE, Seyhan. *Organic Chemistry: Structure and Reactivity*. Lexington: D.C. Heath, 1994.

ELLIS, Perry. "Overview of Sweeteners", *Journal of Chemical Education* 72, nº 8 (agosto de 1995): 671-5.

EMSLEY, John. *Molecules at an Exhibition: Portraits of Intriguing Materials in Everyday Life*. Nova York: Oxford University Press, 1998.

FAIRHOLT, F.W. *Tobacco: Its History and Associations*. Detroit: Singing Tree Press, 1968.

FELTWELL, John. *The Story of Silk*. Nova York: St. Martin's Press, 1990.

FENICHELL, S. *Plastic: The Making of a Synthetic Century*. Nova York: HarperCollins, 1996.

FESSENDEN, Ralph J. e Joan S. Fessenden. *Organic Chemistry*. Monterey: Brooks/Cole, 1986.

FIESER, Louis F. e Mary Fieser. *Advanced Organic Chemistry*. Nova York: Reinhold, 1961.

FINNISTON, M. (org.). *Oxford Illustrated Encyclopedia of Invention and Technology*. Oxford: Oxford University Press, 1992.

FISHER, Carolyn. "Spices of Life", *Chemistry in Britain* (janeiro de 2002).

Fox, Marye Anne e James K. Whitesell. *Organic Chemistry*. Sudbury: Jones and Bartlett, 1997.

Frankforter, A. Daniel. *The Medieval Millennium: An Introduction*. Englewood Cliffs: Prentice-Hall, 1998.

Garfield, Simon. *Mauve: How One Man Invented a Colour That Changed the World*. Londres: Faber and Faber, 2000.

Gilbert, Richard. *Caffeine, the Most Popular Stimulant: Encyclopedia of Psychoactive Drugs*. Londres: Burke, 1988.

Goodman, Sandra. *Vitamin C: The Master Nutrient*. New Canaan: Keats, 1991.

Gottfried, Robert S. *The Black Death: Natural and Human Disaster in Medieval Europe*. Nova York: Macmillan, 1983.

Harris, Nathaniel. *History of Ancient Greece*. Londres: Hamlyn, 2000.

Heiser, Charles B. Jr. *The Fascinating World of the Nightshades: Tobacco, Mandrake, Potato, Tomato, Pepper, Eggplant etc*. Nova York: Dover, 1987.

Herold, J. Christopher. *The Horizon Book of the Age of Napoleon*. Nova York: Bonanza Books, 1983.

Hildebrand, J.H. e R.E. Powell. *Reference Book of Inorganic Chemistry*. Nova York: Macmillan, 1957.

Hill, Frances. *A Delusion of Satan: The Full Story of the Salem Witch Trials*. Londres: Hamish Hamilton, 1995.

Hough, Richard. *Captain James Cook: A Biography*. Nova York: W.W. Norton, 1994.

Huntford, Roland. *Scott and Amundsen (The Last Place on Earth)*. Londres: Hodder and Stoughton, 1979.

Inglis, Brian. *The Opium Wars*. Nova York: Hodder and Stoughton, 1976.

Jones, Maitland, Jr. *Organic Chemistry*. Nova York: W.W. Norton, 1997.

Kauffman, George B. "Historically Significant Coordination Compounds. 1. Alizarin dye", *Chem 13 News* (maio de 1988).

Kauffman, George B. e Raymond B. Seymour. "Elastomers. 1. Natural Rubber", *Journal of Chemical Education* 67, nº 5 (maio de 1990): 422-5.

Kaufman, Peter B. *Natural Products from Plants*. Boca Raton: CRC Press, 1999.

Kolander, Cheryl. *A Silk Worker's Notebook*. Colo: Interweave Press, 1985.

Kotz, John C. e Paul Treichel Jr. *Chemistry and Chemical Reactivity*. Orlando: Harcourt Brace College, 1999.

Kurlansky, Mark. *Salt: A World History*. Toronto: Alfred A Knopf Canada, 2002.

Lanman, Jonathan T. *Glimpses of History from Old Maps: A Collector's View*. Tring: Map Collector, 1989.

Latimer, Dean e Jeff Goldberg. *Flowers in the Blood: The Story of Opium*. Nova York: Franklin Watts, 1981.

Lehninger, Albert L. *Biochemistry: The Molecular Basis of Cell Structure and Function*. Nova York: Worth, 1975.

Lewis, Richard J. *Hazardous Chemicals Desk Reference*. Nova York: Van Nostrand Reinhold, 1993.

Loudon, G. Marc. *Organic Chemistry*. Menlo Park: Benjamin/Cummings, 1988.

MacDonald, Gayle. "Mauve with the Times". *Toronto Globe and Mail*, 28 de abril de 2001.

Magner, Lois N. *A History of Life Sciences*. Nova York: Marcel Dekker, 1979.

Manchester, William. *A World Lit Only by Fire: The Medieval Mind and the Renaissance: Portrait of an Age*. Boston: Little, Brown, 1992.

Mann, John. *Murder, Magic and Medicine*. Oxford: Oxford University Press, 1992.

McGee, Harold. *On Food and Cooking: The Science and Lore of the Kitchen*. Nova York: Charles Scribner's Sons, 1984.

McKenna, Terence. *Food of the Gods*. Nova York: Bantam Books, 1992.

McLaren, Angus. *A History of Conception from Antiquity to the Present Day*. Oxford: Basil Blackwell, 1990.

McMurry, John. *Organic Chemistry*. Monterey: Brooks/Cole, 1984.

Meth-Cohn, Otto e Anthony S. Travis. "The Mauveine Mystery", *Chemistry in Britain* (julho de 1995): 547-9.

Miekle, Jeffrey L. *American Plastic: A Cultural History*. New Brunswick: Rutgers University Press, 1995.

Milton, Giles. *Nathaniel's Nutmeg*. Nova York: Farrar, Straus and Giroux, 1999.

Mintz, Sidney W. *Sweetness and Power: The Place of Sugar in Modern History*. Nova York: Viking Penguin, 1985.

Multhauf, R.P. *Neptune's Gift: A History of Common Salt*. Baltimore: Johns Hopkins University Press, 1978.

Nikiforuk, Andrew. *The Fourth Horseman: A Short History of Epidemics, Plagues, Famine and Other Scourges*. Toronto: Penguin Books Canada, 1992.

Noller, Carl R. *Chemistry of Organic Compounds*. Filadélfia: W.B. Saunders, 1966.

Orton, James M. e Otto W. Neuhaus. *Human Biochemistry*. St. Louis: C.V. Mosby, 1975.

Pakenham, Thomas. *The Scramble for Africa: 1876-1912*. Londres: Weidenfeld and Nicolson, 1991.

Pauling, Linus. *Vitamin C, the Common Cold and the Flu*. São Francisco: W.H. Freeman, 1976.

Pendergrast, Mark. *Uncommon Grounds: The History of Coffee and How It Transformed the World*. Nova York: Basic Books, 1999.

Peterson, William. *Population*. Nova York: Macmillan, 1975.

Radel, Stanley R. e Marjorie H. Navidi. *Chemistry*. St. Paul: West, 1990.

Rayner-Canham, G., P. Fisher, P. Le Couteur e R. Raap. Chemistry: *A Second Course*. Reading: Addison-Wesley, 1989.

Robbins, Russell Hope. *The Encyclopedia of Witchcraft and Demonology*. Nova York: Crown, 1959.

Roberts, J.M. *The Pelican History of the World*. Middlesex: Penguin Books, 1980.

Rodd, E.H. *Chemistry of Carbon Compounds*, 5 vols. Amsterdã: Elsevier, 1960.

Rosenblum, Mort. Olives: *The Life and Lore of a Noble Fruit*. Nova York: North Point Press, 1996.

Rudgley, Richard. *Essential Substances: A Cultural History of Intoxicants in Society*. Nova York: Kodansha International, 1994.

Russell, C.A. (org.). *Chemistry, Society and the Environment: A New History of the British Chemical Industry*. Cambridge: Royal Society of Chemistry.

Savage, Candace. *Witch: The Wild Ride from Wicked to Wicca*. Vancouver: Douglas and McIntyre, 2000.

Schivelbusch, Wolfgang. *Tastes of Paradise: A Social History of Spices, Stimulants, and Intoxicants* (trad. David Jacobson). Nova York: Random House, 1980.

Schmidt, Julius, rev. e org. por Neil Campbell. *Organic Chemistry*. Londres: Oliver and Boyd, 1955.

Seymour, R.B. (org.). *History of Polymer Science and Technology*. Nova York: Marcel Dekker, 1982.

Snyder, Carl H. *The Extraordinary Chemistry of Ordinary Things*. Nova York: John Wiley and Sons, 1992.

Sohlman, Ragnar e Henrik Schuck. *Nobel, Dynamite and Peace*. Nova York: Cosmopolitan, 1929.

Solomons, Graham e Craig Fryhle. *Organic Chemistry*. Nova York: John Wiley and Sons, 2000.

Stamp, L. Dudley. *The Geography of Life and Death*. Ithaca: Cornell University Press, 1964.

Stine, W.R. *Chemistry for the Consumer*. Boston: Allyn and Bacon, 1979.

Strecher, Paul G. *The Merck Index: An Encyclopedia of Chemicals and Drugs*. Rahway: Merck, 1968.

Streitwieser, Andrew, Jr. e Clayton H. Heathcock. *Introduction to Organic Chemistry*. Nova York: Macmillan, 1981.

Styer, Lubert. *Biochemistry*. São Francisco: W.H. Freeman, 1988.

Summers, Montague. *The History of Witchcraft and Demonology*. Castle Books, 1992.

Tannahill, Reay. *Food in History*. Nova York: Stein and Day, 1973.

Thomlinson, Ralph. *Population Dynamics: Causes and Consequences of World Demographic Changes*. Nova York: Random House, 1976.

TIME-LIFE BOOKS (ed.) *Witches and Witchcraft: Mysteries of the Unknown.* Virginia: Time-Life Books, 1990.

TRAVIS, A.S. *The Rainbow Makers: The Origins of the Synthetic Dyestuffs Industry in Western Europe.* Londres e Toronto: Associated University Presses, 1993.

VISSER, Margaret. *Much Depends on Dinner: The Extraordinary History and Mythology, Allure and Obsessions. Perils and Taboos of an Ordinary Meal.* Toronto: McClelland and Stewart, 1986.

VOLLHARDT, Peter C. e Neil E. Schore. *Organic Chemistry: Structure and Function.* Nova York: W. H. Freeman, 1999.

WATTS, Geoff. "Twelve Scurvy Men". *New Scientist* (24 de fevereiro de 2001): 46-7.

WATTS, Sheldon. *Epidemics and History: Disease, Power and Imperialism.* Wiltshire: Redwood Books, 1997.

WEBB, Michael. *Alfred Nobel: Inventor of Dynamite.* Mississauga, Canadá: Copp Clark Pitman, 1991.

WEINBURG, B.A. e B.K. Bealer. *The World of Caffeine: The Science and Culture of the World's Most Popular Drug.* Nova York: Routledge, 2001.

WRIGHT, James W. *Ecocide and Population.* Nova York: St. Martin's Press, 1972.

WRIGHT, Lawrence. *Clean and Decent: The Fascinating History of the Bathroom and the Water Closet.* Cornwall: T.J. Press (Padstow), 1984.

Índice remissivo

β-feniletilamina 231
β-glicose 59, 73-8, 109
α-aminoácidos 101
α-glicose 59, 74, 78-80
estramônio 216
"bala mágica", abordagem da 172-3
"sono crepuscular" 213, 298-9
"soro da verdade" 213-4
A Treatise of Scurvy, Lind 41-2
AAS (ácido acetilsalicílico) 170
abelhas 15-6, 18-20, 16
açafrão 157-8
acetato de celulose 83
acetato de chumbo 67
acético, ácido 17-8, 230
acetilsalicílico, ácido (AAS) 170
Achras sapota 144
ácido graxos saturados 253-7
ácidos graxos 251-7
ácidos graxos insaturados 253-7
ácidos graxos monoinsaturados 253-6
ácidos graxos poli-insaturados 253-7
acilação, reação de 180-1, 229
acônito 215
Aconitum (acônito) 215-6
acrecaidina 211
acrópole, oliveira na 248, 249
açúcar do leite (lactose) 61-2
açúcares 12, 54-69, 73
Adams, Thomas 145
adenosina 238-39
adípico, ácido 110-1
aditivos alimentares 65, 67
agente laranja 295

agente laranja 295
água 273, 291, 299-300
Aids, 301
alanina 102, 104
Albuquerque, Afonso 29
álcali, indústria do 279
alcaloides, 62-3, 210-7, 245-6
   cafeína 225, 226, 238-45
   cravagem 217-23
   morfina 225-33
   nicotina 225, 226, 234-8, 245
álcool salicilado 169
Alexandre IV, papa 30
Alexandre Magno 70, 154, 225, 276, 302
algodão 12, 70-4, 75-6, 82, 83, 76
algodão-pólvora 82
aliltoluidina 161, 306
alizarina 154-6, 159
alucinógenos 34, 215
amargo, gosto 62-3
American Viscose Company 108
amido na dieta 70-80
amilopectina 78
amilose 78
aminoácidos 101-5, 315-6
amônia 94-96, 283
amora 99
amoxicilina 182
ampicilina 181-2
Amundsen, Roald 52
anandamida 241-2
androgênios 186
androsterona 187, 189
anel β-lactâmico 179-81

331

anemia falciforme 314-7
anestesias 296-9
anfíbios, venenos de 209
angina do peito, nitroglicerina e 89
Aníbal 98
Anjou, Carlos de 276
anófeles 301-2, 312-4
antibióticos 12, 167-8, 183
    penicilinas 177-82
    sulfas 171-77
anticoncepcionais 184-6, 190, 199-201
    masculinos 121, 201-2
anticoncepcionais orais 185-90, 196-203
antiescorbúticos, Cook e 42-5
antimetabólicos 177
antioxidantes 51, 257, 258
antissépticos 13, 116-8, 129, 168
Antônio, santo 218
antraquinona 155-6
ar-condicionado 286, 300
Areca catechu (noz-de-areca) 211
armamentos 98, 119
armas de fogo 85-6, 92
Arrhenius, Svante August 271-2
arroz, geneticamente modificado 321-2
ascórbico, ácido (vitamina C) 38-53
Ásia, plantações de borracha na 142, 143
aspartame 66
aspirina 164, 167, 169-71, 229, 230
atmosfera da terra 95
Atropa belladonna (beladona) 212-3
atropina 213-4, 215, 216
aves, DDT e 295
azedo, sabor 63-4

bacalhau, extinção dos cardumes de 270-1
Bacon, Roger 85
Bactéria
    digestão de celulose por 77-8
    resistente a antibióticos 181, 183
Badische Anilin und Soda Fabrik (BASF)
    152, 163-4, 165
Baekeland, Leo 123-5
balata 135-6, 139
baleia, gordura de 262

Banda, ilhas de 29, 35-6
banho 260-1, 262, 263, 265
baquelita 125-7, 128, 129
BASF (Badische Anilin und Soda Fabrik)
    152, 163-4, 165
Bayer and Company 164, 165, 228-30
    aspirina 169-71
Bayer, Johann Friedrich Wilhelm Adolf, von
    152
beladona 212-13
benzeno 21
benzocaína 211, 217
Berzelius, Jöns Jakob 13-4
betacaroteno 153, 157, 321
Bevan, Edward 108
Bíblia, referências à oliveira 249-50
bicarbonato de sódio 280
bicho-da-seda 19, 99-100
bifenilas 292-3
bioacumulação
    de DDT 313
    de PCB 293
biotecnologia 321
bioterrorismo 185
bolacha 39-40
bolas de bilhar 122-23, 126
bolas de borracha 130
bolas de golfe 135-6
Bolívia, hotel de sal na 268, 269
bombicol 19-20
Bombyx mori (bicho-da-seda) 99-100
boracha 130, 148
bordo, xarope de 61
borracha de estireno butadieno (SBR) 145-7
borrachas 136-7
Botânica-Mex 194
botões de estanho, desintegração de 8
botulismo 51, 180
Brasil, cultivo do café 243-4
Breda, Tratado de 10-1, 36
bromo 151
bruxaria 204-24
bufotoxina 210
burros e contracepção 185
butadieno 146
butírico, ácido 253

cacau 238, 239
cacau 239-41, 242
café 239, 242-5
cafeína 217, 225, 226-7, 238-46
cafés de Londres 243
Calaucha, Antonio de la 304
cálculos renais 65
camada de ozônio 287-91
cana-de-açúcar 54-7
cânfora 82
Cannabis Sativa (maconha) 120
capitalismo, início do 29
caproico, ácido 253
capsaicina 27-8, 119, 210
Capsicum, espécies 278
carbólico, ácido 116-8, 129
carbonato de sódio 262, 263, 279-80
carbono 16-22, 180
Carlos I, rei da Inglaterra 262-3
Carlos II, rei da Inglaterra, 304
cármico, ácido 156-7
carmim
    ver cochonilha
carne, transporte de 283-4
Caro, Heinrich 164
caroteno 153
Carothers, Wallace 109-11
Carré, Ferdinand 283
Carson, Rachel, *Silent Spring* 295
Cartier, Jacques 41
casacos impermeáveis 136
Castilla, espécie 131, 141
Caventou, Joseph 306
cebola-albarrã 209
celofane 83
celuloide 82-3, 122-3
celulose 73-83, 103, 108-9
CFC (clorofluorcarbonos) 285-90
chá 226-7, 238, 239
chá de Boston, Festa do 241
chá verde 121
Chadornnet, Hilaire de 107-8
Challenger, ônibus espacial 148
chiclete 144-5
China 84-5, 149, 225-7, 240, 275
    contraceptivos masculinos, testes de 202

    e o ópio 226-28
    eda da 99-101
chinchona (quinina) 303-11, 305
Chinchona, espécie 307-8
chocolate 120, 139, 241
chumbo, envenenamento por 67-8
ciclamato 66
cicloexano 20
cicuta 212, 216
cidades, sal e 268, 270
cirurgia 114-6, 129, 296-9
civilização 11, 22, 98, 266, 321
    óleo de oliva e 251, 228-60, 265
civilizações antigas 157-8, 259-61
    e óleo de oliva 247-50
    e ópio 225-6
    e sal 267-71
Claviceps purpurea (cravagem) 218
cloracne 293
cloreto de cálcio 267
cloreto de magnésio 267
cloreto de metila 183
cloreto de sódio 266-81
cloro 280-1, 289-92
clorofluorcarbonos (CFC) 285-90
clorofórmio 297-8, 299
cloroquina 211, 308-9
Clostridium botulinium 51, 190
cloxacilina 182
coca, árvore da 216-7
Coccus ilicis (quermes) 157
cochonilha 156-7
Cochrane, Archibald 179
Cockburn, William, *Sea Diseases* 41
codeína 211, 228-9, 232
Coffea arabica (cafeeiro) 243
colágeno, vitamina C e 49
colesterol 186-7, 255-7
colesterol sérico, gorduras e 255-7
colódio 82, 107-8, 109
Colombo, Cristóvão 25-6, 56, 130-1, 226,
    234, 241, 304
colonialismo 35-7, 98
    borracha e 142-3, 147
    quinina 307, 308, 317-8
coltar (alcatrão da hulha) 12, 117, 129, 160-1

comércio 23-5, 100-1, 247, 268, 271
    de óleo de oliva 248-9, 258-9, 265
Companhia das Índias Orientais 28-9, 41, 49, 227
Companhia das Índias Orientais 35-6
compostos artificiais 107, 266
    adoçantes 65-8
    progesterona 190
    seda 106-8
    testosteronas 188-9
    ver também compostos sintéticos
compostos cíclicos 20-2, 58-9
compostos clorocarbônicos 283, 284-300
    cloroquia 211, 308-9
compostos de elementos 9-12
    ver também estruturas químicas
compostos glicosídicos 259
compostos inorgânicos 13, 14, 15, 154
compostos orgânicos 13-22
compostos químicos 9, 11-3
compostos sintéticos 107, 127-9, 166, 319, 320-1
    borracha 144, 146-7
    corantes 152, 159-62
    progesterona 193-5
    quinina 309-11
    têxteis 83
    ver também compostos artificiais
compostos viciadores 228-34, 239
condensação, polímeros de 74-5
condutividade de soluções de sal 271-2
Congo Belga 142-3, 147
coniina 212
Conium maculatum (cicuta) 212
contrato temporário de trabalho 140-1
controle de natalidade
    ver anticoncepcionais
Cook, James 42-5
cor de corantes 152-3
corantes 119, 145-66
    e sulfas 172
corantes amarelos 157-9
corantes azuis 150-2, 153, 157
corantes de anilina 161
corantes de boa fixação 154
corantes laranja 153

corantes púrpura 150-2, 159-61
corantes vermelhos 154-7, 172
Cortés, Hernan 98, 156, 241
cortisona 190, 196
cravelha/ergotina 217-23
cravo-da-índia 29, 31-3, 119
crime, ópio e 245
Cristianismo 204-5
    e bruxaria 205-6
crocetina 158
Crocus sativus (açafrão) 157-8
Cromwell, Oliver 263, 304
Cross, Charles 108
cultura, açúcar e 68-9

Dactylopius coccus (besouro cochonilha-do-carmim) 156-7
darcinógenos, o safrol como 35
Datura (estramônio) 216
DDT (diclorodifeniltricloroetano) 234-5, 319
    e malária 312-4, 318
dedaleira 168, 208-9, 215
degradação ambiental 224, 290
    cultivo da azeitona e 258-9
    cultivo do café e 243-5
    DDT e 295
    sal e 267-8, 269
degradação de Marker 193, 194
deliquescência 267
demerol (meperidina) 233
democracia, óleo de oliva e 265
Demócrito 249
denominação das vitaminas 46
dentes-de-leão 131, 144
depressão, escorbuto e 38
descobertas acidentais 13
desflorestamento na Europa 268, 269
desoxicólico, ácido 196
diacetilmorfina (Heroína) 229-30
dianabol 188
Dias, Bartolomeu 25
dibromíndigo 151
dieta 46, 78
    em viagens oceânicas 39-40
digitális 168
Digitalis purpurea (dedaleira) 208-9

digitoxin 208-9, 210
digoxin 208-9
dinamite 91-2, 98
Dioscorea (inhame silvestre) 193-4
diosgenina 193-4
dióxido de enxofre 283
dioxina 51, 295-6
dissacarídeos 57, 59, 91
dissociação eletrolítica 272
dissulfeto de carbono 83
Djerassi, Carl 195-7
doce, sabor 62-8
doença cardíaca 89, 255-7
Doering, William 309
Dogmark., Gerhard 173
drogas que melhoram o desempenho 186
Du Pont Fibersilk Company 108, 109, 111
Dunedin (navio refrigerador) 283

Eastman, George 124, 129
ebola, vírus 301
ebonite 140
Ecstasy (alucinógeno) 34-5
efedrina 211
egípcios antigos 157, 268
Ehrlich, Paul 171-3, 177
elefantes 122, 123
elementos 9
elemicina 33, 34
eletólise 280
elétrons 272
Endeavor (navio de Cook) 44-6
endorfinas 28, 230-1
energia a vapor 70-1
engenharia genética 322-3
Enovid 199, 200-1
enxofre e moléculas de borracha 137-40
Ephedra sinica (ma huang) 211
epigalocatequina-3-galato (chá verde) 121
equinocromo 156
Era dos Descobrimentos 23, 25-6, 38-40, 114
ergotamina 218, 221
ergovina 221
ervas 168, 208-12, 225-6
    venenosas 212-17

Erythroxylon (árvore da coca) 216-7
escolpamina 214, 215, 298-9
escorbuto 38-46, 51-2
Espanha e comércio de especiarias 25-6, 30
especiarias 23, 119
    comércio de 9-10, 23-6, 28-31, 35-7, 52-3
    ver também cravo-da-Índia, noz-moscada, pimentas
especiarias, ilhas das 29
esperma, supressor do 121, 202
espinafre 64-5
Estados Unidos, expectativa de vida nos 167
estafilococo, bactéria 178-9
estanho 8-9
Estanozolol 188, 189
esteárico, ácido 253
esteroides 186-97
esteroides anabólicos 188-9
estireno 145
estradiol 187-8, 190, 196
estreptocócicas, infecções 173, 177, 178
estricnina 212
estrógenos 186, 189
estrona 187-8, 196
estruturas químicas 15-22, 320-21
eteno (etileno) 17
éter 282-3, 297-8
etilenoglicol 64-5
Eugenia aromática (cravo-da-índia) 29
Eugênia, imperatriz da França 160
eugenol 31-2, 119
Euphorbia (asclépia) 131
Europa 56, 234-5, 268, 269
    produção da seda 101
execução de bruxas 206-7, 215
exército de Napoleão 7-9, 220, 302
expectativa de vida 167, 182-3
explosivos 81-98, 119
explosivos plásticos (PETN) 97-8
extinção dos dinossauros, teorias sobre 63
extintores de incêndio 287

fábricas, trabalho nas 71
família, desagregação da 184
fansidar 309
Faraday, Michael 132, 136, 272

febre puerperal 177
feitiçaria 204-6
feminismo 184
fenóis 13, 93, 114-29, 169, 171
   antisséptico 117-8, 129
Fernando V, rei da Espanha 25
fertilizantes 95-7, 266
Ficus elastica (planta da borracha) 131
filme para cinema 83, 123
Fischer, Emil 57-8, 109
Fleming, Alexander 177-8
floresta pluvial tropical, destruição da 147
flúor 285
fólico, ácido 175-6, 211
fontes de água salgada 267
formaldeído 125, 126
fórmulas de projeção de Fischer 57-8, 60
Fosberg, Raymond 308
fosfogênio, gás 96, 291-2
fotográfico papel 124, 129
fotográfico, filme 83, 123
freons 284-91
Freud, Sigmund 217
Frigorifique (navio refrigerador) 282, 283-4
frutose 29-61
fumo 226, 234-7, 235
Furchgott, Robert 89
Furneaux, Tobias 46

gabelle (imposto francês sobre o sal) 276-7
galactose 61, 67
Gama, Vasco da 23, 25, 40, 98
gama-linolênico, ácido 255
Gandhi, Mahatma 278-9
gangrena 175
garança 154, 157
gás de mostarda 96, 291-2
gases 86-90, 291-2
gases que afetam o sistema nervoso, atropina e 214
gelo, resfriamento com 282
gengibre 27-8, 32, 119
gim-tônica 307
glicerina 65, 251
glicerol 65, 88-9, 251, 252, 261
glicina 102, 104

glicogênio 80
glicose 46-7, 54, 57-62, 67, 73-5, 78-80
glicosídeos cardíacos 208-9, 259, 274
glicosídeos tóxicos 216
glucosamina 77
glutâmico, ácido 316-7
glutônico, ácido 47
Glycyrrhiza glabra (alcaçuz) 67
Goldberger, Joseph 237
goma de mascar 144-5
Goodyear, Charles 137-8
Goodyear, Nelson 140
gossipol 121, 202
Gossypium, espécies (algodão) 70
governo holandês 9-10, 28, 35, 308
Grã-Bretanha 55, 167, 262-3
   e o comércio de especiarias 9-10, 28-9, 36-7
   e o imposto sobre o sal 277-79
   e o tráfico de ópio 227
   indústria do algodão 70-3
   indústria química 163
   manufatura e o carbonato de sódio 279-80
Graebe, Carl 164
Granada 37
Grécia Antiga 249-50, 258-9, 265
   especiarias 24
gripe 168
grupos amida 103-4
Guayule 131
Guerra Civil Inglesa 263
Guerra Civil Norte-Americana 83, 168, 298, 302
guerra de gases, Primeira Guerra Mundial 96
guerras 92-8, 225-7, 240, 270-1
   ver também Primeira Guerra Mundial e Segunda Guerra Mundial
guta-percha 135-6, 139

Haber, Fritz 95-6, 291
Haiti, comércio do café 243
halita (sal-gema) 267-8, 271
Hancock, Thomas 138
Harrison, James 282-3
Hasskarl, Justus 307
Hawkins, richard 41

Haworth, fórmulas 58-9
Haworth, Norman 48-9, 58-9
hemoglobina 314-7, 3198
Henne, Albert 285
Henrique, o Navegador 25
herboristas, bruxas como 207-8
Hércules 151, 247
Heródoto 268
Heroína 229-30, 232, 233-4
Hevea brasiliensis 131, 140-2, 308
hexaclorodeno 296
hexilresorcinol 118-9
hexurônico, ácido 48
hidroclorídrico, ácido 274
hidrofluorcarbono 290
hidróxido de sódio (soda cáustica) 261, 280-1
hioscina/hiosciamina 213
Hipócrates 169
história, influências químicas sobre a 8-11, 23, 52-3, 68, 83, 219-20, 320
Hoechst Dyeworks 164, 165, 173
Hofmann, Albert 221-3
Hofmann, August 160
Hofmann, Felix 169-70, 229
homens e contracepção oral 202
Homero 249
Hong Kong 227
Hooker, Joseph 142
hormônios sexuais 186-90
hospitais 114-5
hotel feito de sal 268, 269
Hudon, Henry 10
hulha 71, 117, 129
Hyosciamus niger (meimendro) 213

Idade dos Plásticos 114, 124, 129
Idade Média 25, 271, 276-7
IG Farben 146, 165, 173
Ignarro, Louis 89
ilha de Manhattan 10, 36
ilhas de Fidji 68
iluminação a gás 117
Império britânico, quinina e 306-7, 318
imunidade 168, 317-7
Índia 25, 278-9, 313
Índias Ocidentais 26, 56-7

indicã 150-1, 153
índigo 150-2, 153, 157, 159, 211
Indonésia, ilhas das especiarias 29, 37
indoxol 150
indústria da química orgânica 162-66
indústria de alimentos congelados 286
indústria farmacêutica 167, 183
e progesterona 194
indústria química alemã, 12-3, 145-6, 152, 163-5
infecções bacterianas 168
Infecções em feridas 175
influências econômicas 29
açúcar 55-6, 57
algodão 70, 72-3
anemia falciforme 318
café 243-5
celulose 83
DDT 313
refrigeração 284
seda 113
Inglaterra
ver Grã-Bretanha
inhame silvestre mexicano 193-5
inoculações 138
Inquisição 205
inseticidas 300, 312
naturais 11, 33, 211, 237
insulina 104
íons 271-3
Isabel, rainha da Espanha 25
Ísatis 150-7
Ísis 247
Islã, difusão do 269-70
isoeugenol 11, 13, 31-3, 119
isoladores elétricos 125-6, 129
isômeros, 59-60, 61, 87
isopreno 132-6, 139, 144-7

Jabir ibn Hayyan 94
Jaime I, rei da Inglaterra 235
Jaime II, rei da Inglaterra 155
Java, plantações de chinchona 308
javanesa, samambaia 67
Jenner, Edward 168
jesuítas e quinina 304

juglona 156
Jussieu, Joseph de 305

kieselguhr (terra diatomácea) 91-2
Kodak, filme 124, 129
Kyushu, Japão, envenenamento por PCB 293

La Condamine, Charles-Marie de 131
Laccifer lacca, besouro 124-5
lactase 62
lactona 48
lactose 62
Lancashire, Inglaterra 70-1
Lancaster, James 41
látex 131
láudano 226
láurico, ácido 253, 256
Laveran, Charles-Louis-Alphonse 311
Lawsone 156
Leary, Timothy 223
Leblanc, Nicilas 263, 279-80
Ledger, Charles 30
Leis
   de proteção à oliveira 249, 258
   relacionadas ao trabalho 73
   restringindo o controle de natalidade 198
leis trabalhistas 72
leite, digestão do 61-2
Leoplodo II, rei da Bélgica 142-3
lidocaína 217
Liebermann, Carl 164
Liga Hanseática 270
ligações duplas 16, 178-8, 31-2
   ácidos graxos insaturados 252-4
   borracha 144, 146
   conjugadas 153
   de quatro membros 79-82
   isopreno 132-5, 139
ligações duplas cis 132-4, 139, 144, 254
ligações duplas conjugadas 152-3
ligações duplas trans 257
ligações peptídicas 103
ligações químicas 16-22
   ver também ligações duplas
lignina 127-8
Lind, James, *A Treatise on Scurvy* 41-2, 49

Lineu 150
língua e sabor 63
lipoproteína de alta densidade (HDL) 256
lipoproteína de baixa densidade (LDL) 221-3
lipoproteínas 256
Lippia dulcis (verbena) 67
Liquidambar orientalis (liquiâmbar) 145
lisérgico, ácido 221
Lister, Joseph 114-8, 129, 168
Livingstone, David 302
Lloyd's of London 243
Luís Filipe, rei da França 155
Luís XI, rei da França 101
luz ultravioleta, absorção de 87-8

Ma huang 211
Macintosh, Charles 136
macis 32, 33
maconha 120, 241-2
Magalhães, Fernão de 30-1, 38
malária 301-19
malária *falciparum* 301
Malásia, plantações de borracha 142
malva, corante, 160-2, 166, 167, 306
Manaus, Brasil 141
Manchester, Inglaterra 72
Mandrágora officinarum (mandrágora) 212-3
manteiga 253, 262
marfim 122, 143, 123
Marinha Britânica e ácido ascórbico 49
marinheiros e escorbuto 38-43
Marker, Russell 190-5, 195
McCormick, Katherine 198, 201
MDMA (alucinógeno *Ecstasy*) 34-5
mecanização 71, 147-8.
medicina popular 208, 224
Medicis, Catarina de 234
mefloquina 309
meias de nylon 111, 112
meimendro 213
mel 55, 61
meperidina (Demerol) 233
mercúrio, tratamento de sífilis 172
mescalina 222
metadona 233-4
metano 16-7

metanol 17, 125
middle passage 57
Midgley, Thomas Jr. 285
mineração, explosivos usados na 98
Minerna 247
miristicina 33-4, 216
mirístico, ácido 253
mofos, propriedades curativas 177-8
moléculas aromáticas 21-2, 27-9, 31-5, 117, 119
moléculas e eventos humanos 11-2, 22
moléculas picantes 26-9, 119
Molina, Mario 187, 189-90
Molucas (ilhas das Especiarias) 29, 33-4
monosacarídeos 27
Montezuma II 241
morfina 168, 213, 225, 227-34, 298
mortalidade infantil, sabão e 263
Morton, William 297
Morus Alba (amoreira) 99
mosquitos 301-2, 312
movimento sindicalista 72
mulheres 184, 202, 201-8, 224
Murad, Ferid 89
Murex (molusco marinho) 151-2
Myristica fragans (noz-moscada) 29

N-acetilglucosamina 77
nafta 136
napftoquinona 155-6
Napoleão III, rei da França 138
narcóticos 228, 231-4
Natta, Giulio 147
neurotransmissor, nicotina e 236
niacina (ácido nicotínico) 237-8
Nicot, Jean 234
Nicotiana, espécie 234
nicotina 225, 234-8, 245
nicotínico, ácido (niacina) 237-8
nitrato de amônio 96-7
nitrato de potássio 84, 94
nitratos 94-5
nítrico, ácido 81-2, 94
nítrico, óxido 89
nitrocelulose 82-3, 92-3, 123
    seda arrtiuficial feita com 107-8
nitrogênio 95, 179-80

nitroglicerina 88-92, 97, 98
Nobel, Alfred Bernard 89-92
noretindrona 184, 186, 197, 199, 201, 202-3
noretinodrel 199
novocaína 27
noz-de-areca 211
noz-moscada 10-1, 29, 31-4, 35-7, 119
Nung, Sheng 239
nylon 109-13, 112

Olea europaea (oliveira) 248, 249
oleico, ácido 255-65
óleos 251, 254
óleos tropicias 256
ópio 225-34, 245-6
Organização Mundial da Saude 33
organofosfato, inseticidas 214
Orto 201
ossos, fraturas expostas 116
Ostia, Itália 268-9
ouro 9
Oxálico, ácido 64-5
oxidação, reação de 47
oxigênio 95

p-aminobenzoico, ácido 176
PABA 87-8
Palaquim, árvore 135
palmitoleico, ácido 255
Papaver somniferum (papoula) 225
papoulas 168
páprica 27, 28, 48
Paraguay (navio refrigerador) 283
paration 214
Parke-Davis, companhia farmacêutica 191-2, 201
Parthenium argentatum (gayule) 131
parto, anestesia para 298-9
Pasteur, Louis 125-6, 177
Pauling, Linus 49
PCB (bifenilos policlorados) 292-4
Pedro, o grande 234
peixe salgado 270
pelagra 237
Pelletier, Joseph 306
penicilinas 177-82, 211
pentapeptídios 231

Perkim, William Henry 159-62, 167, 306
Peru, produção de cochonilha 157
peste bubônica 33
peste negra 10-1, 32-3
pesticidas 266, 294-6
    naturais 12, 32, 33, 170, 211
PETN (tetranitrato de pentaeritritol) 97-8
petróleo 113
Pickles, Samuel Shrowder 139
pícrico, ácido 93, 129, 159, 171
pigmentos 154
pimenta Chile 26-8
pimenta verde 23
pimenta-do-reino 23-4, 25, 26, 27, 28
pimentas 23-9, 119, 216
Pincus, Gregory 198-9
Piper nigrum (pimenta-do-reino) 23-9
piperina 26-9, 210
PKU (fenilcetonúria) 66
planejamento familiar 185
plantas
    corantes obtidos das 149-51, 153, 157-8
    medicinais 168, 208-12, 224
poder de limpar 169
produtoras de latex 131, 144
proteções químicas 11, 32, 211
    venenosas 212-6
plasmodium, parasitos (plasmódio) 301-2, 311-2
plásticos 13, 83, 114, 122-7
Plínio 250
pneumonia 174-5, 183
poliamidas, nylon e 110
polifenóis 121-2, 257
polimerização na borracha 132-5
polímeros 74-5, 83, 109-10, 114, 147, 318
    baseados em celuloide 123-4
    borracha 143
    hemoglobina 315-6
    isopreno 132-6
    seda 103-6
polipeptídeos 230-1
polissacarídeos 73-4
polissacarídeos de armazenamento 73-4, 78-80
polissacarídeos estruturais 73-8

polistireno 145-6
Polo, Marco 85, 150
pólvora 84-6, 90
Porto Rico, teste de campos de anticoncepcionais 200
Portugal, comércio de especiarias 25, 28, 29
prata 9
preço de moléculas 266
Prêmios Nobel 49, 58, 89, 92, 96, 110, 147, 172, 272, 290
preservativos alimentares 24, 51, 55, 257, 258, 266
    refrigeração 282-4
    sal 274, 281
Priestley, Joseph 269
primata e vitamina C 46-7
Primeira Guerra Mundial 72-3, 94, 96, 145, 165, 168, 171-2, 175, 291
progesterona 189-90, 191, 195-9
    sintética 193-4
progestinas 186, 196, 199
prontosil vermelho 173-4
propelentes de aerosol 286
propelentes, aerosol 286-7
proteínas em fibras animais 101-2
protetores solares 87-8
Protocolo de Montreal 291
Prozac 20-1
púrpura de Tiro 150-2

quermésico, acido 157
quinidina 311
quinina 15-60, 161, 168, 303-11, 317-8, 319
quinolina 308-9
quitina 76

Raleigh, Walter 234
Rauwolfia serpentina 211
Rayons 83, 108-9
reações exotérmicas 86
reações químicas, explosiva 86-90
redução, processo químico de 47
Reforma, movimentos de 72
refrigeração 281, 282-4, 286, 300
    e o comércio de especiarias 37
refrigerantes 284-91

remédios milagrosos 167-83
reserpina 211
Revolução Francesa 7-8, 220, 280
   e o imposto sobre o sal 277
Revolução Industrial 12, 54, 57, 70-3, 83, 263, 306-7
   e o imposto sobre o sal 278
Revolução Norte-Americana 240-1, 271
revolução sexual 184
Rhazes 242
Rhizopus nigricans, mofo 196
Rock, John 198-99
Rockefeller Isntitute 191
Roma Antiga 9, 24, 67-8, 268-9, 276
Roosevelt, Franklin Delano 144
Ross, Ronald 311
Rota da Seda (rota comercial) 100
Rowland, Sherwood 287, 289-90
Rubiaceae, família das 154, 305
rum 56
Run, ilha de 9-10, 36
Rússia 7-8, 220, 235, 302

Saara, deserto do 269-70
sabão 259-65
sabão de castela 261, 265
sabões de potássio 261-2
sabões de sódio 262
sabores 62-5
sacarina 65-6, 67
sacarose 54, 60, 61
Saccharum officinarum (cana-de açúcar) 54-7
safrole 34-5
sal 266-81
sal marinho 267
sal, indústria escocesa do 277
Salem, a caça às bruxas de 220-1
sal-gema (halita) 267-8
salgueiro, casca do 169
salicílico, ácido 169-71, 208, 249
salicina 169-70
salitre 94, 98
salitre-do-Chile 94-5
Salix (salgueiro), aspirina de 269
salsa 216
salsaparrilha 192-3

salsapogenina 192-4
salsaponina 192, 259-60
Salvarsan 173, 177
Sandoz, companhia farmacêutica 221, 223
Sanger, Margaret 184, 197-8, 201
Santa Anna, Antonio López de 144-5
sapogeninas 192-4, 259
saponificação 260, 261
saponinas 192, 193, 208, 259-60
sapos, e bruxarias e 209-10
Sapotaceae, família 135
sapotizeiro 144
sarin 214
sasafrás, óleo de 35
Schönbein, Friedrich 81-2, 88
Scott, Robert Falcon 52
Sea Diseases, Cockburn 41
Searle, G.D., companhia farmacêutica 199, 201
sebo 262
seda 99-106, 231
Segunda Guerra Mundial 111-2, 143-4, 165, 175, 179, 294-5, 308
Selangor, plantações de borracha 142
Selliguea feei (samambaia javanesa) 7
seres humanos e vitamina C 47
serina 102, 104
seringueira 131
Serturner, Friedrich 228
Sgapura 7
Shakespeare, William
   Hamlet 213
   Romeu e Julieta 212-3
   Shellac 124-5
sífilis 172-3
Silent Spring, Carson 295
Simpson, James Young 297
sistema nervoso central 211
sobrenatural, crença no 204-5
Sobrero, Ascanio 88-9
sociedade, influências químicas sobre 11
   borracha 147-8
   contraceptivos 184-5, 202-3
   óleo de oliva (azeite) 247-51
   ópio 227, 246-7
   sabão 259-63
Sócrates 212

soda cáustica (hidróxido de sódio) 280
sódio-potássio, bomba de 274
Solanaceae, família das (beladona) 212-4, 215-6
Sólon 249, 250
solubilidade do sal 271-4
Solvay, Alfred e Ernest 280
Spiraea ulmaria (rainha-dos-prados) 170
Standard Oil Company 146
Staudinger, Hermann 109-10
Stevia rebaudiana 67
Stopes, Marie 184
Stork, Gilbert 309-11
Strathleven (navio refrigerador) 283
Strychnos nux-vomica 212
Stuyvesant, Peter 10
sucralose 67
sulfas 171-7, 179, 183
Szent-Györgyi, Albert 48-9

tabaco 216, 226, 234-8, 245-6
Tafur, Bartolomé 304
Talbor, Robert 304-5
talessemia alfa 317
talessemia beta 317
Tasman, Abel Janszoon 52-2
taxas de mortalidade 182-3, 184
tecido revestido de borracha 136
teobromina 138, 239, 241
teofilina 138, 239
teoria do miasma 115
teoria dos germes 115-6
termofixos, materiais 126
termoplásticos, materiais 122-3, 126
terra diatomácea (*kieselguhr*) 91-2
terroristas, explosivos 97-8
testosterona 187-9
tetraetila, chumbo 285
tetraidrocanabiol (THC) 120, 241-2
The Surgeon's Mate, Woodall 41
Theobroma cacao (cacau) 241, 242
Thomson, Joseph John 272
Timbuktu 270
TNT (trinitrotolueno) 88, 93-4
tolueno 88
toxina Botulínica A 51, 296

trabalho escravo 83, 159, 236, 243-4
trabalho infantil 72
trabalhos forçados 143, 243-5
tráfico de escravos 55-7, 68, 70, 72, 143, 304, 318
transgênicos 321-2
Tratado de Breda 9-10, 36
tributação do sal 275-9
triclorofenol 118
triglicerídeos 251-7, 261
trinitrofeol 93, 119, 171
túneis 98
Twining, Alexander 283

uniformes do exército, cores do 154-5
ureia 14
usos cosméticos do óleo de oliva 248-9

vacinação, programa de 168
valina 316-7
vanilina 119-20
Vanilla planifólia (orquídea da baunilha) 120
varíola 168
venenos 209-10
venenosas, plantas 212-8
Veneza 25, 55, 268, 270
vermelho tripan I 172
viagens oceânicas e escorbuto 29-43
Viagra 89
Vietnã, Guerra do 295
Vikings 38
vinho tinto 122
Virgílio 250
viscose 83, 108-9
vitalismo 14
vitaminas 46, 256
  A 321
  B 211, 237
  C 38-53, 107
Vitória, rainha da Inglaterra 160, 298
voo das bruxas 210-6
vulcanização da borracha 137-40

Watt, James 71
Wickham, Henry Alexander 141-2
Wieliczka, Polônia, cavernas de sal 268

Wöhler, Friedrich 14
Woodall, John, *The Surgeosn's Mate* 41
Woodward, Robert 309
Worcester Foundation 198-9

Zanzibar 36
Ziegler, Karl 147
zingerona 27-8, 32, 119

1ª EDIÇÃO [2006] 20 reimpressões

ESTA OBRA FOI COMPOSTA POR VICTORIA RABELLO EM CASLON REGULAR E SYNTAX
E IMPRESSA EM OFSETE PELA GRÁFICA BARTIRA SOBRE PAPEL ALTA ALVURA
DA SUZANO S.A. PARA A EDITORA SCHWARCZ EM ABRIL DE 2023

A marca FSC® é a garantia de que a madeira utilizada na fabricação do papel deste livro provém de florestas que foram gerenciadas de maneira ambientalmente correta, socialmente justa e economicamente viável, além de outras fontes de origem controlada.